Liberal
Arts
Mathematics

教養としての数学

堤 裕之 編著
Hiroyuki Tsutsumi

畔津憲司・岡谷良二 著
Kenji Azetsu & Ryoji Okatani

増補版

ナカニシヤ出版

本書の目的

　本書は大学で理系と呼ばれる医・歯・薬・農・理・工系以外の学生が大学でまず学ぶべき数学とは何か，という視点で執筆された書籍である．

　理系以外を仮に「文系」と呼ぶことにする．「文系には数学は不要である」と考える人は少なからず存在するし，実際にそう主張する大学の教員もいる．そして，これらは一見飛びつきたくなる答えであろう．「数学が苦手だから文系に進んだのです」という人は少なくないし，そうでなくても数学の無味乾燥に思える機械的な計算訓練には耐えがたい部分がある．また，「数学が日常生活に役に立つとは思えない」からかもしれない．

　とはいえ，日本では，江戸時代から，庶民に必要な教養は「読み・書き・そろばん」といわれてきた．経済の発展に伴い，これらが実利と結びつくようになったからである．そして現在，経済はますます高度化している．そのため，昔より高度な「読み・書き・そろばん」の知識が必要なはずであり，実際にそうだという調査結果もある．つまり，文系の学生でも「読み・書き・そろばん」は鍛えておかなければならない．そして「読み・書き」は日常的に，様々なところで鍛えられるが，現代の「そろばん」たる数学だけはそうではない．文系の学生にとって，専門の授業の理解に数学は必要ではないかもしれない．しかし，卒業後は，入社試験や資格試験などでは数学の知識を直接に，そして，それ以外の場面でも間接的に数学的思考力を問われ続けることになる．数学が実利と密接に結びつくからである．つまり，数学は本質的に役に立つ，文系の学生といえども学ぶべきものである．そして，大学は多くの人にとり，数学の授業が提供される最後の機会となる．

　では，改めて，文系の学生がまず学ぶべき数学とは何だろうか．

　残念なことに，文系の学生は，高等学校において，数学を必ずしも3年間学ぶ必要がない．また，入試で必要とされることもほとんどない．結果的に，数学にほとんどかかわりがなくなって数年経っていることも珍しくはない．長い期間離れていれば，その記憶は当然淡くなるはずである．そうだとすると，大学でいきなり新しい数学を学ぶのは少し無理がある．結局，多くの文系の学生にとって，まず行うべきことは，それまでに学んだ数学を思い出し，それを確かなものにすることであろう．

　本書は基本的にこの視点に立ち執筆されている．つまり，本書の内容は，ほぼ全ての人が学ぶ高等学校1年次までの数学である．ただし，いくら復習とはいえ，大学生が学ぶものなのだから，それにふさわしい内容でなくてはならない．すなわち，本書は，高等学校までの数学を高等学校までと同じ順序，かつ同じ方法で解説している訳ではないし，ましてや，よりやさしい説明を試みている訳でもない．

本書が提供するのは次の2つの視点である．

　まず，本書では，本文において，高等学校1年次までに学ぶ数学を，できる限り簡潔に，できる限り統一的に，できる限り俯瞰的に解説するようにした．知ってはいるが，いまいちよく理解できたとは思えない計算や数学記号，用語について，その意味とつながりを再確認し，さらに注意しなければならない点をはっきりと認識できるようになってもらうことが本書の本文の目標である．筆者の力不足により，そのような記述になっていない部分も少なからずあるだろうが，全体としてはこの方針に従って執筆されている．

　さらに本書は，数学は役に立つ，もしくは役に立たせるべきものだ，という考え方に立ち執筆されている．本書は数多くの演習問題に頁が割かれている．そして，その中には，電卓や表計算ソフトを利用しなければ解けないもの，就職・資格試験対策のものや，厳密には数学の問題ではないものも含まれている．数学は元来，実用的な学問である．ただし，活用できるようになるには，その実用例を実際に学ぶこと，そして，実用に耐えるよう訓練することが必要である．本書が数多くの，しかも，様々な演習問題を含むのはこのためである．

　本書の演習問題の分類は以下の通りである．

(A) 本文の内容に沿った比較的やさしい問題
(B) SPI，公務員試験などに出題される問題，または，応用的側面を持つ比較的難しい問題
(C) 表計算ソフトを援用しなければ解けない問題，または，かなり調べなければ解けない難易度の高い問題

全ての問題の答えがきれいな数値になるようには作られていない．また，大学生が学ぶものであることから，高等学校の知識の範囲で解けるとは限らない問題も多く含まれている．

　本書の説明は決してわかりやすくはないだろう．また，演習問題の数は同種の本と比べてもかなり多いはずである．つまり，本書は決して手軽な数学の本ではない．しかし大学は，多くの人にとって，ゆっくりと様々なことを学べる最後の機会である．本文をじっくりと読み，なるべく多くの演習問題を解くよう努力して頂きたい．よくいわれるように，学問に王道はないからである．

　最後に，本書が学生のみなさんにとって，より進んだ数学への架け橋，もしくは数学を応用することへの興味につながれば，筆者にとってこれ以上の喜びはない．

2013年2月28日，著者一同記す．

増補版の提供にあたって

　本書の増補版を提供するにあたり，なぜ，このような増補を行ったかについて幾らかの言い訳を記しておきたい．もともと，本書の提供目的は，「文系」であっても大学生として身につけておくべき最低限の知識を網羅的にまとめることだった．なぜ，このような必要性が生じたのかについて少し「教員向けの」説明をしておこう．

　一般に，理系以外の学生に提供される数学の授業は，数学がどのように現実社会で使われるのかをトピックごとに紹介するもの，統計に係るもの，それと，高等学校以前の数学の復習を行うものの3種類のようである．このうち，統計だけは，入門書，もしくは教科書が豊富だが，残り2つにはあまり適当なものが見当たらない状況だった．

　これは，少し考えれば当然である．まず，特に社会科学系を中心に統計の必要性は高い．従って，その入門書，教科書が多いのは当然である．それに比べて，トピックごとに数学の実用性を紹介する教科書は，必要性が高くはなく，さらに，残念ながら実用になるほどの数学は決して易しいものではない．最後に，復習ならば，高等学校以前のものを再び使えばよいのだから，あえて，大学生向けに教科書等を書き下ろす必要はない．著者らも当初はこのように考えていたのだが，結局，復習を目的とした本書を書き下ろすこととなった．なぜか．

　もちろん，大学生に高等学校以前の教科書をそのまま使った授業を行うわけにはいかないということは一つの理由である．従って，トピックごとか，統計の授業を提供するということになる．しかし，それらの授業を行うと，やはりどこかしらは復習を織り交ぜながら授業を行うことになるが，どの部分の復習が必要かは学生ごとに異なるため，具体的に復習を指示するには，ある程度まとまった，網羅的な書籍がないと不便である．それは辞書の役割ではないのか，といわれそうだが，残念ながら数学辞典はあまりにも網羅的，簡潔に過ぎる記述であることから，このような用途には向かない．仕方がないので，用意せざるを得なかったのが本書なのである．

　従って，本書の記述は，ある程度網羅的に書く必要性のため，内容が多岐に渡り，かつ，厚さを抑えるために簡潔に書かざるを得なくなり，わかりやすさという意味ではいまいちな書籍となってしまった．

　さて，このような書籍として世に出て数年経ち，予想できたことではあるが，本書を手に取った方々からは，「難しい」という意見と共に，使い方の解説を入れてほしいとの要望が寄せられるようになった．逆に，これは著者らとして企図していなかったのだが，理系の学生用の教科書として採用される例もあり，もう少し高度な部分についても網羅して欲しいとの意見が寄せられた．

残念ながら，増補部分は，理系学生用にも使いたいとの要望に応えたものであり，使い方の解説，もしくは難しさを緩和するものではない．しかし，何も対応しない，という訳にもいかないだろうことから，以下に幾つかのヒントを記しておきたいと思う．

　執筆動機からいって，本書が最も向くのは，教科書としてではなく，参考図書として指定されることだと思う．事実，著者らの利用方法もこれに準じている．数学の授業ではなく，統計，もしくは他の数学が必要な授業の参考図書として指定しておき，授業ごと，もしくは学生ごとに必要な部分のみ活用する，という使い方である．

　逆に，本書を最初の講から順番に，その通り解説していくという通常の教科書と同様の使い方は，前半部分はともかく，全体としては向かないと思う．そのような使い方をするには，網羅的でありすぎるだけでなく，頁数も多すぎるからである．もちろん，最初の講から順番に解説していっても良いのだが，その場合，授業内の解説は重要な部分のみに絞り込み，枝葉の部分は学生が自習するように促す必要があるだろう．

　なお，理系の学生を対象とする場合は，本書の前半部分のほとんどは既知のこととして，わからない場合は自分で復習するように指示すべきである．著者としては正直，この教科書の前半部分の内容を大学で理系の学生に復習とはいえ学ばせることには問題があると考える．逆にいえば，ゆえに，増補部分を用意した，という言い方ができる．増補部分は，微分積分にこそ立ち入ってはいないが，かなり本格的な，しかも，通常は数学の授業内では提供はされないが，実はさまざまなところで応用のある内容を取り扱っている．増補部分の前書きでも注意しているが，増補部分は，通常は微分積分学を学んだあと，もしくは学びながら取り扱う内容を先取りした形となっている．しかし，微分積分学はそれ自体がかなり学ぶのに手間がかかる分野であり，往々にして，それ以外に手が回らないことが多いことも確かである．増補部分は，微分積分にあえて立ち入らないことで，微分積分学を補う役割を果たせるよう著者としては記述したつもりである．

2018 年 3 月 31 日，堤　裕之．

目次

第 I 部　計算の技法　　　1
　第 1 講　四則演算　　　2
　第 2 講　計算順序　　　12
　第 3 講　べ　き　　　22
　第 4 講　計算とその結果の表現　　　30
　第 5 講　演算の特色　　　40

第 II 部　式の文法　　　51
　第 6 講　関係演算子　　　52
　第 7 講　文字の利用　　　64
　第 8 講　公式と方程式　　　76
　第 9 講　関数とグラフ　　　88
　第 10 講　種々の関数と漸化式　　　98
　第 11 講　比例・反比例と比　　　110
　第 12 講　割合と単位　　　120

第 III 部　式と図形　　　131
　第 13 講　長さ・面積・体積　　　132
　第 14 講　座標と角度　　　142
　第 15 講　方程式と図形　　　158

第 IV 部　基本的な初等関数と複素数　　　171
　第 16 講　多項式関数　　　172
　第 17 講　有理関数　　　184
　第 18 講　指数関数・対数関数　　　194
　第 19 講　双曲線関数　　　206
　第 20 講　三角関数　　　218

第 21 講　指数関数・三角関数と複素平面　　　230

第 V 部　付　録　　　243

付録 1　　参考文献　　　244

付録 2　　索　引　　　246

第 I 部

計算の技法

　近世数学の勃興期を代表する天才数学者ガウス（Carolus Fridericus Gauss, 1777 – 1855）の計算にまつわる逸話を高木貞治著，『近世数学史談』（文献[32]）から紹介しよう．

　当時，彼はドイツ，ゲッティンゲン大学教授兼天文台長だった．天文台とはいっても，現代的のそれではない．設備もない．助手もない．観測から膨大な計算まで台長が一手に行わねばならず，それを彼はかなり負担に感じていた旨の発言が残されている．

　あるとき，「彼が天文学上の計算に多大の時間を費やすのを見かねて，助手として検算家のダーゼ（Dahse，素数表の計算者）を推薦した」人がいたようである．受け入れるのが普通だろうが，ガウスはそれを斥け，

> 「予が従来行った無数の計算に於いて，単なる機械的の計算能力を有するものから有効なる助力を得たろうと思われる場合はない」

と答えたそうである．

　今ダーゼに相当するのはコンピュータであろう．手の平より小さなものでも膨大な計算能力を持ち，ある種のソフトウェアを使えば，複雑な方程式の解を瞬時に求めることもできる．しかし同時に，われわれは初等・中等教育において，かなりの時間を計算訓練に費やすことが普通である．

　これはなぜか．ガウスの言葉によると，自ら行う無数の計算の経験がなければ，自らを助ける何かを計算から得ることができないから，となる．つまり，無数の計算を行うことにより身につく感覚がわれわれには必要なのであろう．

　この見方に立ち，本書では，まず，初等教育から高等学校 1 年次までに学ぶ様々な計算の技法全体を簡潔に俯瞰する．読者にとって，ここに載せられているほとんど全ての計算は経験済みのものであるはずであり，その計算の感覚は身につけていなければならないものである．本文を読み，付随する問いと演習問題を実際に計算することにより，その計算の感覚を確固としたものにして頂きたい．

第1講　四則演算

　いくつかの数（文字など）から新たな数（文字など）を一定の規則に従って作ることが**演算**（operation）である．縁遠いものと思うかもしれないが，**加法・減法・乗法・除法**は演算の代表的な例であり，実はかなり身近なものである．これら4つの演算はまとめて**四則演算**と呼ばれる．

> **問1** 四則演算以外の演算の例を挙げよ．

　四則演算はあまりに基本的であり，初等教育の段階から繰り返し学ぶ．しかし，本講では今一度この四則演算を見直す．あいまいになりがちな部分や中等教育の段階で明白にされない部分にいくらかの説明を加えるためである．

加　　法

　加法（addition, summation）とは2つの数を合わせることを意味する演算で，**足し算**，**加算**などとも呼ばれ，記号「$+$」を用いて表す．また，加法の結果を**和**（sum）と呼ぶ．

$$1+2, \quad 1+2+3, \quad 1+2+3+4$$

のように記されるが，3つ以上の数が「$+$」で結ばれる場合は，基本的には左から2つずつ順に数を選んで計算する．

$$1+2+3 = 3+3 = 6,$$
$$1+2+3+4 = 3+3+4 = 6+4 = 10.$$

　ただし，加法の場合，右から，中央から，もしくはその他のところから2つずつ数を選び計算しても，最終的な計算結果は変わらない．つまり，どんな順番で計算してもよい．

$$1+2+3+4 = 1+2+7 = 1+9 = 10,$$
$$1+2+3+4 = 1+5+4 = 6+4 = 10.$$

　また，多くの数を足し合わせるとき，それら足し合わせる数字に規則性がある場合は，「$\cdots$」（リーダー，ellipsis）を用いて記述を省略することが多い．

$$1+2+\cdots+100 = 5050.$$

なお，ここで述べた計算の順序と「$\cdots$」の利用法は除法を除く他の四則演算でも同様である．

減　法

　減法 (subtraction) とは，一方から他方を取り去ることで両者の差異を求める演算で，加法の逆である．**引き算**，**減算**などとも呼ばれ，記号「−」を用いて表す．また，減法の結果を**差** (difference) と呼ぶ．

$$3 - 2, \quad 3 - 2 - 1$$

のように記されるが，負の数を認めることで，上記はそれぞれ

$$3 + (-2), \quad 3 + (-2) + (-1)$$

のように，加法とみなすこともできる．ただし，負の数を認めるかどうかは場合により異なるため，加法記号を用いて減法を表すことが適当か否かは場合により異なる．

例1 100円硬貨が10枚ある中から，200円を支払った場合，残る100円硬貨の枚数は8枚である．この場合，10枚の100円硬貨の中から2枚を使った，つまり，取り去ったとわれわれは考えており，$10 - 2 = 8$ とその計算を記すのが適当である．硬貨の枚数に負の数を考えることは普通はあり得ないからである．

例2 ある場所から東に6 km，西に3 km，そしてまた東に1 km 進むと，元の場所から最終的に東に4 km 進むことになる．これは東に進むことを正，西に進むことを負と考えることで，$6 + (-3) + 1 = 4$ とその計算を記すのが適当である．ここでは，方向はともかく，いずれも「進む」と記されており，求めなければならないのはその合計だからである．

乗　法

　乗法 (multiplication) とは，繰り返し同じ数の和をとることで得られる値を求める演算で，**掛け算**，**乗算**などとも呼ばれ，狭い空白，もしくは記号「·」「*」「×」などを用いて表す．乗法の結果は**積** (product) と呼ばれるが，乗法自体のことを積と呼ぶことも多い．

$$2 \cdot 3 = 2 + 2 + 2 = 6,$$
$$3 \times 3.14 = 3.14 + 3.14 + 3.14 = 9.42.$$

　加法，減法と違い，様々な記号が使われることに注意してほしい．これらの記号はおおまかに以下の場面で利用されている．

狭い空白　文字と数の積，もしくは文字と文字の積は，狭い空白を用いるか，もしくは文字と文字（数）の間に何も記さないで表すことが多い．ただし，数と数の積は，数と分数の積[*1]など，誤解を招かない場合を除き，この表示方法は使われない[*2]．

$$2a = a + a, \quad ab, \quad 3\frac{5}{2} = \frac{15}{2}, \quad \frac{1}{3}\frac{5}{2} = \frac{5}{6}.$$

なお，文字と数の積は，数字を左に，文字を右に配置し，文字は辞書式に並べることが多い．

$$4a, \quad 3abc, \quad pqr, \quad xyz.$$

記号「·」　高等学校以降は，数と数の積を「·」（中黒，centred dot）を使って表すことが多い．

$$2 \cdot 3 = 6, \quad 2 \cdot 3 \cdot 4 = 24, \quad 2 \cdot 3 \cdots 10 = 3628800.$$

記号「×」　中学校以前は，積を「×」で表すことが多い[*3]．

$$2 \times 3 = 6, \quad 1 \times 2 \times 3 \times 4 = 24, \quad 2 \times 3 \times 4 \times 5 = 120.$$

記号「∗」　コンピュータ上で動く様々なアプリケーションでは，積を「∗」（アスタリスク，asterisk）を用いて表すことが多い[*4]．

$$2 * 3 = 6, \quad 2 * 3 * 4 = 24, \quad 2 * 3 * 4 * 5 = 120.$$

正負の数の積

正と正の数の積は正，負と正の数の積は負，そして負と負の数の積は正である．これを下のような表で覚えた人も多いだろう．

	+	−
+	+	−
−	−	+

[*1] この表示は，**帯分数**の表示とほぼ同じ形であり，どのように見分けるのかという問題がある．帯分数については，第2講のコラムを参照してほしい．

[*2] これは桁数の多い数字を表わしているのか，それとも積を表わしているのかが紛らわしいからである．例えば23と書いたとき，2と3の積なのか，それとも23という数なのかわかりにくい．

[*3] 高等学校以降，「×」が使われなくなるのは，特に手書きの場合，文字を含む式の中で「x」と「×」が見分けにくいからだと思われる．

[*4] キーボード上のキーとして，「∗」は用意されているが，「·」や「×」は用意されていない．なお，コンピュータ上で動くアプリケーション上で省略記号「⋯」は使えない．

第 1 講　四則演算

なぜ，このような計算規則になるのだろうか．次の例は，その 1 つの説明である．

> **例** 3　西へ 1 時間に 3 km ずつ進む点があるとする．今から 4 時間後，この点は今いる位置から西に 12 km 離れた場所にある．例 2 と同様に東を正，西を負と考えれば，これは $(-3) \cdot 4$ という計算式で表されるが，結果は西に 12 km，つまり
>
> $$(-3) \cdot 4 = -12$$
>
> となる．これは負と正の積が負となる一例である．

> **問** 2　例 3 にならい，負と負の数の積が正となる例を作れ．

除　法

除法（division）とは，ある量が別の量の何個分になるのか，もしくは，ある量を何個かに分けると 1 つの量がどうなるのかを求める演算で，乗法の逆である．**割り算**，**除算**などとも呼ばれ，横棒の上下に数を配置する，もしくは記号「/」「÷」などを用いて表す．除法の結果を**商**（quotient）と呼ぶが，個数に注目しているのか量に注目しているのかに応じて，商と呼ばれる値が異なる場合がある．

個数に注目している場合，例えば，硬貨 5 枚を 2 人で分けたときの，1 人あたりの個数を考えている場合，

$$\frac{5}{2} = 2 + \frac{1}{2}$$

より，2 枚が割り当て枚数だとわかる．つまり，この場合の商は 2 である．ただし，この場合は誰にも割り当てることのできない硬貨が 1 枚ある．この 1 という値は，**余り**（remainder），もしくは**剰余**と呼ばれる．特に余りとなる値に着目している場合，専門的な教科書では 5 を 2 で割った余りが 1 になることについて，

$$5 \equiv 1 \pmod{2}$$

のように表すことがある．

量に注目している場合，例えば，5 リットルの水を 2 人で分ける場合，1 人あたりに割り当てられる量は

$$\frac{5}{2} = 2 + \frac{1}{2} = 2.5$$

より，2.5 リットルだとわかる．この場合，商は 2.5 だと考える．

除法についても，乗法と同様に複数の記号が実際に使われている．これらの記号はおおまかに以下の場面で利用される．

括線　初等教育の期間を除き使われる最も一般的な除法の記法である．横棒の下に割る数を，上に割られる数を記す．上に記される数を**分子**（numerator），下に記される数を**分母**（denominator），その間に引く横棒を**括線**（vinculum）と呼ぶ．ただし，この記法を用いて記される3つ以上の数の除算は，棒の短い順に行う必要がある．

$$\frac{\frac{12}{6}}{2} = \frac{2}{2} = 1, \quad \frac{12}{\frac{6}{2}} = \frac{12}{3} = 4.$$

なお，1つの計算式の中に同じ長さの横棒が複数ある場合はその中のどれを先に計算しても構わない．

$$\frac{\frac{6}{3}}{\frac{4}{2}} = \frac{2}{\frac{4}{2}} = \frac{\frac{6}{3}}{2} = \frac{2}{2} = 1.$$

ただし，同じ長さの横棒が連続して2つ続く次のような表記を行ってはならない．

$$\frac{\frac{2}{3}}{4}$$

この表記では，計算する順が不明瞭なままである．除法は，計算する順に応じて，異なる値が導かれることがある．つまり，このような表記は誤解を生む原因となる．

記号「÷」　中学校までは比較的頻繁に用いるが，高等学校以降，あまり使われなくなる．

$$6 \div 3 = 2, \qquad a \div b = \frac{a}{b}, \quad \frac{p}{q} \div \frac{r}{s} = \frac{ps}{qr}.$$

なお，以下のような表記は，誤解を招くことがあるため，使わないほうがよい．

$$2 \div 3 \div 4$$

記号「/」　コンピュータ上で動く様々なアプリケーションでは，除算を「/」（スラッシュ，slash）を用いて表すことが多い．また，場所の節約のため，この記号を他の除算を表す記号と共に用いることもある．この記法の場合も前と同様に棒の長さが短い順に計算を行う．

$$6/3 = 2, \quad \left.\frac{6}{3}\middle/\frac{4}{2}\right. = 2\left/\frac{4}{2}\right. = \left.\frac{6}{3}\middle/ 2\right. = 2/2 = 1.$$

第 1 講　四則演算

ただし，コンピュータ上では，「/」の長さを変えられないため，連続して同じ長さの棒を用いることがある．この場合は，左から順に 2 つずつ数が選ばれ計算されることが多い．

$$12/3/2 = 4/2 = 2, \quad 60/3/2/5 = 20/2/5 = 10/5 = 2.$$

加法と減法の関係と同様に，除法は乗法の逆である．負の数を認めることで，減法を加法と見ることについてはすでに述べた．同様に，分数，もしくは小数点以下を持つ数を認めることで，例えば，除算 $\frac{5}{2}$ を

$$5 \times \frac{1}{2} = 5 \times 0.5$$

のように乗法と見ることができる．ただし，分数，もしくは小数点以下を含む数を認めるかどうかは場合により異なる．従って，除法を乗法と見ることが適切か否かは場合により異なる．

例 4　一般にケーキ店のショーケースに並んでいるケーキ 1 人分は，1 ホールを 8 等分したものであることが多いようである．24 人分をショーケース内に並べるには，3 ホールのケーキを作らねばならないが，これを得るには，1/8 ホールのケーキを 24 人分作ると考え，

$$24 \times \frac{1}{8} = 3$$

と式を作る方が容易である．

零で割ることについて　零で割ることは，いかなる場合でも考えない．つまり，

$$\frac{0}{0}, \quad \frac{1}{0}, \quad \frac{x}{0}$$

などは全て意味のない式である．

演習問題

A1　次の和と差を求めよ．計算結果は分数と小数で表示せよ．

(1) $0.5 + \frac{1}{3}$　　(2) $3.14 - 0.9998$　　(3) $2.71 - \frac{1}{5}$　　(4) $1.9 + 4.3 + 5.264$

A2　次の積の表示を，積記号「・」と「*」を用いた積の表示にせよ．また，積を実際に計算せよ．

(1) 10000×0.05　　(4) $0.15 \times (-10.03)$　　(7) $5 \times 5 \times 5$
(2) 0.025×0.025　　(5) $-2.38 \times (-3.17)$　　(8) $(1/2) \times 2$
(3) -1.64×0.05　　(6) 5.55×3.14

A3 次の積を，なるべく記号「·」「×」「*」を使わない適切な形に書き直せ．

(1) $a \times b$ (2) $z \cdot y \cdot x$ (3) $2 \times c \times 4$ (4) $p \times 100 \times r \times q$

A4 次の商の表示を，括線と記号「/」を使った表示にせよ．また，計算を実行せよ．

(1) $-82 \div 0.8$ (4) $3 \div 8 + 3 \div 4$ (7) $5 \div 6 - 3 \div 8 - 2 \div 3$

(2) $25.52 \div 2.32$ (5) $1 \div 2 + 1 \div 3 + 1 \div 4$ (8) $3 \div 7 \times (-7 \div 13)$

(3) $0.52 \div 0.25$ (6) $(-11 \div 6) + 2$ (9) $(-8 \div 11) \div 5 \div 6$

A5 次の商を計算せよ．

(1) $\dfrac{1}{\frac{2}{3}}$ (2) $\dfrac{\frac{1}{2}}{\frac{1}{3}}$ (3) $\dfrac{1}{\frac{2}{\frac{3}{4}}}$ (4) $\dfrac{\frac{2}{\frac{3}{4}}}{4}$

A6 次の計算式に含まれる積を，括線を用いた商の式として表示せよ．また，計算を実行せよ．

(1) $-0.3 \times \left(-\dfrac{2}{5}\right)$ (2) $\dfrac{5}{9} \times \dfrac{3}{10}$ (3) $(6 \times 7) \times \dfrac{5}{8}$ (4) $(4 \times 15) \times (2 \times 3)$

A7 計算可能なもののみ計算せよ．

(1) $2/0$ (2) $0/0$ (3) $0/7$ (4) $3/0$ (5) $0/5$

B1 2001年の日本の各地域の人口と一人当たり総生産は以下の表の通りである．各地域の総生産，日本の人口と国内総生産（全ての地域の総生産額の合計）を求めよ．

地域名	人口（人）	一人当たり総生産（円）	地域総生産（円）
北海道・東北	17,959,121	2,588,000	(ア)
関東	43,800,183	3,356,000	(イ)
中部	17,973,814	3,129,000	(ウ)
近畿	20,896,281	2,879,000	(エ)
中国	7,729,844	2,756,000	(オ)
四国	4,148,252	2,537,000	(カ)
九州	14,783,254	2,454,000	(キ)
日本の人口	(ク)	国内総生産	(ケ)

第 1 講　四則演算

B2 文意に沿った計算式を作ることで解け.

(1) A の身長は 173.8 cm である. B の身長は A より 7.9 cm 低く, C の身長は B より 3.2 cm 低い. また D の身長は B より 8.3 cm 高い. C と D の身長を計算せよ.

(2) 100 円硬貨が 30 枚, 10 円硬貨が 40 枚, 5 円硬貨が 50 枚ある. 合計金額を計算せよ.

(3) 1 g は何キログラムか, および, 1 mm は何メートルかを小数と分数の両方で答えよ.

(4) 1 辺が 36/5 cm の正方形の周囲の長さは何センチメートルか.

(5) 100 円硬貨を 50 枚持っているとする. 1000 円を支払うために, 100 円硬貨が何枚必要か. また支払い後, 手元に 100 円硬貨が何枚残っているだろうか.

(6) 直線上に 3.15 m の間隔でポールを 35 本立てる. このとき最初に立てたポールから最後に立てたポールまでの距離は何メートルか.

(7) 100 g のチョコレートを 3 等分した後, さらに 20 等分する. 最終的にチョコレートは何等分されているか分数で答えよ. またそれぞれ何グラムあるか分数で答えよ.

(8) ハトが 12 羽, ハトの巣箱が 8 箱あり, 1 箱に 3 羽までハトが入るとする. 全てのハトを箱に入れるとき, ハトが 1 羽だけ入る箱は最大で何箱にすることができるか.

C1 演算 $a\#b$ を $a\times b$ を 11 で割った余りで定める. 次の計算を実行せよ.

(1) 2#3　　　(2) 8#9　　　(3) (5#7)#9　　　(4) 5#(7#9)

C2 演算 $\&a$ を, 自然数 a を 11 で割った余りで定める. $(\&a)\#(\&b) = \&(a\#b)$ を示せ.

C3 演算記号「#」を演習問題 C1 と同様に定める. $0 < a < 11$ を満たす全ての整数 a に対して, $a\#b = 1$ を満たす整数 b を $0 < b < 11$ の範囲に見つけよ.

C4 演習問題 C2, C3 を利用し, $1\cdot 2\cdot 3\cdots 10$ を 11 で割った余りが 10 となることを示せ.

C5 実は全ての素数 p に対して, $1\cdot 2\cdots (p-1)$ を p で割った余りは $p-1$ になることがわかる. $p = 13, 17, 23$ について, これを実際に確かめよ. また, なぜこのような計算結果になるのかについて, 演習問題 C2, C3, C4 にならって確かめよ.

C6 2006 年までに発行された本には ISBN 番号と呼ばれる 10 桁の数が裏表紙などにバーコードと共に記されている (2007 年以降は 13 桁). 最初の 9 個の数の積をとり, これを 11 で割った余りを計算し, それが最後の数と一致することを確かめよ. また, この仕組みは何のためのものだろうか.

統計とは【コラム：記述統計の基礎 I】

文系，特に社会学系の学生が避けて通れない数学の応用の1つが**統計**（statistics）である．統計とはどのような手法だろうか．

岩波書店の『広辞苑第5版』によると，「集団における個々の要素の分布を調べ，その集団の傾向・性質などを数量的に統一的に明らかにすること．またその結果として得られた数値」とある．実は，統計を意味する英語 statistics の語源は state（国，国家，州）なのだが，統計と国がどのように関係するのかについては，旺文社により刊行されている文部科学省検定教科書『数学 B』97 ページの説明がわかりやすい．少し長いがそのまま引用しよう．

> 人間は一人一人，大切な個性を持っている．人間だけではない．世の中には厳密にいえば一つとして同じものはない．しかし，大規模な集まりを遠くから眺めると，大きな傾向が見えることがある．

つまり，統計とは，個々に付随する値（データともいう）[a]を整理し，個々の特徴ではなく，集団としての特徴を捉えるために用いる科学的手法であり，ゆえに，人の集団をその興味の対象とする社会学系の学生にとって，避けては通れない基本的な道具なのである．

統計的手法には，それをどの段階に適用するのか，またはどんな問題に対して適用するのかに応じて，実験計画，記述統計，推計統計などの種類がある．

まず，**実験計画**とは，データ収集の規模や対象，割付方法を制御し，より公正で評価可能なデータが収集できるよう検討する手法のことである．統計の世界には "Garbage in, garbage out" という格言があるが，これは「ゴミのようなデータを使っていくら解析しても出てくる結果はゴミばかりだ」という意味であり，実験計画の重要性を示している．

次に**記述統計**とは，収集したデータの**要約統計量**（平均，分散など）を計算して分布を明らかにする事により，データの示す傾向や性質を知る手法である．

最後に**推計統計**，もしくは**推測統計**とは，無作為抽出[b]された部分集団（**抽出集団**，**標本集団**）から抽出元全体（**母集団**）の特徴，性質を推定する手法である．推計統計は，金銭的，時間的な理由により測定できないことを推測するための手法である．例えば，日本人全員の 100 メートル走のタイムを測定することは現実には不可能である．しかし，推計統計を用いることで本来は全員のタイムを計らなければわからない日本人の 100 メートル走の平均タイムを高い精度で推計できる．

文系の学生にとっての必要性という観点から，本書では各章末のコラムとして，「統計の基礎」を解説する．まずは，「平均値」から始めることにしよう．

---

[a] 人ならば身長や体重が付随する値として挙げられる．また好きや嫌いなどの概念も値である．
[b] 選別の方法が作為的ではないこと．

第 1 講　四則演算

> **数学と科学，そして論理【コラム：数理論理の基礎 I】**
>
> 　現代社会では，ある主張に説得力があるかどうかは，その主張が科学的か否かに大きく依存する．新たな主張は科学的手法による根拠を持つとき，広く受け入れられ，既存の主張は，科学的手法による反論により破棄される．つまり，現代人が説得力のある主張を行うためには，**科学的**（scientific）でなければならない訳である．
>
> 　では，「科学的」である，とはどのような状態のことをいうのだろうか．岩波書店の『広辞苑第 5 版』によると，これは「物事を実証的・論理的・体系的に考えるさま」と説明されている．つまり，実証的で，**論理的**（logical）で，かつ体系的でなければならない訳である．
>
> 　さて，質問「万人が数学を学ばねばならない理由とは何か」に対して「論理的思考力を鍛えるため」だとは，よく聞かれる答えである．**論理**（logic）とは，「考えや議論などを進めていく筋道．思考や論証の組み立て．思考の妥当性が保証される法則や形式」（小学館『デジタル大辞泉』）をいう．確かに数学では，数や図形の性質を，厳密に，筋道立てて論証し[a]，そのようにして得られた**定理**（theorem）[b]や公式を厳格な手続きの下に利用する訓練を繰り返す[c]．同様の訓練は，数学以外の教科でも確かに行われるが，数学のように厳格に，徹底してこれを実施する科目は他にない．
>
> 　結局，説得力のある主張を行うには，科学的でなければならず，そのためには，論理的でなければならず，論理的であるために，数学を学ぶことは有効なのである．
>
> 　ところで，論理とは，「思考の妥当性が保証される法則や形式」である．そして思考は「言葉」により行われる．言い換えれば思考とは「文」の組み合わせである．つまり，論理とは，「文」の正しい並べ方の法則や形式，と言い換えることができる．そして，「文」と「文」は一般に「接続詞」でつながれるが，「文」を「数」，「接続詞」を「演算記号」に対応させれば，「文」の正しい並べ方の法則，もしくは形式は，「数」に対して成り立つ演算規則に相当する．このように，論理を「文」に対する演算規則だと捉え，「文」を記号化し，正しい論理がどのような基本的な文の演算規則の組み合わせから得られるのか，そして，さらに論理とはどのような体系なのかを明らかにするのが**数理論理**（mathematical logic），もしくは**記号論理**といわれる分野である．
>
> 　数理論理は，「人文科学」と「数学」の境界領域であり，本書は『文系のための数学』の書籍であることから，「統計」と同様に「数理論理の基礎」についても各講のコラムとして取り上げる．
>
> ---
>
> [a] 論理の法則に適う仕方で，厳密に，筋道立てて論証することを**証明**（proof）というのだった．
> [b] 定理とは，「すでに真なりと証明された一般的命題．公理または定義を基礎として真であると証明された理論的命題」である（『広辞苑第 5 版』）．
> [c] 計算訓練もこの中に含まれる．単純な正しい計算手続きを，複雑な式に，厳密に，正しい順序で適用する訓練を繰り返すからである．

第 2 講　計算順序

本講は，3つ以上の数を四則演算の記号で結んだときの計算順序について取り扱う．

第1講で指摘した通り，同じ演算記号で結ばれているならば，基本的には左から2つずつ順に数を選んで計算する．
$$2 \cdot 3 \cdot 4 = 6 \cdot 4 = 24.$$

なお，除法を除き，順序を変えても計算結果は同じとなることはすでに述べた．
$$2 \cdot 3 \cdot 4 \cdot 5 = 6 \cdot 4 \cdot 5 = 2 \cdot 12 \cdot 5 = 2 \cdot 3 \cdot 20 = 24 \cdot 5 = 6 \cdot 20 = 2 \cdot 60 = 120.$$

また，除法を除き，
$$a + b = b + a, \quad a - b = -b + a, \quad a \cdot b = b \cdot a$$

なので[*1]，適当に数の並びを交換して，例えば
$$1 + 2 + 3 + 4 + 5 + 6 + 7 + 8 + 9$$
$$= 1 + 9 + 2 + 8 + 3 + 7 + 4 + 6 + 5$$
$$= 10 + 10 + 10 + 10 + 5 = 45$$

のように計算を工夫することもできる．

では，異なる演算記号で3つ以上の数を結んだ場合はどのように計算すべきだろうか．以下，1つずつ見ていこう．

加法と減法が含まれる場合

第1講で，負の数を認めれば，減法は加法とみなせることを指摘した．従って，加法と減法のみからなる計算は，加法のみの計算と見ることができる．つまり，加法と減法のみが含まれる計算の場合，計算する順序，並びをどんなふうに入れ替えても，最終的な計算結果は同じである．

$$3 - 2 + 1 = -2 + 3 + 1 = 1 - 2 + 3$$
$$= -2 + 1 + 3 = 1 + 3 - 2 = 3 + 1 - 2$$
$$= 1 + 1 = 3 - 1 = -2 + 4 = 2.$$

[*1] 演算のこの性質を**交換法則** (commutative law) と呼ぶことがある．

第 2 講　計算順序

乗法と除法が含まれる場合

　加法と減法のときと同様に，分数を数だと認めることで，除法を乗法と見ることができることは第 1 講で解説した通りである．しかし，乗法と除法が両方含まれる計算は，左から順に 2 つずつ計算するか，商を先に計算しなければならない．

$$(正)\ 6 \cdot 4/2 \cdot 5 = 24/2 \cdot 5 = 12 \cdot 5 = 60,$$
$$(正)\ 6 \cdot 4/2 \cdot 5 = 6 \cdot 2 \cdot 5 = 12 \cdot 5 = 6 \cdot 10 = 60,$$
$$(誤)\ 6 \cdot 4/2 \cdot 5 = 6 \cdot 4/10 = 24/10 = 2.4.$$

　このように計算しなければならない理由は，負の数と分数の作られ方の違いにある．負の数は，-2 のように，単に数にマイナス記号をつけて作る．しかし，分数は作るのに 2 つ数を必要とする．例えば $\frac{2}{3}$ ならば，数 2 と 3，そして横棒のかたまりが 1 つの数字を表している．実際に計算するときは，ひとかたまりと考えている部分から計算しなければならない[*2].

加減乗除が含まれる場合

　加減乗除が含まれる計算を行う場合も，よりひとかたまりと考えられる部分から計算していくことが基本となる．

　加法，減法と乗法が含まれる計算の場合，もともと乗法が，繰り返し同じ数の和をとることで得られる値を求める演算，つまり同じ数を複数個加えたかたまりであることを考慮すれば，乗法の方を先に計算しなければならないことがわかる．

$$(正)\ 2 \cdot 3 + 4 = 6 + 4 = 10,$$
$$(誤)\ 2 \cdot 3 + 4 = 2 \cdot 7 = 14.$$

　加減乗除が含まれる計算の場合，乗法より除法を優先しなければならないことから，まず商を計算し，次に積を計算する．そして最後に和と差を計算すればよい．

$$(正)\ 1 + 6/2 \cdot 3 + 2 \cdot 3 = 1 + 3 \cdot 3 + 6 = 1 + 9 + 6 = 16,$$
$$(誤)\ 1 + 6/2 \cdot 3 + 2 \cdot 3 = 1 + 3 \cdot 3 + 6 = 4 \cdot 3 + 6,$$
$$(誤)\ 1 + 6/2 \cdot 3 + 2 \cdot 3 = 7/2 \cdot 3 + 6,$$
$$(誤)\ 1 + 6/2 \cdot 3 + 2 \cdot 3 = 1 + 6/6 + 6,$$
$$(誤)\ 1 + 6/2 \cdot 3 + 2 \cdot 3 = 1 + 6/2 \cdot 5 \cdot 3.$$

[*2] $6 \cdot 3/2 - 18/2 - 9$ のように，左から 2 つずつ計算してもよいのは，$3/2 = 3 \cdot 1/2$ なので，$1/2$ をひとかたまりの数と見て，それと $6 \cdot 3 = 18$ の積を取ると考えているのがその理由である．

問3 上の例のうち，**（誤）**と記されているものについて，どの部分の計算を間違えているのか指摘せよ．

計算順序の指定

特に何も指定せず，四則演算の記号のみで数を結んだ場合，まず，商を計算し，次に積，最後に和と差を計算する．しかし，商を計算するよりも，和を計算することを優先させたい場合，もしくは商よりも積を優先して計算させたい場合もある．これは，括弧（[ ]，{ }，( )），もしくは，除法記号の長さを調節することで指定できる．

括弧 括弧（brackets, [ ]，{ }，( )）を使った計算順の指定は，優先して計算させたい計算が始まる直前に左括弧（括弧開き），計算の直後に右括弧（括弧閉じ）を挿入することで行う．計算順を複数指定しなければならない場合，最も優先する計算には**丸括弧**（parentheses, ( )），次に優先するものには**波括弧**（braces, { }），その次に**角括弧**（square brackets, [ ]）を用いる．しかし，次のような使い方は一般に行われない．

$$[1+2]+\{3+4\}+(5+6). \tag{2.1}$$

丸括弧，波括弧，角括弧は，丸括弧を中に含む形で波括弧を，そして波括弧を中に含む形で角括弧を用いるのが普通である．

$$[1+\{2+(3+4)\}]. \tag{2.2}$$

なお，式（2.1）を

$$(1+2)+(3+4)+(5+6)$$

のように書くことはあり得る．また，式（2.2）を波括弧，角括弧を使わずに丸括弧のみを用いて，

$$(1+(2+(3+4)))$$

と書くことも多い．つまり，丸括弧が入れ子になっている計算は，より内側の括弧から行う．ただし，中に丸括弧を含まない，波括弧，角括弧のみを用いた

$$\{1+\{2+\{3+4\}\}\}, \quad [1+[2+[3+4]]]$$

のような表記は一般に行われない．

ここで，括弧は，それで囲まれた部分がひとかたまりの数であることを示す記号だと考えてもよいことを注意しておこう．つまり計算 $(a+b)c$ は，数 $a+b$ と数 c の積を取る計算だと考

第 2 講　計算順序

えることもできる．もちろんこの場合 $a+b$ というひとかたまりの数があることを認めていることになる．

なお，括弧を使う計算順序の指定は，四則演算以外の演算でも同様に行われる．

例 5　正の値 p,q に対して，$p\&q$ を p を q で割った余りだとしよう．このとき，

$$(11\&7)\&5 = 4\&5 = 4,$$
$$11\&(7\&5) = 11\&2 = 1$$

である．

除法記号の長さ　除法記号の長さを調節することで計算順序を示すこともできる．第 1 講ですでに述べた通り，除算は除法記号の長さが短い順に行う．

$$\cfrac{\frac{12}{6}}{2} = \frac{2}{2}, \quad \cfrac{12}{\frac{6}{2}} = \frac{12}{3}, \quad 6/3 \Big/ 4/2 = 2/2.$$

同様に，除法記号の長さを適切に調整し，例えば

$$\frac{1+2}{3}, \quad \frac{1+\frac{1}{2}}{2}, \quad \cfrac{1}{1+\frac{1}{2}}$$

のように記すことで，それぞれ誤解なく

$$\frac{1+2}{3} = (1+2)/3 = 3/3 = 1,$$
$$\frac{1+\frac{1}{2}}{2} = (1+1/2)/2 = 3/2/2 = 3/4,$$
$$\cfrac{1}{1+\frac{1}{2}} = 1 \Big/ \left(1+\frac{1}{2}\right) = 1 \Big/ \frac{3}{2} = \frac{2}{3}$$

のように計算しなければならないことを示せる．

分配法則

括弧を用いて，加法，減法を乗法，除法より先に計算するよう指定した場合，その計算は，**分配法則**（distributive law）と呼ばれる計算法則にのっとり行っても構わない．

$$a(b+c) = ab+ac, \quad (a+b)c = ac+bc.$$

例えば，3 + 4 をいったん（ひとかたまりの）数だと認めることで，次のように計算できる．

$$(1+2)(3+4) = 1 \cdot (3+4) + 2 \cdot (3+4)$$
$$= 1 \cdot 3 + 1 \cdot 4 + 2 \cdot 3 + 2 \cdot 4 = 21.$$

なぜ，分配法則が成り立つのだろうか．次の例はその 1 つの説明である．

例 6 横の長さが $a+b$，縦の長さが c の長方形がある．長方形の面積は，横と縦の長さの積なので，$(a+b)c$ である．下図より，この値はそれぞれの小長方形の面積の和 $ac + bc$ と等しいはずである．

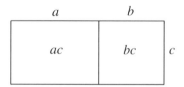

通 分

分配法則を分数と分数の和に当てはめることにより導かれる計算

$$\frac{p}{q} + \frac{r}{s} = \frac{ps+qr}{qs}$$

は**通分**（reduction）と呼ばれる．なぜならば，

$$\frac{ps+qr}{qs} = (ps+qr)\frac{1}{qs}$$

であり，分配法則より，これは

$$\frac{ps}{qs} + \frac{qr}{qs} = \frac{p}{q} + \frac{r}{s}$$

と等しい．

ただし，通分はかなり面倒な計算法則である．分数と分数の和について最終的な計算結果を知ることのみが目標の場合，通分を経由せねばならない理由はない．つまり，

$$\frac{3}{2} + \frac{1}{8} = 1.5 + 0.125 = 1.625$$

のように，通分を経由せずに，元々の順番に沿って計算しても全く構わない．

第 2 講　計算順序

演習問題

A8 以下を計算せよ．結果は小数表示せよ．

(1) $60 - \dfrac{39}{3}$　　(2) $\dfrac{57}{19} + 5 \times 8$　　(3) $\dfrac{3}{4} - \dfrac{1}{9} \bigg/ \dfrac{3}{2}$　　(4) $5.2 - \dfrac{8.22}{2.6}$　　(5) $\dfrac{1}{6} \times \dfrac{3}{2} + \dfrac{1}{2} \bigg/ \dfrac{4}{7}$

A9 以下の計算をせよ．結果は小数表示せよ．

(1) $0.25 \times 3.625 \times 2.225$

(2) $3652 \times 4012 + 2235 \times 1234$

(3) $45198530 \div 1235 + 231118152 \div 9876$

(4) $8541 \times 328 - 23580 \div 131$

A10 以下を計算せよ．結果は小数表示せよ．

(1) $4 \times (3.5 - 2)$

(2) $\dfrac{(32-15) \times 5}{(32+19)/3} + \dfrac{25}{15 - 5 \times 2}$

(3) $\dfrac{9}{25} \bigg/ \left(\dfrac{2}{5} - \dfrac{1}{4}\right) - \dfrac{3}{2}$

(4) $\left(\dfrac{6}{7} - \dfrac{3}{14} \bigg/ \dfrac{9}{4}\right) \times \dfrac{3}{8}$

(5) $\left(\dfrac{7}{6} \times \dfrac{7}{10}\right) \times \dfrac{20}{7}$

(6) $\left(\dfrac{7}{8} - \dfrac{4}{5}\right) \times 40$

(7) $\left(\dfrac{7}{12} - \dfrac{1}{4}\right) \bigg/ \left(\dfrac{5}{6} - \dfrac{3}{4}\right) \times \dfrac{3}{4}$

(8) $\left(\dfrac{8}{5} - 0.75\right) \bigg/ 0.125 - 4.2 \bigg/ \dfrac{7}{4} \times 2 - \dfrac{69}{4} \times \dfrac{3}{111}$

(9) $\dfrac{5}{28} + \left\{\left(3.125 - \dfrac{3}{8}\right) \bigg/ \dfrac{11}{4}\right\} \times 0.35$

(10) $\left[\left\{\left(10 - \dfrac{50}{13}\right) \bigg/ \dfrac{27}{26} + \dfrac{2}{27}\right\} \times \dfrac{9}{5} - 1.8\right] \times 2$

A11 以下の計算をせよ．結果は分数表示せよ．

(1) $1 + \dfrac{1}{1 + \frac{1}{1 + \frac{1}{2}}}$　　(2) $\dfrac{1 + \frac{1 + \frac{1}{2}}{3}}{4}$　　(3) $\dfrac{1}{\frac{2}{\frac{3}{4}}} + \dfrac{\frac{1}{2}}{\frac{3}{4}}$

A12 分配法則を使い，括弧が含まれない計算式にせよ．

(1) $2 \times (3 + 4)$　　(2) $2 \times (3 + 4 + 5)$　　(3) $(2 + 3) \times (4 + 5)$

(4) $2 \times \{3 + 4 \times (5 + 6)\}$　　(5) $[\{(2 + 3) \times 4\}(5 + 6) + 7] \times 8$

A13 通分せよ．結果は分数表示せよ．

(1) $\dfrac{1}{3} + \dfrac{1}{6}$　　(2) $\dfrac{1}{2} + \dfrac{2}{3}$　　(3) $\dfrac{1}{2} + \dfrac{1}{3} + \dfrac{1}{5}$　　(4) $\dfrac{ax}{y} + \dfrac{by}{1 - x}$

A14 帯分数表記を使わない形に直せ．また，計算間違いの場合は訂正せよ．

(1) $4\dfrac{2}{5}$　　(2) $2\dfrac{1}{2} = 1$　　(3) $2\dfrac{1}{8} + 5\dfrac{3}{4} = 4$　　(4) $1\dfrac{1}{2} + \dfrac{1}{3} = 1\dfrac{2}{3}$

B3 ある町では，町の税金は所得が100万円以下は非課税であり，所得が100万円を超える場合は，100万円を超えた分の5%を税金として納めなくてはならないとする．以下の納税額と所得に対する納税額の割合の表を完成させよ．

所得	100万円	200万円	300万円	400万円	500万円
納税額					
納税額 / 所得					

B4 $1 + 1 \div 9 \times 9 = 10$ が成り立つように括弧をつけよ．

B5 括弧を必要最低限にせよ．

(1) $((1+2)+3) \times 4$ (2) $(((1+2) \times (3+4))/5) \times 6$ (3) $((1 \times 2) \times 3) \times (4 \times (5 + (6/7) + 2))$

B6 数 a, b に対して，$a \triangle b = a(b-a)/b$ とする．以下を計算せよ．

(1) $(3 \triangle 4) \triangle 5$ (2) $3 \triangle (4 \triangle 5)$ (3) $(3 \triangle 4) \triangle (5 \triangle 6)$ (4) $\dfrac{3 \times 4 \triangle 5}{6 + 7 \triangle 8}$

B7 実数 x と y に対して，$x \vee y$ は x と y のうち，大きい方の数，$x \wedge y$ は x と y のうち，小さい方の数を表すとする．つまり，$x \geq y$ のとき $x \vee y = x$ であり，$x \wedge y = y$ である．以下を計算せよ．

(1) $(5 \vee 6) \wedge 3$ (2) $5 \vee (6 \wedge 3)$ (3) $(3 \vee (4 \wedge 2)) \wedge (2 \vee 3)$

B8 AからFに0から9までの異なる整数を入れ，複数桁の数を作る．

$$ABCAB + DEAF = DACFB$$

が成り立つとき，AからFまでを全て求めよ．

B9 サークルの忘年会の収支を計算した以下の表の（ア）から（セ）を埋めよ．

表 2.1 収入

参加費	人数	小計
1年生 2500円	18	（ア）
2年生 3000円	21	（イ）
3年生 3500円	15	（ウ）
4年生 4000円	17	（エ）
合計	（オ）	（カ）

表 2.2 支出

内容	数量	小計
会場貸切費用 30000円	1	（キ）
ビンゴゲーム景品代 15000円	1	（ク）
食べ物1人前 1500円	71	（ケ）
ドリンク飲み放題1人 500円	45	（コ）
アルコール飲み放題1人 1500円	26	（サ）
合計		（シ）
収支差額		（ス）
3,4年生返却金額1人あたり		（セ）

第 2 講　計算順序

> **帯分数**
>
> **帯分数**（mixed fraction）とは，除算の結果を
> $$\frac{5}{2} = 2 + \frac{1}{2}$$
> と書くのではなく，
> $$\frac{5}{2} = 2\frac{1}{2}$$
> と加法記号「+」を省略して書く方法で，日本では小学校で学ぶ内容となっている．しかし，この表記は中学校以降の学校教育ではほとんど使わない．なぜならば，第 1 講で説明した通り，同じ表記が
> $$2\frac{1}{2} = \frac{2}{2} = 1$$
> のように，積を表す表記として使われるからである．
>
> 帯分数表記が日常的に使われるのは，筆者の知る限り料理のレシピや洗剤の分量など非常に限定された場合だけである．従って，誤解を招かないためにも帯分数表示はこれらの例外を除き使用しない方が賢明だろう．

C7 数 $x_1, x_2, \cdots, x_n$ の**平均** $\bar{x}$ を $\frac{x_1 + x_2 + \cdots + x_n}{n}$ で定める．以下に答えよ．

 (1) 数 $69, 69, 66, 63, 60, 60, 57, 54, 54$ の平均 $\bar{x}$ を求めよ．

 (2) 数 $69, 69, 75, 69, 60, 54, 57, 90, 54$ の平均 $\bar{y}$ を求めよ．

 (3) 数 $\bar{x}$ と $\bar{y}$ の平均 $\bar{w}$ を求めよ．

 (4) 数 $69, 69, 66, 63, 60, 60, 57, 54, 54, 69, 69, 75, 69, 60, 54, 57, 90, 54$ の平均 $\bar{z}$ を求めよ．

 (5) 数 $\bar{w}$ と $\bar{z}$ が等しいか否かを答えよ．また，なぜこのような結果になるのかについて，計算順序の観点から説明せよ．

C8 数 $x_1, \cdots, x_n$ と $y_1, \cdots, y_n$ の**内積**を $x_1 y_1 + \cdots + x_n y_n$ で定める．以下に答えよ．

 (1) 数 $1, 3, 5, 9, -3$ と $3, 2, -4, 4, 5$ の内積を計算せよ．

 (2) 数 $x_1 + y_1, \cdots, x_n + y_n$ と $z_1, \cdots, z_n$ の内積は，数 $x_1, \cdots, x_n$ と $z_1, \cdots, z_n$ の内積と数 $y_1, \cdots, y_n$ と $z_1, \cdots, z_n$ の内積の和に等しい．なぜかを説明せよ．

C9 数 $x_1, x_2, \cdots, x_n$ の平均を $\bar{x}$ と置く．各数と平均との差 $x_i - \bar{x}$ を**偏差**（deviation）と呼ぶ．

 (1) 数 $69, 69, 66, 63, 60, 60, 57, 54, 54$ の偏差を全て求めよ．

 (2) 偏差の平均が 0 となることを確かめよ．また，なぜそうなるのかを説明せよ．

平均値【コラム：記述統計の基礎 II】

大量の数値データがあるとしよう．例えば，ある大学の学生全員の身長などを想像すればよい．大量のデータの場合，何もしなければその特徴をつかむことは難しいだろう．つまり，数値データを加工することで，データの特徴を見つけ出す必要がある．

データの特徴をつかむ目的で利用される値をそのデータの**代表値**（representative value）と呼ぶが，なかでも最もよく使われるのが，**算術平均**（arithmetic mean）である．

いま，データに含まれる n 個の数値を $x_1, x_2, \ldots, x_n$ と置く．このとき，算術平均 $\bar{x}$ は

$$\bar{x} = \frac{x_1 + x_2 + \cdots + x_n}{n} \tag{2.3}$$

で定められる．単に平均といった場合は算術平均のことである．ただし，算術平均だけが平均値ではない．データの種類に応じて，**幾何平均**（geometric mean），**調和平均**（harmonic mean），**絶対平均**（mean absolute value），RMS（root mean square）などを用いることもある．特に RMS は後に述べる標準偏差や相関と密接な関係がある．

(幾何平均) $\sqrt[n]{x_1 x_2 \ldots x_n}$ 　　(調和平均) $\left\{ \frac{1}{n} \left(\frac{1}{x_1} + \frac{1}{x_2} \cdots + \frac{1}{x_n} \right) \right\}^{-1}$

(絶対平均) $\dfrac{|x_1| + |x_2| + \cdots + |x_n|}{n}$ 　　(RMS) $\sqrt{\dfrac{x_1^2 + x_2^2 + \cdots + x_n^2}{n}}$

例 7 以下の数値群はある 10 人の学生の数学の試験結果である．

$$69, 69, 69, 66, 61, 60, 57, 54, 54, 48.$$

このとき，数学の平均点は式 (2.3) より

$$\frac{69 + 69 + 69 + 66 + 61 + 60 + 57 + 54 + 54 + 48}{10} = 60.7$$

である．

問 4 以下の数値群はある学生群に対する安静時の心拍数データ（1 分間）である．

$$69, 69, 75, 69, 60, 54, 57, 69, 66, 63, 60, 48, 54, 60, 60, 57, 51, 90, 66, 69, 51.$$

安静時の平均心拍数を求めよ．

問 5 朝，家から大学まで時速 40 km で移動し，帰りは大学から家まで時速 60 km で移動したとする．平均速度を求めよ．

第 2 講　計算順序

命題とその真偽【コラム：数理論理の基礎 II】

第 1 講のコラムで，「文」を「数」，「接続詞」を「演算記号」に対応させれば，論理を「文」に対して成り立つ演算規則とみなせることを述べた．ただし，数理論理で扱う「文」は基本的に**命題**（proposition）に限られる．

命題とは，「真偽を判定することのできる文」（岩波書店『広辞苑第 5 版』）であり，**平叙文**とも呼ばれる．疑問文や感嘆文などは，正しいか間違っているかを判定できないため，命題ではない．

例 8　次の幾つかの文が命題か否かを見よう．

(1) 地球は太陽の周りを回っている．
(2) 太陽は地球の周りを回っている．
(3) 月は地球の周りを回っていますか（疑問文）．
(4) 宝石箱のような星空（修辞文，直喩）．

例文 (1) と (2) は，正しいのか，間違っているのかを判定できることから，命題である．例文 (1) は真なる（正しい）命題，例文 (2) は偽なる（間違っている）命題である．これに対して，(3) と (4) は，真偽を判定できる類の文ではないので，命題とはいえない．

例 9　数学の定理や自然法則などは，真なる命題である．例えば，

(1) 直角三角形の斜辺の 2 乗は，残り 2 辺の 2 乗の和に等しい（三平方の定理）．
(2) 力のかかっていない物体は等速直線運動を行う（慣性の法則）．

などは明らかに正しいと判定できる文である．また，

(3) 偶数とは 2 で割り切れる整数のことである．

もそのように定められている[a]のだから，これも真なる命題である．

例 10　正しく実行された計算を記述したものは，真なる命題であり，計算間違いの場合は偽なる命題である．これは，例えば「$1+1=2$」が「1 に 1 を加えると 2 に等しい」と読まれることから，明らかである．

一般に，論理学では，ある命題が真なる命題であることを，「TRUE」「T」もしくは「1」を用いて，偽なる命題であることを「FALSE」「F」もしくは「0」を用いて表すことが多い．本書では，命題の真偽を「1」と「0」を用いて表すことにしよう．

---
[a] これは**定義**（definition）である．定義は真偽を判定する類の文ではないことから，正しくは命題ではない．しかし，本書では煩雑さを避けるため，定義は真なる命題だと考える．

第 3 講　べ　き

べき乗

べき乗　べき乗（power）とは，繰り返し同じ数の積を取ることで得られる値を求める演算で，**累乗**とも呼ばれ，一般に x^n のように記される．

$$x^n = \overbrace{x \cdot x \cdots x}^{n \text{ 回}}.$$

ただし，コンピュータでは，べき乗は記号「^」（ハット，caret）を使って表されることが多い．

$$x\verb|^|n = x^n = \overbrace{x \cdot x \cdots x}^{n \text{ 回}}.$$

なお，積を取る数 x を，**底**（base），もしくは**基数**と呼び，積を取る回数を示す数 n を，**指数**（exponent）と呼ぶ．また，x^2, x^3 をそれぞれ x の**平方**（square），**立方**（cube）と呼ぶ．

べき乗の計算順序　べき乗の計算は他と異なり，左からではなく，右から順に計算を行う．

(正) $2^{2^3} = 2^{(2^3)} = 2^8 = 256,$

(誤) $2^{2^3} = (2^2)^3 = 4^3 = 64.$

　べき乗は四則演算より先に計算する．べき乗は，同じ数の積を複数個掛けたひとかたまりの数であり，ゆえに乗法よりも先に計算を行うと考えればよい．除法に対しては

$$\frac{2^2}{2} = \frac{4}{2} = 2, \qquad \frac{2}{2^2} = \frac{2}{4} = \frac{1}{2}$$

のように，基本的には，除法記号の長さを適切に調整することで計算の順番がわかる．分数のべき乗を計算する，例えば $\frac{2}{3}$ の 3 乗を計算することを示すには，

$$\left(\frac{2}{3}\right)^3$$

のように $\frac{2}{3}$ に括弧をつけ，ひとかたまりであることを示した上で，右肩に指数を記す．つまり，

$$\frac{2}{3}^3$$

のような表記は行われない．これは特に手書きの場合，$\frac{2^3}{3}$ と見分けにくくなるからであり，結局，括弧が使われていない限り，べき乗の計算は除法の計算に優先すると考えればよいことがわかる．

第3講　べ　き

指数法則　　底の数が同じべき乗どうしの積について，

$$x^m \cdot x^n = x^{m+n}$$

が成立する．この計算法則を**指数法則**（exponential law）と呼ぶ．この法則は，

$$x^m \cdot x^n = \overbrace{x \cdots x}^{m} \cdot \overbrace{x \ldots x}^{n}$$

からほとんど明らかだが，後に指数の拡張を考える上で，この法則が中心的役割を果たす．

底の計算法則　　今度は，指数の数が同じ場合を考える．このとき，

$$x^n \cdot y^n = (xy)^n$$

が成立する．この法則は，

$$x^n \cdot y^n = \overbrace{x \cdots x}^{n} \cdot \overbrace{y \ldots y}^{n} = \overbrace{(xy) \cdots (xy)}^{n}$$

からほとんど明らかである．

負べき　　次は，2^{-2} のような表現を考えよう．べき乗の元々の意味を当てはめると，「2の積を -2 回計算する」となり，意味不明である．回数として，負の数はあり得ないからである．しかし，べき乗とは，指数法則が成立する計算のことだと考えることにすれば，

$$2^3 \cdot 2^{-2} = 2^{3+(-2)} = 2^{3-2} = 2$$

なので，

$$2^{-2} = \frac{2}{2^3} = \frac{2}{2 \cdot 2 \cdot 2} = \frac{1}{2^2}$$

である．同様にして，

$$x^{-n} = \frac{1}{x^n}$$

であり，これが負べきの定義である．負べきには，もはや当初の繰り返し同じ数の積をとる，という意味はないが，指数法則は成立する．指数法則が成り立つように決めているのだから，これは当然である．そして，都合のよいことに，底の計算法則も成立する．

問6 負のべき乗について，底の計算法則が成立することを具体的な例で確かめよ．

零べき　　零のべき乗についても同様である．べき乗とは，指数法則が成立する計算なので
$$2^0 = 2^{0+0} = 2^0 \cdot 2^0$$
となり，両辺を 2^0 で割ることで，$2^0 = 1$ がわかる．つまり，零以外の数 x に対して，
$$x^0 = 1$$
であり，これが零べきの定義である．

　零で割ることと同様の理由で，零の零べき，もしくは零の負べきはいかなる場合でも考えない．つまり，
$$0^0, \quad 0^{-1}, \quad 0^{-2}$$
などは全て意味がない．なお，もともとのべき乗の意味から，0 の正べきはもちろん 0 である．

べき根

べき根　　べき根（root）とは，べき乗して与えた数となる数であり，**累乗根**とも呼ばれる．そして，べき根を求める演算を，**開法**（evolution），もしくは**開方**と呼ぶ．ただし，中等教育以前の段階では，零もしくは正の数のべき根以外は扱われず，以下の解説も同様である．

　一般に，n 回積をとるとはじめて正の数 x となる正のべき根を
$$\sqrt[n]{x} \quad (n = 2 \text{ のときは } 2 \text{ を省略し } \sqrt{x})$$
と書き，x の n 乗根と呼ぶ．また，負のべき根を
$$-\sqrt[n]{x} \quad (n = 2 \text{ のときは } 2 \text{ を省略し } -\sqrt{x})$$
と書く．つまり，数 $\sqrt[n]{x}$ ($\sqrt{x}$) とは
$$\underbrace{\sqrt[n]{x} \cdot \sqrt[n]{x} \cdots \sqrt[n]{x}}_{n \text{ 回}} = x \quad (\sqrt{x} \cdot \sqrt{x} = x)$$
を満たす正の数，$-\sqrt[n]{x}$ ($-\sqrt{x}$) とは，同様の性質を持つ負の数である．$n = 2, 3$ についてべき根を求める演算をそれぞれ**開平**，**開立**と呼び，それぞれのべき根を**平方根**，**立方根**と呼ぶ．

> **例 11**　数 4 の平方根は 2 と -2 である．これは $2^2 = 4, (-2)^2 = 4$ からわかる．また，べき根を表す記号を使うと，
> $$\sqrt{4} = 2, \quad -\sqrt{4} = -2$$
> である．

第3講　べき

分数べき　べき乗とは，指数法則が成立する計算であることに注意し，$2^{\frac{3}{2}}$ について考えよう．指数法則が成り立つことから，

$$\left(2^{\frac{3}{2}}\right)^2 = 2^{\frac{3}{2}} \cdot 2^{\frac{3}{2}} = 2^{\frac{3}{2}+\frac{3}{2}} = 2^3$$

なので，$2^{\frac{3}{2}} = \sqrt{2^3} = \sqrt{8}$ である．同様に $2^{\frac{4}{3}}$ について，

$$\left(2^{\frac{4}{3}}\right)^3 = 2^{\frac{4}{3}} \cdot 2^{\frac{4}{3}} \cdot 2^{\frac{4}{3}} = 2^{\frac{4}{3}+\frac{4}{3}+\frac{4}{3}} = 2^4$$

となり，$2^{\frac{4}{3}} = \sqrt[3]{2^4} = \sqrt[3]{16}$ がわかる．つまり

$$x^{\frac{m}{n}} = \sqrt[n]{x^m} \quad (x^{\frac{m}{2}} = \sqrt{x^m})$$

であり，結局，べき根は分数べきで表せることがわかる．従って，べき根の計算順序は，べき乗と同じように，他の四則演算より優先して行う．また，負のべきのときと同様，都合のよいことに指数法則に加え，底の計算法則も成立する．

（指数法則） $\sqrt[m]{x} \cdot \sqrt[n]{x} = x^{\frac{1}{m}} \cdot x^{\frac{1}{n}} = x^{\frac{1}{m}+\frac{1}{n}} = x^{\frac{m+n}{mn}} = \sqrt[mn]{x^{m+n}}$,

（底の計算法則） $\sqrt[n]{x} \cdot \sqrt[n]{y} = x^{\frac{1}{n}} \cdot y^{\frac{1}{n}} = (xy)^{\frac{1}{n}} = \sqrt[n]{xy}$.

> **問 7** 分数べきについて，底の計算法則が成立することを具体的な例で確かめよ．

べき根の存在と近似値　正の数 x に対して，正の n 乗根 $\sqrt[n]{x}$ は必ず1つ見つかる．しかし，負の n 乗根 $-\sqrt[n]{x}$ は n が奇数のとき存在しない．負の数の奇数乗は負の数となるからである．なお，n が偶数のとき，

$$-\sqrt[n]{x} = -1 \times \sqrt[n]{x}$$

である．

さて，べき根の具体的値の計算は，一部の特別な場合を除き手計算はほとんど不可能である．従って現実には電卓やパソコンを使い，その近似値を計算することになるが，よく出てくるべき根に関しては，その近似値を記憶しておく方がよい[*1]．

$$\sqrt{2} = 1.41421356\cdots,$$
$$\sqrt{3} = 1.7320508075\cdots,$$
$$\sqrt{5} = 2.23606797\cdots,$$
$$\sqrt{7} = 2.64575\cdots.$$

[*1] 上から「一夜一夜に人見頃（ひとよひとよにひとみごろ）」「人並に奢れや女子（ひとなみにおごれやおなご）」「富士山麓鸚鵡鳴く（ふじさんろくおうむなく）」「菜に虫いない（なにむしいない）」という語呂合わせがある．

演習問題

A15 以下の数の平方，立方を計算せよ．また，平方根，立方根の近似値を計算せよ．

(1) 0.1 (2) 7 (3) 10 (4) 11111

A16 以下を計算せよ．答えは分数表示せよ．

(1) $3^2 + 4^3$
(2) $2^3 \cdot 2^4$
(3) $2^3/3^3$
(4) $(2+3\cdot 4)^5$
(5) 10^{-1}
(6) 10^{-3}
(7) $11^2 \cdot 11^3 \cdot 11^{-5}$
(8) 2^0

A17 以下を分数べきの式に直し，その値を計算せよ．

(1) $\sqrt[3]{x^4} \cdot \sqrt[2]{x^5}$
(2) $\sqrt{7+\sqrt{4}}$
(3) $\sqrt[3]{\sqrt{4}+\sqrt{9}+3}$
(4) $\sqrt{0.01}$

A18 以下を根記号（$\sqrt[n]{}$）を使った式に直し，その値を計算せよ．

(1) $2^{\frac{3}{2}} \cdot 3^{\frac{3}{2}}$
(2) $\left(x^{\frac{3}{2}} \cdot x^{\frac{1}{3}} \cdot x^{\frac{13}{6}}\right)^{\frac{1}{4}}$
(3) $(0.0004)^{-\frac{1}{2}}$
(4) $\left(64^{\frac{1}{2}}\right)^{\frac{1}{3}}$

A19 べき根の近似値 $\sqrt{2} \approx 1.41$, $\sqrt{3} \approx 1.73$, $\sqrt{5} \approx 2.23$ を用い，以下の近似値を計算せよ．

(1) $\sqrt{8}$
(2) $6^{\frac{1}{2}} + 15^{\frac{1}{2}}$
(3) $\dfrac{\sqrt{56}}{\sqrt{35}}$
(4) $30^{-\frac{1}{2}}$

A20 次の式を簡単にせよ．

(1) $\left(\sqrt{7}+\sqrt{10}\right)^2$
(2) $\left(\sqrt{5}-\sqrt{2}\right)^2$
(3) $\left(\sqrt{13}+\sqrt{7}\right)\left(\sqrt{13}-\sqrt{7}\right)$

A21 以下の近似値を計算せよ．

(1) $\sqrt{322624}$
(2) $\sqrt{1.522756}$
(3) $6492304^{\frac{1}{2}}$
(4) $2^{10} + 3^9 + 4^8$
(5) $37^3 + 23^3$
(6) $111^3 - 98^3$
(7) $21^4 \cdot 98^6$
(8) $\dfrac{2135^2}{3698^2}$
(9) $\left(\dfrac{7613}{26}\right)^2$
(10) $36^3 - 36^{-3}$
(11) $\sqrt[4]{2}$
(12) $\sqrt[8]{2}$

B10 $\sqrt{2}+\sqrt{11}, \sqrt{3}+\sqrt{7}, 2\sqrt{5}, \sqrt{23}$ を値が小さな順に並べよ．

B11 1辺が2 cmの正方形と正立方体の対角線の長さの近似値を求めよ．

第3講 べき

> **多重根号**
>
> 根号の中に根号が入る表示を 2 重根号表示と呼ぶが,もちろん 3, 4 重根号表示もあり得る.
>
> $$\sqrt{1+\sqrt{2}}, \qquad \sqrt[3]{\sqrt{2}+\sqrt{\sqrt{3}+1}}.$$
>
> 高等学校では,多重根号の解消について学ぶが,技巧的であり,さらに現実にはほとんどの多重根号はきれいに解消できない.多重根号がどのような値になるかは,現実には電卓やパソコンを使い,その近似値を計算するしかない.
>
> $$\sqrt{1+\sqrt{2}} = 1.55377\cdots, \qquad \sqrt[3]{\sqrt{2}+\sqrt{\sqrt{3}+1}} = 1.45292\cdots.$$

B12 $\sqrt{208-16m}$ が整数となる自然数 m は幾つあるか答えよ.

B13 $3\sqrt{7}$ の整数部分を a,小数部分を b とするとき,$a^3 + 3b$ の値を求めよ.

B14 1 万円を借りた.利子は 1 ヵ月に 5% の複利だとする.12 ヶ月後の返済額を求めよ.

B15 年収 300 万円の人が毎年 5% ずつ昇給したとき,年収 1000 万円を超えるのは何年後か.

B16 1 年間の預金金利が 2% だとすると,現在の 100 円は 1 年後には 102 円になる.つまり,現在の 100 円の価値は来年の 102 円の価値と同じであり,これを「1 年後の 102 円の**割引現在価値**は 100 円である」という.

(1) 1 年後の 100 円の割引現在価値はいくらか.

(2) 5 年後の 100 円の割引現在価値はいくらか.

(3) 3 年後の 110 円と現在の 100 円ではどちらが現在における価値が高いと考えられるか.

C10 素数 p に対して,コンパスと目盛のない定規を使って正 p 角形が作図できるならば,素数 p は $p = 2^{2^n} + 1$ を満たすこと,および,この逆もまた正しいことが知られている.$n = 0, 1, 2, 3, 4, 5$ について $2^{2^n} + 1$ を計算し,$n = 5$ のとき素数でないことを確かめよ.また,正 $2^{2^1} + 1$ 角形を実際にコンパスと定規で描いてみよ.

算術平均，調和平均の関係とドル・コスト平均法【コラム：記述統計の基礎 III】

コラム「平均値」において，算術平均だけが平均値ではなく，他にも幾何平均，調和平均，絶対平均，RMS などがあることを紹介した．ここでは，特に算術平均，幾何平均，調和平均の間に成立する関係とその応用例の 1 つを紹介する．

データに属する値が全て正のとき，算術平均，幾何平均と調和平均は

$$\text{算術平均} \geq \text{幾何平均} \geq \text{調和平均} \qquad (3.1)$$

を満たす．

さて，ランダムに価格変動のある商品，例えば金や外貨を購入する際に用いるリスク分散の手法として，常に毎月一定額ずつ商品を購入することが行われる．この手法は**ドル・コスト平均法**，もしくは**定額購入法**と呼ばれるが，どのような意味があるのだろうか．

2012 年の 1 月から 5 月にかけて，ロンドンの金価格は 1 オンスあたり，平均で 1656 ドル，1742 ドル，1674 ドル，1649 ドル，1580 ドルと変動している．毎月 1 オンスずつ金を購入したとき，金 1 オンスの平均購入価格は，

$$(1656 + 1742 + 1674 + 1649 + 1580)/5 = 1660.2 \ (\text{ドル})$$

である．では，今度はドル・コスト平均法に従い，毎月 2000 ドルずつ金を購入する．金の購入量は 1 月から順に，2000/1656, 2000/1742, 2000/1674, 2000/1649, 2000/1580 であることから，金 1 オンスあたりの平均購入価格は，

$$\frac{5 \times 2000}{\frac{2000}{1656} + \frac{2000}{1742} + \frac{2000}{1674} + \frac{2000}{1649} + \frac{2000}{1580}} = \frac{1}{\frac{1}{5}\left(\frac{1}{1656} + \frac{1}{1742} + \frac{1}{1674} + \frac{1}{1649} + \frac{1}{1580}\right)} = 1658.57\ldots$$

である．つまり，ドル・コスト平均法で買った方が約 1.5 円安くなる．

毎月，一定量ずつ金を購入した場合の平均価格の購入式は算術平均である．これに対して，ドル・コスト平均法の場合，平均価格の購入式は調和平均である．関係式（3.1）より，どんな価格変動でも，一定量ずつ金を購入するより，一定額ずつ購入する方が金を安く購入できるのであり，これが，ドル・コスト平均法が推奨される根拠の 1 つである．

なお，毎月一定額ずつ購入する場合，金の価格の高い月に買える金の量は少なく，安いときに買える金の量は多くなる．つまり，安いときにたくさん，高いときに少し買うのだから，そうでないときより有利なのは明らかである．このように考えると，調和平均が算術平均以下となることは当然のことと納得できるのではないかと思う．

問 8 データに含まれる数の個数が 2 個の場合に，式（3.1）が成立することを示せ[a]．

---

[a] データの個数が 3 個以上の場合の証明はかなり難しい．

第 3 講　べ　き

論理和【コラム：数理論理の基礎 III】

　幾つかの命題を並べ，それを接続詞で結ぶことにより，新たな命題ができる．数の演算において，演算記号を変えれば，その計算結果が異なるのと同じく，命題も，それらがどの接続詞で結ばれるかに応じて，その意味と真偽が変化する．

　いま，P と Q を命題とする．これらを接続詞「**または**」(or) で結び，「P または Q」という文を作ると，この文はその真偽を判定できることから，新たな命題である．このように，命題を「または」で結び，新たな命題を作ること[a]を**論理和** (logical disjunction)，もしくは**離接**，**選言**などと呼び，命題「P または Q」を記号「∨」を用いて，「P ∨ Q」で表す．

例 12　命題「授業に遅刻する学生がいる」を P と置き，「先生が授業に遅刻する」を Q と置く．このとき，論埋和 P ∨ Q は，「授業に遅刻する学生がいるか，または，先生が授業に遅刻する」となる．つまり，P ∨ Q は，「授業に遅刻する人がいる」という命題を表している．

　命題 P, Q に対して，命題 P ∨ Q の意味は，命題 Q ∨ P と明らかに等しい．また，命題 P, Q, R に対して，命題 P ∨ Q と命題 R の論理和 (P ∨ Q) ∨ R[b] の意味は，P ∨ (Q ∨ R) と明らかに等しい．このような，意味の等しい命題を，記号「≡」を用いて，

$$(P \vee Q) \equiv (Q \vee P), \quad ((P \vee Q) \vee R) \equiv (P \vee (Q \vee R))$$

のように表す[c]．数の和の計算と同様に，3 つ以上の命題の論理和によりできる命題の意味は，論理和を取る順によらない．従って，3 つ以上の命題の論理和を，P ∨ Q ∨ R のように，括弧を省略して表すのが普通である．

　ところで，P と Q は命題であり，真偽を判定できる．そして P ∨ Q は，P と Q から作られるので，その真偽は，もちろん命題 P と Q の真偽に依存する．論理演算結果の真偽は，

P	Q	P ∨ Q
1	1	1
1	0	1
0	1	1
0	0	0

のような**真理値表** (truth table) で表すことが多いが，論理和の真理値表が上記になることは，例 12 から，素直に納得できるだろう．なお，真理値表中「1」が真，「0」が偽である．また，論理和とは，P と Q が双方とも偽になるときだけ偽となる論理演算である．

---

[a] このように，命題と接続詞を組み合わせ，新たな命題を作る作業を**論理演算** (logical operation) と呼ぶ．
[b] 論理演算においても，括弧は，数の演算と同様，演算の順番を指定するために使われる．
[c] 論理記号「≡」の詳細は第 7 講のコラムを参照してほしい．

第4講　計算とその結果の表現

これまでに，高等学校までに学ぶ演算の基本についてほぼ復習を終えた．本講は，計算とその結果をどのように表示するのかについて，その大枠を解説する．

解説，公式の表示

理論の解説を行う文脈の中で，もしくは公式として数式や値を記さねばならないことは多い．このような場面では，そこに記述される内容が正確であることが重要視される．ゆえに，近似値などを用いて式や値を表現することは極力避けねばならない．

例 13 円周率は約 3.14 だが，その正確な値を具体的に示すことは不可能である．円周率は無理数だからである．従って，円周率は通常，ギリシア文字 π で表わされ，さらに，円周率を含む公式は，π を使って表現される．

$$(\text{円周の長さ}) \quad 2\pi r,$$
$$(\text{円の面積}) \quad \pi r^2,$$
$$(\text{球の表面積}) \quad 4\pi r^2.$$

例 14 ある高さで静止している物体を自由落下させる．このとき，経過時間 t（秒）と落下距離 h（メートル）の関係は

$$h = \frac{1}{2}gt^2$$

と表される．ここで g は重力加速度と呼ばれ，約 9.8 m/s^2 だが，この値はあくまで近似値であり，さらに場所に応じて変化する値でもある．従って，公式としては g を具体的な数値に置き換えるべきではない．

また，このような解説，もしくは公式は，誤解を与えないように記述することも重要視される．従って，

$$2/3/4$$

のような表示は，計算順序について誤解を与える可能性が高く，避けるべきだろう．同様に，いたずらに複雑な記述や数式も誤解を与える可能性が高い．つまり，できる限り簡潔な表現を

第4講 計算とその結果の表現

心がけねばならない．簡潔な数式を得るために使われるのが以下に挙げる手法である．

通分 第2講で解説した．
$$\frac{p}{q} + \frac{r}{s} = \frac{ps+qr}{qs}.$$

既約分数表示 一般に分数は，分母と分子に共通の因数（公約数）のない表示を行うことが多い．このような分数を**既約分数**（irreducible fraction）と呼ぶ[*1]．以下は，既約ではない分数（左辺）を実際に既約分数（右辺）の形に書き換えている[*2]．

$$\frac{2}{6} = \frac{2\cdot 1}{2\cdot 3} = \frac{1}{3}, \quad \frac{4a}{6b} = \frac{2\cdot 2a}{2\cdot 3b} = \frac{2a}{3b}, \quad \frac{abc}{abxy} = \frac{c}{xy}, \quad \frac{1141337}{1469971} = \frac{257}{331}.$$

有理化 分母に含まれるべき根を取り除く計算手法が**有理化**（rationalization）である．

$$\frac{1}{p+q\sqrt{r}} = \frac{1}{p+q\sqrt{r}} \cdot \frac{p-q\sqrt{r}}{p-q\sqrt{r}} = \frac{p-q\sqrt{r}}{p^2-q^2 r}.$$

展開 分配法則を用いて，積を分解する手法が**展開**（expansion）である．

$$(a+b+c)(p+q) = ap + aq + bp + bq + cp + cq.$$

因数分解 積を作りだす操作が**因数分解**（factorization）であり，展開の逆操作である．因数分解により現れる積を構成する数式を**因数**（factor）と呼ぶ．因数分解はいくつかの基本パターンを覚えておかないと実行できない．以下はその一部である．

$$\begin{aligned}(x-y)(x+y) &= x^2 - y^2, \\ (x+y)^2 &= x^2 + 2xy + y^2, \\ (x+y)^3 &= x^3 + 3x^2 y + 3xy^2 + y^3, \\ (x+y+z)^2 &= x^2 + y^2 + z^2 + 2xy + 2yz + 2zx.\end{aligned}$$

最初の例から，$x^2 - y^2$ は因数として $x-y$ と $x+y$ を持つことがわかる．

なお，一般に公式などの表示は文字を使って行われることが多いため，「×」「÷」などの記号はまず使われないことに注意してほしい．

[*1] 数 a と b に公約数がないことを，a と b が**互いに素**（coprime）であるという．つまり，既約分数とは分母と分子が互いに素となる分数のことである．

[*2] 最後の例の分母と分子の公約数は 4441 である．このような大きな公約数を見つけるには，**ユークリッド（Εὐκλείδης）の互除法**を利用する．

小数表示

小数　日常的に行われる多くの計算は，買物における総支払額や洗濯物に対して使う洗剤量などを例にとればわかるように，最終的に計算結果として導かれる数値の大きさを知るために行われる．さらに，このような目的で行われる計算の結果は，少しのずれが生じても問題のないことが多い．このような場合，計算結果を，べき根記号を使った表示や分数表示ではなく，小数表示することが多い[*3]．

小数（decimal number, DN）は，小さな数と書かれているため，1 より小さな数に対して用いる言葉だと思う人も多いだろう．しかし，本書では 1 より大きな値についても，それが小数点を含んで書かれる値であれば小数と呼ぶ．また，一般の辞典でも，小数としてこれら 2 つの意味が掲載されている例が多い．

小数と分数の関係　次の計算例は簡単だが，小数と分数表示の関係を端的に示している．

$$\frac{1}{8} = 1 \cdot 10^{-1} + 2 \cdot 10^{-2} + 5 \cdot 10^{-3} = 0.125.$$

つまり，数を小数表示するということは，数を $d \cdot 10^n$（d は 0 から 9 のいずれか）の和としてどのように表せるのかを示すことである．指数 n が 0 以上か負かに応じて，記号「.」（小数点，decimal point）の左に数を順番に並べるのか，右に数を順番に並べるのかが決まる．

なお，数値を小数表示する場合，その大きさが一目でわかるように，整数部分に 3 桁ごとに記号「,」（カンマ，comma）を挿入することがある．

$$100,000,000,000,000.12345.$$

以下は，数の小数表示を行う上で知っておくべき事実である．

有理数の小数表示　有理数（rational number）とは，分母と分子が共に整数となる分数値である．有理数を小数表示すると，小数点以下が有限桁で終わる場合と，繰り返し同じ数が現れる場合がある．

$$\text{(有限桁例)} \quad \frac{1}{8} = 0.125,$$
$$\text{(繰り返し例)} \quad \frac{1}{3} = 0.3333\cdots.$$

[*3] 料理など，一部の例外で分数表示されることがある．

第4講　計算とその結果の表現

なお，繰り返し同じ数が現れる有理数を**循環小数**（period）と呼ぶ．繰り返す部分を明確にしたい場合は，次のように表記する．

$$\frac{2}{7} = 0.285714285714\cdots = 0.\dot{2}8571\dot{4}.$$

無理数の小数表示　小数点以下が有限桁で終わる値や，繰返し同じ数が現れる値は，必ず有理数となることも比較的容易にわかる．有理数以外の数を**無理数**（irrational number）と呼ぶ．つまり，無理数とは小数点以下の表示がランダムに，かつ永久に続く数であり，小数表示で無理数を正確に表すことは不可能である．以下は無理数の代表的な例とその近似値である．

$$\begin{aligned}
(\text{円周率}) \quad & \pi = 3.14\cdots, \\
(\text{ネイピアの数}) \quad & e = 2.71\cdots, \\
(\text{多くの平方根}) \quad & \sqrt{2} = 1.41421356\cdots, \\
& \sqrt{3} = 1.7320508075\cdots.
\end{aligned}$$

浮動小数点表示（科学表記）　太陽の質量などの非常に大きな値や，電子の質量などの非常に小さな値を表す場合，場所の節約とわかりやすさのため，**浮動小数点表示**（floating-point representation，科学表記）を行うことがある．

$$\begin{aligned}
(\text{太陽の質量}) \quad & 1.9884 \times 10^{30}\,\text{kg} \\
& = \underbrace{1988400\cdots 0}_{31\,\text{桁}}\,\text{kg}, \\
(\text{電子の質量}) \quad & 9.1093897 \times 10^{-31}\,\text{kg} \\
& = \underbrace{0.00\cdots 0}_{31\,\text{個}}91093897\,\text{kg}.
\end{aligned}$$

上の表示中，1.9884，もしくは 9.1093897 を**仮数**（mantissa），10 を**基数**，30 もしくは 31 を**指数**と呼ぶ．ここで，基数は 10 以外でもよい．つまり，浮動小数点表示とは，数を

$$f \cdot r^e \quad (f:\text{仮数},\ r:\text{基数},\ e:\text{指数})$$

の形に表すことである．

なお，特に区別する必要があるときは，通常の小数表示を**固定小数点表示**（fixed-point representation）と呼ぶことがある[4]．

---

[4] 浮動小数点表示，固定小数点表示という呼び方をここでは少し広く捉えている．これらは，元々コンピュータ内部の数値の表現手法を表す用語であり，ゆえに，基数 2 の場合の表示がこのように呼ばれることが多い．また，科学表記とは，一般に基数が 10 となる表記を指すことが多い．

小数から分数への書き換え

小数表示から分数表示への書き換えは次のように行う.

小数点以下が有限桁　$\frac{1}{8} = 0.125$ を例に取ろう. 0.125 が小数点以下 3 桁であることから, $\frac{10^3}{10^3} = \frac{1000}{1000}$ との積をとればよい.

$$0.125 \cdot \frac{1000}{1000} = \frac{125}{1000} = \frac{125}{8 \cdot 125} = \frac{1}{8}.$$

循環小数　$\frac{35}{333} = 0.105105\cdots$ を例に取ろう. 小数点以下 3 桁ごとに同じ繰り返しとなることから, 以下のような計算を行う.

$$\begin{aligned} 105 &= 105.105105\cdots - 0.105105\cdots \\ &= 1000 \cdot 0.105105\cdots - 1 \cdot 0.105105\cdots \\ &= (1000 - 1) \cdot 0.105105\cdots \\ &= 999 \cdot 0.105105\cdots. \end{aligned}$$

従って, 両辺を 999 で割ることで,

$$0.105105\cdots = \frac{105}{999} = \frac{35}{333}$$

がわかる.

l 進数表示

われわれは普通, 0 から 9 までの 10 文字を組み合わせ, 数を表現する. 10 個の異なる文字を使って数を表現することから, この表示を 10 進数表示と呼ぶことがある. 同様に, l 個の文字を使って任意の数を表すことを l **進数表示**と呼び, l 進数表示された数を l **進数**と呼ぶ.

10 進数 26.4 を, 5 文字 0, 1, 2, 3, 4 を用いて 5 進数表示してみよう.

$$26.4 = 25 + 1 + 0.4 = 1 \cdot 5^2 + 0 \cdot 5^1 + 1 \cdot 5^0 + 2 \cdot 5^{-1}$$

より, 26.4 の 5 進数表示は 101.2 である. つまり, 10 進数表示のときは $d \cdot 10^n$ の和としてどのように数を表せるか, ということを示していたが, 5 進数表示の場合は $f \cdot 5^n$（ただし f は 0 から 4 の 5 文字のいずれか）の和としてどのように数を表せるか, ということを示している.

l 進数表示は, 日常生活ではまず出てこない数の表現法である. しかし, 特に $l = 2, 8, 16$ の場合は情報分野への応用があることから, 就職試験や, 一般教養の試験で出題されることが多

いようである．従って，整数の場合だけでよいので，10 進数を，2, 8, 16 進数に書き換えることができるようになっていることが望ましい．

例 15 10 進数 72 を 2 進数に書き換える．72 を $2^6 = 64$ で割った商と余りから，
$$72 = 1 \cdot 2^6 + 8$$
であり，8 を $2^5 = 32$ で割った商と余りから，
$$72 = 1 \cdot 2^6 + 0 \cdot 2^5 + 8$$
である．以下同様に余りの部分を $2^4, 2^3, 2^2, 2^1, 2^0 = 1$ で割ることで
$$72 = 1 \cdot 2^6 + 0 \cdot 2^5 + 0 \cdot 2^4 + 1 \cdot 2^3 + 0 \cdot 2^2 + 0 \cdot 2^1 + 0 \cdot 2^0$$
であることがわかるので，10 進数 72 の 2 進数表示は 1001000 となる．

問 9 10 進数 72 を 8 進数で表示せよ．

問 10 10 進数 72 を 16 進数で表示せよ．ただし，16 進数では，10, 11, 12, 13, 14, 15 をそれぞれアルファベット A, B, C, D, E, F で表わすことに注意せよ．

演習問題

A22 通分せよ．

(1) $\dfrac{11}{45} + \dfrac{5}{9}$ (2) $\dfrac{1}{3^2} + \dfrac{1}{3^3}$ (3) $\dfrac{1}{2x-2} + \dfrac{4}{x-1}$ (4) $\dfrac{5x+3}{2} - \dfrac{2}{5x+3}$

A23 既約分数表示せよ．

(1) $\dfrac{84}{588}$ (2) $\dfrac{x^2 y^3 z^4}{x^4 y^3 z^2}$ (3) $\dfrac{12(x-3)}{24(x^2 - 2x - 3)}$ (4) $\dfrac{(x^2 - 2x - 3)^2}{(x^2 + 2x + 1)^3}$

A24 有理化せよ．

(1) $\dfrac{2}{\sqrt{2}}$ (2) $\dfrac{2 + \sqrt{3}}{2 - \sqrt{3}}$ (3) $\dfrac{\sqrt{5} + \sqrt{3}}{\sqrt{5} - \sqrt{3}}$ (4) $\dfrac{1}{\sqrt{2} + \sqrt{3} + \sqrt{6}}$

A25 展開せよ．

(1) $(x+y)(z+w)$
(2) $(x+y)^3$
(3) $(2x+5y)^2$
(4) $(x+3y-3)^2$
(5) $(x+y+z)^2$
(6) $(x+y+z)^3$
(7) $(2x+3y)(2x-3y)$
(8) $(a+b+c+d)(x+y+z)$
(9) $(5xy+3xyz)(2x+4y)$

A26 因数分解せよ．

(1) $x^2 - y^2$
(2) $x^2 - 3x - 4$
(3) $x^2 + y^2 + z^2 + 2xy + 2yz + 2zx$
(4) $2x^2 + 7x + 6$
(5) $4x^2 + 20x + 25$
(6) $27x^3 + 27x^2y + 9xy^2 + y^3$

A27 小数表示せよ．

(1) $\dfrac{1}{16}$
(2) $\dfrac{1}{11}$
(3) $\dfrac{54235}{23}$
(4) $2^{-1} + 8 \cdot 10^{-2} + 7 \cdot 10^{-3} + 5 \cdot 10^{-4}$

A28 循環小数となるものを全て選べ．

$$\dfrac{1}{2}, \dfrac{1}{3}, \dfrac{1}{4}, \dfrac{1}{5}, \dfrac{1}{6}, \dfrac{1}{7}, \dfrac{1}{8}, \dfrac{1}{9}$$

A29 固定小数点表示せよ．

(1) 1.2×10^4
(2) 1.2×10^{-4}
(3) 5.4×10^{14}
(4) 8.0×10^{-8}

A30 分数表示せよ．

(1) 0.15
(2) $0.\dot{2}\dot{7}$
(3) $0.\dot{1}3\dot{6}$
(4) $1.23\dot{6}$

A31 次の10進数を2進数，8進数，16進数に直せ．

(1) 24
(2) 77
(3) 1024
(4) 65536

A32 次の2進数を10進数，8進数，16進数に直せ．

(1) 10
(2) 10101
(3) 110011
(4) 11111111

第4講　計算とその結果の表現

> **「×」「÷」表示の違和感**
>
> 第1講で記した通り，中学以降，以下のような表記はあまり行われない．
>
> $$a \times b, \quad a \div b$$
>
> これは，上のような乗法，除法記号を明確にした表記が，実際に乗算，もしくは除算を実行することを強調する目的で使われることが多いためである．つまり，例えば $a \times b$ は，実際に a と b を掛けることを強調するために用いることが多いが，a, b は文字なので，実際にはこれ以上計算を進めることはできない．
>
> このような表記は間違っているとまではいえないが，使い方によっては，違和感を感じさせる原因となることを覚えておいてほしい．

B17　$0.999\cdots = 1$ であることを示せ．

B18　以下に答えよ．

(1) $\sqrt{3}$ の小数部分を x とするとき，$1/x$ の値を求めよ．

(2) 実数 x の整数部分を $[x]$ で表す．$[3] \times [\sqrt{2}+2] \times [\sqrt{5}+1]$ を求めよ．

B19　10進法で表された数 359 を 7 進法で表したものを A，5 進法で表された数 210 を 7 進法で表したものを B と置く．$A+B$ を求めよ．

C11　303533 と 79213 の最大公約数を以下の手順で求めよ．なお，最大公約数のこの求め方は**ユークリッドの互除法**と呼ばれている．

(1) 303533 を 79213 で割った余り R_1 を求めよ．

(2) 303533 と 79213 の最大公約数は 79213 と R_1 の最大公約数であることを示せ．

(3) 79213 を R_1 で割った余り R_2 を求めよ．

(4) R_1 を R_2 で割った余り R_3 を求めよ．

(5) R_2 を R_3 で割った余り R_4 を求めよ．

(6) R_3 は R_4 で割り切れることを確かめよ．

(7) このとき，R_4 は 303533 と 79213 の最大公約数である．理由を説明せよ．

C12　ユークリッドの互除法を応用し，$233x + 101y = 1$ を満たす全ての整数を求めよ．

最頻値と中央値【コラム：記述統計の基礎 IV】

データの特徴をつかむ目的で利用される値が代表値であり，その最も典型的な例が平均値だった．ただし，平均値だけが代表値ではなく，他にも**最頻値**（mode）や**中央値**（median)[a]などの重要な例がある．

まず，最頻値とは，データに最も多く現れる値のことであり，それが 2 つ以上ある場合は，それらの階級値全てが最頻値となる．つまり，

$$10, 10, 20, 20, 20, 30, 40, 50, 50, 50, 60$$

ならば，最も多く現れる値は 20 と 50 であり，各 3 回ずつである．このとき，このデータの最頻値は 20 と 50 の 2 つである．

次に中央値について，データに含まれる数値を大きさの順に並び替えよう．このとき，ちょうど中央に位置する値が中央値である．データが n 個の数字からなり，かつ n が奇数のとき，中央値は上から $(n+1)/2$ 番目の値である．また，n が偶数のときは，$n/2$ 番目の値と，$n/2 + 1$ 番目の値の算術平均値が中央値である．中央値は，異様に大きな値や，異様に小さな値がデータに含まれる場合に使われることが多い．

例 16 データが次の 11 個の値からなるとする．

$$9, 8, 8, 6, 5, 5, 5, 4, 3, 2, 1.$$

データの個数は 11 個なので，中央値は $(11+1)/2 = 6$ 番目の値 5 であり，最も多く現れる値は 5 なので，最頻値も 5 である．

例 17 例 7（P. 20）で与えた 10 人の学生の数学の試験結果について，その $10/2 = 5$ 番目の値は 61 であり，$10/2 + 1$ 番目の値は 60 である．従って，試験結果の中央値は $(61 + 60)/2 = 60.5$ である．なお，この試験結果の最頻値は 69 である．

問 11 問 4（P. 20）で与えた心拍数データの最頻値と中央値を求めよ．

問 12 以下の数値群はある試験の結果である．

44, 36, 8, 34, 24, 30, 24, 76, 52, 20, 46, 32, 26, 58, 38, 42, 32, 40, 52, 34, 50, 16, 26, 46, 58, 30, 24, 40, 50, 88, 20, 36, 80, 32, 50, 14, 52, 24, 42, 12.

平均点，最頻値，中央値を求めよ．

問 13 なぜ，異様に大きな値や，異様に小さな値が含まれるデータに対して平均値ではなく中央値が使われるのかを考察せよ．

---

[a] **中位数**とも呼ばれる．

第4講　計算とその結果の表現

論理積【コラム：数理論理の基礎 IV】

　命題 P と Q を接続詞「**かつ**」（and）で結び，「P かつ Q」という文を作る．この文はその真偽を判定できる．つまり，命題である．このように，命題を「かつ」で結び，新たな命題を作ることを**論理積**（logical conjunction），もしくは**合接**，**連言**などと呼び，命題「P かつ Q」を記号「∧」を用いて，「P ∧ Q」で表す．

例 18　命題「数学の授業がある」を P と置き，「授業に遅刻する人がいる」を Q と置く．このとき，論理積 P ∧ Q は「数学の授業があり，かつ，授業に遅刻する人がいる」となる．つまり，P ∧ Q は「数学の授業に遅刻する人がいる」という命題を表している．

　命題 P, Q, R に対して，論理和のときと同様に論理積についても，

$$(P \wedge Q) \equiv (Q \wedge P), \quad ((P \wedge Q) \wedge R) \equiv (P \wedge (Q \wedge R))$$

であることは容易にわかる．また，3つ以上の命題の論理積を，P ∧ Q ∧ R のように括弧を省略して表すのも論理和のときと同様である．

　では，論理和と論理積の間にどのような関係が成り立つのだろうか．実は，論理和，論理積双方について**分配法則**が成立する．

$$P \wedge (Q \vee R) \equiv (P \wedge Q) \vee (P \wedge R), \quad P \vee (Q \wedge R) \equiv (P \vee Q) \wedge (P \vee R).$$

数の演算では分配法則は和に対してのみ成立し（$p(q+r) = pq + pr$），積に対しては成り立たない（$p + qr \neq (p+q)(p+r)$）．論理「和」，論理「積」とはいわれるが，その演算規則はもちろん数とは異なることに注意が必要である．

例 19　命題「数学の授業がある」を P，「授業に遅刻する学生がいる」を Q，「先生が授業に遅刻する」を R と置く．このとき例 12（P. 29）と例 18 より，命題「数学の授業に遅刻する人がいる」は P ∧ (Q ∨ R) と表せる．これは，「数学の授業に遅刻する学生がいる (P ∧ Q) のか，または，数学の授業に先生が遅刻する (P ∧ R)」のと同じことであり，確かに，P ∧ (Q ∨ R) ≡ (P ∧ Q) ∨ (P ∧ R) である．

　論理積の真理値表は，

P	Q	P ∧ Q
1	1	1
1	0	0
0	1	0
0	0	0

となるが，これは例 18 から，素直に納得できるだろう．つまり，論理積とは，P と Q が双方とも真になるときだけ真となる論理演算である．

第 5 講　演算の特色

本講は，これまでに取り上げた各演算の特色について簡単に解説する．ここでの指摘は，少し考えればほとんど明らかなことのように感じるものが多い．しかし，これらの事実を念頭に置いて計算を実行しているか否かで，計算の効率と正確さに大きな違いが生まれる．

加法・減法の特色

まず，計算の特色をまとめよう．これらはほとんど明らかなことではあるが，重要である．

(1) 零より大きな数（正の数）を加えると，元の数より大きな数となる．
(2) 零より大きな数（正の数）を引くと，元の数より小さな数となる．
(3) 零は，加えても，引いても元の数を変えない数である．
(4) 十分に小さな数との和，もしくは差は，元の数の大きさに大きな影響を与えないので，現実には無視してもよい場合があり得る．

規則性のある加算，減算は，工夫することで計算が簡単になるものが多い．以下に記す 3 つは，典型例として覚えておくとよい．

例 20　（等差数列の和）　次の加算を考えよう．

$$\underbrace{2 + 5 + 8 + 11 + \cdots + 62 + 65}_{22\,個}.$$

$3 = 5 - 2 = 8 - 5 = \cdots$ なので，常に 3 ずつ大きな数の和を取る計算である．同じ和を，以下のように並びを逆にして足し合わせよう．

$$\begin{array}{r} 2 + 5 + 8 + 11 + \cdots + 62 + 65 \\ +65 + 62 + 59 + 56 + \cdots + 5 + 2. \end{array}$$

同じ列にある上の数と下の数の和を取ると，全て 67 ($= 2 + 65 = 5 + 62 = \cdots$) である．従って，上記加算の結果は $67 \cdot 22 = 1474$ である．上の加算は元の加算の 2 倍になっているので，求める値は $1474/2 = 737$ である．

第 5 講　演算の特色

例 21（等比数列の和）　次の加算を考えよう.
$$1 + 3 + 9 + 27 + \cdots + 3^{11} + 3^{12}.$$

今度は常に 3 倍された数の和を取る計算である. 分配法則を使うと,

$$
\begin{aligned}
(1-3)&(1+3+9+27+\cdots+3^{11}+3^{12}) \\
&= 1+3+9+27+\cdots+3^{11}+3^{12} \\
&\ -3-9-27-\cdots-3^{11}-3^{12}-3^{13} \\
&= 1-3^{13} = -1594322
\end{aligned}
$$

なので, 求める値は $-1594322/(1-3) = 797161$ である.

例 22　次の加算を考えよう.
$$\frac{1}{1\cdot 2} + \frac{1}{2\cdot 3} + \frac{1}{3\cdot 4} + \cdots + \frac{1}{48\cdot 49}.$$

それぞれの項について, 通分の逆を求めることで, 以下のように計算が簡単になる.

$$
\begin{aligned}
&\frac{1}{1\cdot 2} + \frac{1}{2\cdot 3} + \cdots + \frac{1}{48\cdot 49} \\
&= \left(\frac{1}{1} - \frac{1}{2}\right) + \left(\frac{1}{2} - \frac{1}{3}\right) + \cdots + \left(\frac{1}{48} - \frac{1}{49}\right) \\
&= 1 + \left(-\frac{1}{2} + \frac{1}{2}\right) + \cdots + \left(-\frac{1}{48} + \frac{1}{48}\right) - \frac{1}{49} \\
&= 1 - \frac{1}{49} = \frac{48}{49}
\end{aligned}
$$

このような通分の逆操作は, **部分分数分解**（partial fraction decomposition）と呼ばれる.

応用として, 正の数を足し続けても無限大にならない例を簡単に作ることができる.

例 23　次の加算を考えよう.
$$1 + \frac{1}{3} + \frac{1}{3^2} + \frac{1}{3^3} + \frac{1}{3^4} + \cdots.$$

例 21 と同様に計算すれば,
$$1 + \frac{1}{3} + \frac{1}{3^2} + \cdots + \frac{1}{3^n} = \frac{1 - \frac{1}{3^{n+1}}}{1 - \frac{1}{3}} = \frac{3}{2} - \frac{1}{2\cdot 3^n}$$

となり, n に入る数がどんなに大きくなっても, 和は $3/2$ を超えない.

問 14 （ゼノンの詭弁） 以下はゼノン（Ζήνων ὁ Ἐλεάτης, B. C. 490 頃 – 430 頃）の詭弁と呼ばれる議論である．

アキレスと亀が競争をしている．亀は足が遅いので，ハンデをつけ，アキレスより少し前に出発する．

(1) アキレスが A 地点に到達したとき，亀はさらに前方の B 地点にいる．
(2) アキレスが B 地点に到達したとき，亀はさらに前方の C 地点にいる．
(3) …

この関係はずっと続くので，アキレスは亀に追いつけない．この詭弁のどの部分が間違っているのかを答えよ（コラム「『数理論理の基礎』のまとめ」を参照せよ）．

乗法・除法の特色

計算の特色をまとめよう．加法・減法の場合と同様に，これらはほとんど明らかな事実ではあるが，重要である．

(1) 1 より大きな数を掛けると，元の数より大きな数となる．
(2) 1 より小さな数を掛けると，元の数より小さな数となる．
(3) 1 より大きな数で割ると，元の数より小さな数となる．
(4) 1 より小さな正の数で割ると，元の数より大きな数となる．
(5) 1 は，掛けても，割っても元の数を変えない数である．この性質を，「1 は単位である」と説明することがある．
(6) 1 に十分近い数を掛けても，割っても，元の数に大きな影響を与えない．
(7) 数の正負に応じて，積，もしくは商の正負は，以下の表に従う．

	+	−
+	+	−
−	−	+

なお，規則性のある乗算，除算は，べき乗や階乗を使うことで簡潔に表せる場合がある．

第 5 講　演算の特色　　43

階　乗

階乗（factorial）とは，1 からある値までの積のことで，記号「！」（感嘆符，exclamation mark）を用いて，
$$n! = n \cdot (n-1) \cdot (n-2) \cdots 3 \cdot 2 \cdot 1$$
のように表す．

この値は，n 個の相異なるものの並べ方の総数と一致する．従って，組み合わせの数を考える場合によく登場する計算である．以下，階乗を用いて，組み合わせの数がどのように計算できるのかを問いの形で並べた．なぜ，このような計算となるのかを考えてみてほしい．

問 15 $n!$ は相異なる n 個のものの並べ方の総数と一致する．なぜか．

問 16 $\frac{n!}{k!} = n(n-1)\cdots(n-k+1)$ は相異なる n 個のものから k 個を取り出して並べる並べ方の総数と一致する．なぜか．

問 17 $\frac{n!}{k!(n-k)!}$ は相異なる n 個のものから k 個を選ぶ選び方の総数と一致する．なぜか．

問 18 $\frac{(n+k-1)!}{k!(n-1)!}$ は相異なる n 個のものから k 個，何度でも同じものを繰り返し選んでもよい場合の選び方の総数と一致する．なぜか．

例 24（等比数列の積） 次の積を考えよう．
$$1 \cdot 3 \cdot 9 \cdot 27 \cdots 3^{11} \cdot 3^{12}.$$
指数法則より，以下のように計算できる．
$$1 \cdot 3 \cdot 9 \cdot 27 \cdots 3^{11} \cdot 3^{12} = 3^{1+2+3+\cdots 12} = 3^{78}.$$

例 25 次の積を考えよう．
$$3 \cdot 6 \cdot 9 \cdots 36.$$
3 の倍数の積なので以下のように計算できる．
$$3 \cdot 6 \cdot 9 \cdots 36 = (3 \cdot 1) \cdot (3 \cdot 2) \cdot (3 \cdot 3) \cdots (3 \cdot 12)$$
$$= \underbrace{3 \cdot 3 \cdots 3}_{12 \text{個}} \cdot 1 \cdot 2 \cdots 12 = 3^{12} \cdot 12!$$

例 26（ネイピアの数） 第 4 講において，無理数の代表的な例としてネイピア（John Napier, 1550 – 1617）の数と呼ばれる 2.71 に近い値を取り上げた．この値は通常 e で表され，

$$e = 1 + \frac{1}{1!} + \frac{1}{2!} + \frac{1}{3!} + \frac{1}{4!} + \cdots = 2.71\cdots$$

という式で定められる．

問 19 ネイピアの数の近似値を計算せよ．

べき乗・べき根・階乗の特色

べき乗，べき根と階乗の計算の特色は，四則演算とは異なり，明らかとはいえない．しかし，最低限覚えておくべき事実は次の通りである．

(1) べき乗について，x^n は，底 x が 1 より大きな数ならば，指数 n が大きくなるに従い，急速に大きな数になる．
(2) べき乗について，x^n は，底 x が 1 より小さな正の数ならば，指数 n が大きくなるに従い，急速に零に近い数になる．
(3) べき根について，$\sqrt[n]{x}$ は，指数 n が大きくなるに従い，急速に 1 に近い数になる．
(4) 階乗について，$n!$ は，n が大きくなると急激に大きな数になる．その増え方は，底 x が 1 より大きな数である場合のべき乗 x^n よりも急である．

性質（4）のみ例で見よう．

例 27 10^{100} と $100!$ を比べよう．10^{100} は 1 の後ろに 0 が 100 並ぶかなり巨大な数である．これに対して，$100!$ の近似値は

$$9.33262 \times 10^{157}$$

であり，10^{100} の約 10^{58} 倍の大きさの数である．

問 20 べき乗・べき根・階乗の特色を様々な具体例で確かめてみよ．

第 5 講　演算の特色

演習問題

A33 和を求めよ．

(1) $1+2+3+4+\cdots+1000$

(2) $1+2+4+5+7+8+\cdots+100+101$

(3) $10+7+4+1-2-\cdots-101$

(4) $1+2+2+3+3+4+\cdots 99+100+100+101$

A34 深さ 10 メートルの井戸があり，その井戸の底に蛙がいる．蛙は 1 時間で 2.5 メートル井戸を登ることができるが，次の 1 時間は必ず休憩し，その間に 0.5 メートルずり落ちてしまう．この蛙は何時間後に井戸から出られるか．

A35 和を求めよ．

(1) $1+2+4+8+\cdots+65536$

(2) $2+6+18+54+\cdots+118098$

(3) $1-2+4-8+\cdots-32768+65536$

(4) $1+2+3+6+9+18+27+\cdots+729+1458$

A36 ある森林では毎年，木の本数が前年の 1/100 に減少する．100 万本の木が残り 1 本になるのに何年かかるか．

誤差と計算

　計算の技法の解説を終えるにあたり，実際に計算を実行するときに無視はできない誤差について少し注意をしておこう．

　誤差（error）とは，真の値と測定値，もしくは近似値との差のことであり，様々な理由で発生する．もちろん，誤差は存在しないのが理想だが，現実には誤差のない値はほとんどあり得ない．また，誤差を含む値の計算はさらなる誤差を生む．誤差は少なければ少ないほど望ましいことから，誤差を拡大しないよう計算を実行せねばならない．計算により誤差を拡大しないためには，大まかにいって次の規則を守らねばならない．

(1) 最終的な結果を得るために何段階かの計算を経由する場合，各段階が終わるごとに，四捨五入や切り捨てなどの操作を行わない．

(2) 手で計算する場合であっても，必要とする桁より少なくとも 1 桁，できれば 2 桁以上多く計算する．

(3) 電卓，コンピュータで計算する場合は，可能な限り多くの桁数まで計算する．

誤差について，本書はこれ以上立ち入らない．しかし，計算を現実に応用するには，誤差についてより深い知識が必要になる．誤差の精密な取り扱いは，深い内容を持つ重要な話題であり，誤差だけを取り扱う多くの専門書籍がある．

A37 和を求めよ．

(1) $\dfrac{1}{1\cdot 3}+\dfrac{1}{3\cdot 5}+\dfrac{1}{5\cdot 7}+\cdots+\dfrac{1}{99\cdot 101}$

(2) $\dfrac{1}{1\cdot 2\cdot 3}+\dfrac{1}{2\cdot 3\cdot 4}+\dfrac{1}{3\cdot 4\cdot 5}+\cdots+\dfrac{1}{98\cdot 99\cdot 100}$

A38 計算せよ．

(1) $1!$

(2) $5!$

(3) $3!4!$

(4) $\dfrac{5!}{6!}$

(5) $\dfrac{10!}{6!(10-6)!}$

(6) $20!$

A39 以下に答えよ．

(1) Euclid の 6 文字について，これらの文字を 1 列に並べる方法は何通りか．また，そのうち母音が両端になる並べ方は何通りか．

(2) 6 個の数字 $0,1,2,3,4,5$ から異なる 3 個の数字を選んで 3 桁の整数を作る．全部で何通りできるか．また，そのうち奇数は何通りか．

(3) 両親と 5 人の子供が円卓を囲んで食事をする．並び方は何通りあるか．また，そのうち両親が隣り合う並び方は何通りか．

(4) 10 文字 AAABBBCDDE を 1 列に並べる並べ方は全部で何通りか．また，そのうち B が隣り合う並べ方は何通りか．

A40 以下に答えよ．

(1) 10 文字 ABCDEFGHIJ から，$1, 3, 5, 7, 9$ 文字を取り出す方法はそれぞれ何通りか．

(2) 5 文字 ABCDE から，重複を許し 5 文字取り出す方法は何通りか．

(3) 20 人を 8 人，7 人，5 人に分ける．何通りの分け方があるか．

(4) リンゴが 10 個ある．これを 3 人で分ける方法は何通りか．また，そのうち各人が少なくとも 1 個はもらう分け方は何通りか．

(5) 男性 3 人と女性 7 人の中から代表を 3 人選ぶ．代表の中に必ず男女が含まれるような選び方は何通りか．

A41 以下の近似値を求めよ．

(1) $\left(\dfrac{99}{100}\right)^{30}$

(2) $\left(\dfrac{100}{99}\right)^{30}$

(3) $100000^{\frac{1}{100}}$

A42 $10!$ と 2^{10} の大きさを比較せよ．

A43 計算せよ．

(1) $1\times 2\times 2^2\times 2^3\times \cdots \times 2^{10}$

(2) $5\times 5\cdot 2\times 5\cdot 2^2\times \cdots \times 5\cdot 2^{10}$

第5講 演算の特色

B20 以下に答えよ．

(1) $p+q+r=10$ を満たす自然数 (p,q,r) の組は幾つあるのか答えよ．また，負ではない整数 (p,q,r) の組は幾つあるのか答えよ．

(2) $p+q+r \leq 10$ を満たす自然数 (p,q,r) の組は幾つあるのかを答えよ．

(3) 正 n 角形の頂点を頂点とし，対角線を辺とする三角形は全部で何個あるか．

(4) 引き分けはないとして，m チームが戦うトーナメントの異なる作られ方の総数を答えよ．（カタラン数，Catalan number，Eugène Charles Catalan, 1814 – 1894)

(5) 下図のような道がある．地点 A から地点 B へ行く最短経路は何通りか．また，地点 A から地点 C への最短経路は何通りか．

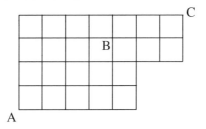

B21 $_nC_k = \frac{n!}{k!(n-k)!}$ とし，以下を示せ．

(1) $k \cdot {}_nC_k = n \cdot {}_{n-1}C_{k-1}$

(2) $_nC_k = {}_{n-1}C_k + {}_{n-1}C_{k-1}$ （パスカルの三角形）

(3) $_kC_k + {}_{k+1}C_k + {}_{k+2}C_k + \cdots + {}_nC_k = {}_{n+1}C_{k+1}$

(4) $(x+y)^n = x^n + {}_nC_1 x^{n-1}y + \cdots + {}_nC_k x^{n-k}y^k + \cdots + y^n$ （二項定理）

B22 二項定理を利用して以下を示せ．

(1) $_nC_0 + {}_nC_1 + {}_nC_2 + \cdots + {}_nC_n = 2^n$

(2) $_nC_0 + {}_nC_2 + {}_nC_4 + \cdots = {}_nC_1 + {}_nC_3 + {}_nC_5 + \cdots = 2^{n-1}$

(3) $_nC_1 + 2{}_nC_2 + 3{}_nC_3 \cdots + n{}_nC_n = n \cdot 2^n$

(4) $_nC_0^2 + {}_nC_1^2 + {}_nC_2^2 + \cdots + {}_nC_n^2 = {}_{2n}C_n$

B23 以下の設問に答えよ．

(1) $\sqrt{7}$ の近似値 2.6458 を用いて，$\frac{3}{\sqrt{7}-3}$ の近似値を次の2種類の方法で求めよ．

(a) まず分母を有理化してから近似値を代入して計算する．

(b) 最初から近似値を代入して計算する．

(2) 電卓を用いて $\frac{3}{\sqrt{7}-3}$ を計算し，(1) の (a) の値と (b) の値ではどちらがより近いかを確かめ，その理由を述べよ．

B24 円周率 π は無理数であり，その近似値は 3.14 だった．円周率を 3.14 として円の面積を計算するよりも 3.1415 として計算するほうがより正確に円の面積を計算することができる．以下の表の空欄を埋め，円周率の近似値の小さな違いが，その後の計算の誤差をどのように拡大させるのかを観察せよ．

半径 \ 円周率	3	3.1	3.14	3.141	3.1415
10	300	310	314	314.1	314.15
面積の差	-	10	4	0.1	0.05
20	1200	1240	1256	1256.4	1256.6
面積の差	-	40	16	0.4	0.2
50	7500	7750	7850	7852.5	7853.75
面積の差	-	250	100	2.5	1.25
100	30000	31000	31400	31410	31415
面積の差	-	1000	400	10	5
1000	3000000	3100000	3140000	3141000	3141500
面積の差	-	100000	40000	1000	500

C13 **源氏香**は香道の楽しみ方のひとつであり，源氏物語を利用した組香である．源氏香について調べ，そこに現れる**源氏香の図**と組み合わせの数の間に成り立つ関係を明らかにせよ．

C14 以下に答えよ．

(1) $n! > 2^{n-1}$ を示せ．
(2) (1) を用いて，ネイピアの数 e が $2.5 < e \leq 3$ を満たすことを示せ．

C15 $E(n) = \left(1 + \dfrac{1}{n}\right)^n$ と置く．以下に答えよ．

(1) 表計算ソフトを用い $n = 1, 2, \cdots, 1000$ における $E(n)$ の値の近似値を求めよ．
(2) n として十分に大きな値を取ると $E(n)$ はネイピアの数 e にほとんど等しくなる．$E(n)$ を二項定理を用いて展開することで，この理由を説明せよ．

C16 $\exp(x) = 1 + \dfrac{1}{1!}x + \dfrac{1}{2!}x^2 + \dfrac{1}{3!}x^3 + \cdots$ に対して二項定理を用いて以下を示せ．
$$\exp(x + y) = \exp(x) \cdot \exp(y)$$
もちろん $\exp(1) = e$（ネイピアの数）である．

第 5 講　演算の特色

分散と標準偏差【コラム：記述統計の基礎 V】

データの各値が，その平均からどの程度離れているのかを表す値が**偏差**（deviation）であり，偏差の平均，つまり，データがどの程度ばらついているのかを示す値が**標準偏差**（standard deviation）である．ただし，ここでの平均は算術平均ではなく，RMS である．

いま，データに含まれる数値を $x_1, x_2, \ldots, x_n$ と置き，その算術平均を $\bar{x}$ と置こう．このとき，値 x_i の偏差は $x_i - \bar{x}$ であり，通常 s と略記される標準偏差は，偏差を用いて

$$s = \sqrt{\frac{(x_1 - \bar{x})^2 + (x_2 - \bar{x})^2 + \cdots + (x_n - \bar{x})^2}{n}} \qquad (5.1)$$

で定められる．また，標準偏差の 2 乗，すなわち s^2 は**分散**（variance）と呼ばれる．

例 28 同じ算術平均値 10 を持つ 2 種類のデータ

$$A: 10, 10, 10, 10, 10, \qquad B: 0, 5, 10, 15, 20$$

について，それぞれの標準偏差と分散を計算しよう．A の分散は

$$s^2 = \frac{(10-10)^2 + (10-10)^2 + (10-10)^2 + (10-10)^2 + (10-10)^2}{5} = 0$$

であり，その標準偏差は $s = \sqrt{0} = 0$ である．B の分散は

$$s^2 = \frac{(0-10)^2 + (5-10)^2 + (10-10)^2 + (15-10)^2 + (20-10)^2}{5} = 50$$

であり，その標準偏差は $s = \sqrt{50} = 7.071\cdots$ である．双方の標準偏差は，ばらつきの度合いを表す数値として，大体適当な値になっていることが見て取れるだろう．

問 21 偏差の算術平均が 0 であることを示せ．

問 22 例 7（P. 20) で与えた 10 人の学生の数学の試験結果について，その全ての値に対する偏差を求めよ．また，その分散と標準偏差を計算せよ．

問 23 分散は，2 乗の算術平均から，算術平均の 2 乗を引いたものと一致する．すなわち，

$$s^2 = \frac{x_1^2 + x_2^2 + \cdots + x_n^2}{n} - \bar{x}^2$$

となることを示せ．ただし，データ $x_1, x_2, \cdots, x_n$ の算術平均を $\bar{x}$ で表している．

否定【コラム：数理論理の基礎 V】

命題 P を**否定**（inversion）する．つまり，命題 P と「**ではない**」（not）を用い，「P ではない」という文を作る．この文は命題 P と逆の意味（真偽）を持つ命題であり，記号「¬」を用いて，「¬P」で表す．否定はその意味から，次の真理値表を持つことは明らかである．

P	¬P
1	0
0	1

例 29 命題「数学の授業がある」を P と置く．このとき，命題 ¬P は単に「数学の授業がない」となる．

次に否定について成立する等式について見よう．P と Q を命題とする．このとき，

$$\neg(\neg P) \equiv P \quad \text{（二重否定）}$$

である．否定の否定は肯定なのだからこれは明らかだろう．さらに，否定と論理和，論理積について，

$$\neg(P \lor Q) \equiv (\neg P) \land (\neg Q), \quad \neg(P \land Q) \equiv (\neg P) \lor (\neg Q)$$

のように，論理和（論理積）を否定すると，否定の論理積（論理和）となる．この関係は**ド・モルガン**（Augustus de Morgan, 1806 – 1871）**の法則**と呼ばれる．

例 30 命題「授業に遅れる学生がいる」を P と置き，「先生が授業に遅れる」を Q と置く．例 12 (P. 29) より，P ∨ Q は，「授業に遅れる人がいる」なので，否定 ¬(P ∨ Q) は，「授業に遅刻する人がいない」である．つまり，「授業に遅れる学生がおらず (¬P)，かつ，先生も授業に遅刻しない (¬Q)」のだから，確かに，¬(P ∨ Q) ≡ (¬P) ∧ (¬Q) が成立している．

ド・モルガンの法則の前半が正しいことを真理値表から確かめておこう．

P	Q	P ∨ Q	¬(P ∨ Q)	¬P	¬Q	(¬P) ∧ (¬Q)
1	1	1	0	0	0	0
1	0	1	0	0	1	0
0	1	1	0	1	0	0
0	0	0	1	1	1	1

より確かに，命題 ¬(P ∨ Q) と (¬P) ∧ (¬Q) の真偽は完全に一致することがわかる．

問 24 P, Q, R を命題とする．次の論理式が成立する例を作れ．

(1) P ∨ (Q ∧ R) ≡ (P ∨ Q) ∧ (P ∨ R)　（分配法則）

(2) ¬(P ∧ Q) ≡ (¬P) ∨ (¬Q)　（ド・モルガンの法則）

第 II 部

式の文法

『数学は科学の女王にして奴隷』は，数学者でかつ SF 作家の E. T. ベル（Eric Temple Bell, 1883 – 1960）が著した数学史の本の書名である（文献[2]，[3]参照）．

科学，特に自然科学では，様々な法則を数式を用いて表現する．つまり，「数学は科学のための言葉」であり，このような意味でまさに数学は科学に仕える奴隷である．しかし，他方，数学自体は他の学問に依存せず，自分自身で完結する女王の如き学問である．

事実，中等教育において，いや，高等教育においても，数学は独立した科目であり，その理解のために，言葉を除く他の要素はほとんど必要とされない．さらに中等教育の段階では，数学が他の分野に奴隷として仕える場面はそう多くなく，多くの人にとって，数学は役に立たないのに多くの時間を費やさねばならない女王のような存在である．

これはなぜか，そして，どのようにすれば数学を奴隷とできるのだろうか．

国立情報学研究所の新井紀子教授によると，『数学は言葉』（文献[35]），それも，「ものすごくコンパクトに圧縮されているために読み解くのが困難」な言葉である．

であれば，数学を奴隷とするには，数学という言葉がどのように圧縮されるのか，その「文法」をしっかり身につけなければ話にならないということになる．文法が曖昧なままでは，数学という言語の圧縮率の高さに太刀打ちすることは到底不可能だからである．

第 II 部は，このような観点から，中学校から高等学校 1 年次までに学ぶ「式に係る文法」について簡潔に俯瞰する．さらに，それらの文法についての知識の一部を援用し，「割ることの意味」を展開し，「測る」ことについて再考する．

もちろん，文法をきちんと身につけるには，単にそれをたどるだけでは不足である．本文を読み，その上で，付随する問いと演習問題を実際に解くべきなのは第 I 部と同様である．

なお，「測る」ものは何らかの「量」である．従って，第 II 部の隠れた主題は「量の数学」を見直すことであることに読者は注意して読み進めて頂きたい．

第6講　関係演算子

関係演算子（relational operator）とは，2つの数や式の間の関係を示す記号であり，等号や不等号がその代表例である[*1]．関係演算子を適切に使うことで，数や式に，より複雑な構造と意味を与えることができ，これまでより多くの問題を取り扱えるようになる．

等号とそれに類する関係演算子

等号　　等号（equal sign,「=」）は，その左右にある数や式が等しいことを表すために用いる記号であり，等号で結ばれた数式を**等式**（equality）と呼ぶ．コンピュータでは等号として「=」ではなく，「==」を用いることも多い．

例 31　20円の品物を200個，30円の品物を300個買うとする．支払金額は合計で13,000円になるはずである．これは等式

$$20 \cdot 200 + 30 \cdot 300 = 13000 \qquad (6.1)$$

からわかる．

しかし，1箱あたり20個入っている商品を200箱，1箱あたり30個入っている商品を300箱買い，代金を合計で13,000円支払ったとしても上のような等式は作れない．つまり，等号を用いることで，単に数値としてだけでなく，他の意味でも等しいことを示すことも多い．そして，どのような意味で等しいかは，文脈に応じて決まる．

例 32　上と同じ例を考えよう．ただし，式 (6.1) を

$$20 \cdot 200 + 30 \cdot 300 = 4000 + 9000 = 13000$$

と書き換える．この等式は，より詳細な説明を元の文に対してつけ加えている．前半の等号は，20円の品物を200個，30円の品物を300個買うということは，20円の品物を4,000円分，30円の品物を9,000円分買うことと等しいことを示し，後半はその合計額が13,000円となることを説明している．このように，等号を適切に利用することで，少ない記述でより多くの説明を文脈に対して加えることができる場合がある．

[*1] これに対して，四則演算の記号「+」「−」「·」「/」は**算術演算子**（arithmetic operator）と呼ばれる．

第 6 講　関係演算子　　　　　　　　　　　　　　　　　　　　　　　　　　　53

例 33（等号の誤用） 再び同じ例で考えよう．合計支払額の計算を

$$20 \cdot 200 = 4000 + 30 \cdot 300 = 13000$$

のように記すのを見かけることがある．しかし，これは明らかに間違った表記である．等号は，その左と右にある数値，式が全く同じ場合にのみ使える記号である．正しくは，

$$20 \cdot 200 = 4000,$$
$$30 \cdot 300 = 9000,$$
$$4000 + 9000 = 13000.$$

のように全ての式を別々に記す必要がある．なお，式も文の一種であることから，これら 3 つの等式の間に，各式の関係を説明する文をつけ加えた方がよい．

恒等　　恒等（identity）とは，2 つの式が常に等しいことを表す言葉であり，記号「≡」を使って表すことが多いが，等号「=」を使うことも多い．ただし，記号「≡」は，余りや[*2]定義を示す記号としても使われている．どの意味で使われているのかは文脈で判断する．

例 34 図形の合同を表す記号として，

$$\triangle \text{ABC} \equiv \triangle \text{PQR}$$

のように使われることが多い．ただし，記号「≅」を使うこともある．

例 35 以下の変数 x に関する恒等式について考える．

$$2x \equiv ax.$$

このように書かれた場合，x にどんな値を入れても左右が同じ値になる，ということを意味する．従って，$a = 2$ でなければならない．単に

$$2x = ax$$

と書いた場合，これを x に関する方程式と考え，

$$(2 - a)x = 0$$

より，$x = 0$ と計算する可能性がある．恒等記号はこのような誤解を防ぐために用いる．

[*2] 第 1 講の除法の項を参照せよ．

ほぼ等しい　左右にある数，もしくは式がほぼ等しいことを示すのに，「≒」「∼」「≃」「≈」などの記号が使われる．規格[*3]では，記号「≒」は**ほとんど等しい**（almost equal）こと，記号「≈」は**近似的に等しい**（approximately equal）[*4] こと，記号「≃」は**漸近的に等しい**（asymptotically equal）[*5] ことを示すとされているが，現実には，明確な使い分けがなされていないようである．

例 36　図形の相似を表す記号として，△ABC ∼ △PQR のように使われることが多い．

例 37　例 14（P. 30）において，重力加速度 g について，$g ≒ 9.8 \text{ m/s}^2$ であることを紹介した．

例 38　円周率 π は，松永良弼（よしすけ）(1692 頃 – 1744) が見つけた等式

$$\frac{\pi}{3} = 1 + \frac{1^2}{4 \cdot 6} + \frac{1^2 \cdot 3^2}{4 \cdot 6 \cdot 8 \cdot 10} + \frac{1^2 \cdot 3^2 \cdot 5^2}{4 \cdot 6 \cdot 8 \cdot 10 \cdot 12 \cdot 14} + \cdots$$

を使うと，

$$\pi \approx 3 \times \left(1 + \frac{1^2}{4 \cdot 6} + \frac{1^2 \cdot 3^2}{4 \cdot 6 \cdot 8 \cdot 10} + \frac{1^2 \cdot 3^2 \cdot 5^2}{4 \cdot 6 \cdot 8 \cdot 10 \cdot 12 \cdot 14}\right) = 3.14116$$

であることがわかる．この近似値は小数点第 3 桁まで正しい．

例 39（ニュートン法）　次の式を繰り返し使うことで得られる値は，$\sqrt{2}$ に急速に近づくことがわかっている．

$$\frac{x^2 + 2}{2x}.$$

まず，$x = 2$ とし，計算結果を再び上式に代入する作業を繰り返すと，

$$\sqrt{2} \simeq 1.5,$$
$$\sqrt{2} \simeq 1.41666\cdots,$$
$$\sqrt{2} \simeq 1.4142156\cdots,$$
$$\sqrt{2} \simeq 1.4142135\cdots$$

となる．この方法をニュートン（Sir Isaac Newton, 1642 – 1727）法と呼ぶ．

[*3] JIS8201-1981, ISO 8000-2.
[*4] 誤差がほとんど無く，ある数を表していると思って構わない値．
[*5] 何らかの確定された方法で，だんだん真の値に近づけることができる値．

第 6 講　関係演算子

等号否定　等号否定（not equal，「≠」）は，その左右にある数や式が等しくないことを表す記号である．コンピュータでは，「≠」ではなく，「!=」「<>」などが使われることが多い．

> **例 40**　例 37（P. 54）においてとりあげた重力加速度は，測定場所に応じてその値が変化する．実際に，北海道稚内市における重力加速度の実測値は 9.806426 m/s^2，沖縄県那覇市の実測値は 9.7909596 m/s^2 であり，確かに
> $$9.806426 \neq 9.7909596$$
> である．

不等号

不等号は数の大小や順序を示す記号であり，その左に示された値，もしくは式が右のものよりも，大きいか，小さいか，以上か，以下かを表すために用いる．また，不等号で結ばれた式を**不等式**（inequality）と呼ぶ．

大なり　記号「>」は，その左にある値や式が，右の値や式より大きなことを示している．

> **例 41**　三角形の三辺の長さをそれぞれ a, b, c とする．三角形の特色は
> $$a + b > c, \qquad b + c > a, \qquad c + a > b,$$
> つまり，3辺のうち2辺の長さを足した値が，他の1辺の長さより大きくなることである．

小なり　記号「<」は，その左にある値や式が，右の値や式より小さなことを示している．$a < b$ は $b > a$ と同じ意味となることは明らかである．

> **例 42**　例 23（P. 41）より，以下の不等式が成立する．
> $$1 + \frac{1}{3} + \frac{1}{3^2} + \cdots + \frac{1}{3^{99}} = \frac{3}{2} - \frac{1}{2 \cdot 3^{100}} < \frac{3}{2}.$$

以上　記号「≥」は，その左にある値や式が，右の値以上であることを示しており，「≧」「⩾」などの記号も使われる．また，コンピュータでは，「>=」を用いることがほとんどである．

例 43（相加相乗平均） 正の数 a, b に対して，
$$\frac{a+b}{2} \geq \sqrt{ab}$$
である．等号は $a = b$ のときにのみ成立する．

例 44（不等号の誤用） 以下の不等式は，一見問題ないように見える．
$$\frac{1}{2} \geq \frac{1}{3}.$$
記号「$\geq$」は，等しいか，より大きいことを表していることから，記号「$>$」の意味を含んでいるように見えるからである．しかし，$\frac{1}{2} = \frac{1}{3}$ はあり得ないことから，$\frac{1}{2}$ は $\frac{1}{3}$ 以上である，という説明は決して行われない．式とは文脈に応じて作られることに注意すれば，上記の表記は不適切であり，
$$\frac{1}{2} > \frac{1}{3}$$
と書かねばならないことがわかる．同様のことは記号「$\leq$」についてもいえる．

以下 記号「$\leq$」は，その左にある値や式が，右の値以下であることを示しており，「$\leqq$」「$\leqslant$」などの記号も使われる．また，コンピュータでは，「<=」を用いることがほとんどである．$a \leq b$ は $b \geq a$ と同じ意味になることは明らかである．

不等号と四則演算

不等式と積・商については，ほとんど明らかではあるが，

$$\begin{aligned}
a < b \quad &\text{ならば} \quad -a > -b, \\
a \geq b \quad &\text{ならば} \quad -a \leq -b, \\
0 < a < b \quad &\text{ならば} \quad \frac{1}{a} > \frac{1}{b}, \\
a \geq b > 0 \quad &\text{ならば} \quad \frac{1}{a} \leq \frac{1}{b}
\end{aligned}$$

が成立する．つまり，不等号の向きが変化し得ることに注意が必要である．

複号

多用はされないが，複数の等号，不等号を組み合わせた以下のような**複号**（double sign）が使われることがある．

≶	より小さいかより大きい
≷	より大きいかより小さい
≦, ≦	より小さいか等しいかより大きい
≧, ≧	より大きいか等しいかより小さい
≲, ≲	より小さいかほぼ等しい
≳, ≳	より大きいかほぼ等しい
≪	非常に小さい
≫	非常に大きい

これらは，「≪」「≫」を除き，**複号同順**（double sign corresponds），もしくは**複号任意**（any double sign）という但し書きと共に使われることも多い．また，正負を表す複号「±」「∓」と共に使われることもある．

例 45 2次方程式 $ax^2 + bx + c = 0$ の解は以下で表される．

$$x = \frac{-b \pm \sqrt{b^2 - 4ac}}{2a} \quad (\text{複号任意}).$$

例 46 $a > b$ とする．このとき，

$$k \gtreqless 0 \text{ に対して } ka \gtreqless b \text{（複号同順）}$$

が成り立つ．これは，$k > 0$ ならば $ka > kb$, $k = 0$ ならば $ka = kb$, さらに $k < 0$ ならば $ka < kb$ であることをまとめて表している．「複号同順」という但し書きは，前者 ≷ の記号上部が後者 ≷ の上部と，中部が中部と，下部が下部と対応することを示している．

例 47 例 40（P. 55）において，重力加速度 g は測定場所に応じてその値が変化することを指摘した．その原因の 1 つは，重力加速度 g が地球の中心からの距離の影響を受けるからである．しかし，地球の半径 R は一般に物体を落下させる高さ h に対して $R \gg h$ なので，$R + h \simeq R$ となる．つまり，g の変化はほんのわずかである．

演習問題

A44 以下の文章で読み取れる数量関係を数式で表せ．

(1) 1個200円のりんごを20個ずつ詰めた箱を10箱と，1個250円のなしを15個ずつ詰めた箱を10箱購入するときの商品代金は77500円である．

(2) (1)の商品代金に送料1280円を加え，消費税8%を加えた額85082円が総支払額だが，消費税が10%になると総支払額は86658円に増えてしまう．つまり，差引1576円も総支払額が増えてしまう．

(3) ある小売業者が商品を1ダース仕入れるのに500円かかる．この小売業者は仕入れた商品を1ダース600円で販売する．今月は5000ダースを仕入れ4800ダース売れたので，粗利益は380000円であり，粗利益率は約13%だった．

A45 以下の**ア**から**オ**に「$>$」「$\geq$」「$<$」「$\leq$」のうち適当なものを入れよ．

(1) 2^3 　**ア**　 $2 \cdot 3$．

(2) x を 1 か 2 の値をとる変数とすると，x 　**イ**　 1 である．

(3) $a \geq b$ のとき，$-a$ 　**ウ**　 $-b$ である．

(4) $a \geq b > 0$ のとき，$1/a$ 　**エ**　 $1/b$ である．

(5) $0 > -a > -b$ のとき，$1/a$ 　**オ**　 $1/b$ である．

絶対値

絶対値（absolute value），もしくは**母数**とは，数が 0 からどのくらい離れているのかを表す値である．一般に数 a の絶対値は記号「$|a|$」で表され，

$$|a| = \begin{cases} a & (a \geq 0) \\ -a & (a < 0) \end{cases}$$

のように計算される．絶対値は以下の性質を持つ．

(1) $|a| \geq 0$ （非負性）

(2) $a = 0$ かつそのときに限り $|a| = 0$

(3) $|-a| = |a|$ （対称性）

(4) $|a + b| \leq |a| + |b|$ （劣加法性）

(5) $|ab| = |a||b|, |a/b| = |a|/|b|$ （乗法性）

第6講 関係演算子

A46 絶対値を用いない表示にせよ．

(1) $|3|$ （2) $|-2|$ （3) $|x-1|$ （4) $|x-1|+|y+2|$

A47 以下の x, y に関する恒等式を解け．

(1) $(a-1)x \equiv 0$ (2) $ax^2 + bx + c \equiv 0$ (3) $a(x-b)(y-c) \equiv 0$

A48 以下に答えよ．

(1) $x > 1$ に対して，正しいものを選べ．

$$x > 2, \quad x > 0, \quad x < 3, \quad x \geq 1, \quad 4x > 3, \quad 0 < x < 2.$$

(2) $2 \leq x < 10$ に対して，正しいものを選べ．

$$1 < x \leqq 2, \quad x \geq 2, \quad 200 \leq 100x < 1000, \quad 2 \leq x \leq 2, \quad 4 < x \leq 10.$$

A49 以下に答えよ．

(1) $n = 1, 2, \cdots, 10$ のうち，$2^n \geq n^2$ を満たす値を全て答えよ．また，$n > 10$ のとき，この不等式が正しいか否かを答えよ．

(2) $x > 0$ であるような x に対して，$x^n - 1 \geq n(x-1)$ が成り立つことを $n = 1, 2, \ldots, 100$ について確かめよ．

A50 複号を用いない表現にせよ．

(1) $a \lessgtr b$.
(2) $x^2 = 4$ の解は $x = \pm 2$ である．
(3) $x + 1 \lessgtr 0$ のとき，$3x - 3 \lessgtr 0$（複号同順）である．
(4) $\pm 1 \pm 1$（複号任意）

A51 以下のアからエに当てはまる言葉として「複号同順」と「複号任意」のどちらが正しいのかを答えよ．

(1) $\pm 1 \pm 1 \pm 1$（ ア ）を計算することで現れる4つの数は全て奇数である．
(2) $-2x \lessgtr 4$ の解は $x \gtrless -2$（ イ ）である．
(3) $\pm 5\sqrt{5} - 3 \times (\pm\sqrt{5}) = \pm 2\sqrt{5}$（ ウ ）である．
(4) 任意の値 a に対して $|\pm a| = \sqrt{a^2}$（ エ ）である．

B25 以下の x に関する恒等式を解け.

(1) $\dfrac{1}{(x-2)(x-1)} \equiv \dfrac{a}{x-2} + \dfrac{b}{x-1}$ 　　(2) $\dfrac{11x-7}{(x-2)(x-1)(x+1)} \equiv \dfrac{a}{x-2} + \dfrac{b}{x-1} + \dfrac{c}{x+1}$

B26 恒等式 $(a^2+b^2)(c^2+d^2) \equiv (ac-bd)^2 + (ad+bc)^2 \equiv (ac+bd)^2 + (ad-bc)^2$ を示せ.

B27 以下の等式を成り立たせるように x, y, z の値を定めよ.

(1) $\left(\sqrt{2}+\sqrt{5}\right)x + \left(3+\sqrt{2}\right)y + \sqrt{3}z = 4\sqrt{2} + 3\sqrt{3} + 2\sqrt{5}$

(2) $\left(3+\sqrt{2}\right)x + \left(1+\sqrt{7}\right)y + 2\sqrt{7}z = 3\left(\sqrt{2}+\sqrt{7}\right)$

B28 $|a| = \sqrt{a^2}$ を示せ.

B29 絶対値が劣加法性 $|a+b| \leq |a| + |b|$ を持つことを示せ.

B30 相加相乗平均（例 43 参照）が成立することを示せ.

B31 相加相乗平均の関係を用いて $\dfrac{2}{\frac{1}{a}+\frac{1}{b}} \leq \dfrac{a+b}{2}$ を示せ.

B32 適切な式に直せ.

(1) $3 \times 3 = 9 - 1 = 8 = 2^3 \leq 2^4 < 2^8 = 256 \neq 4^4$.

(2) 第一宇宙速度とは，地球の表面すれすれの高さで人工衛星となるのに必要な速さである．その速さを v_1 と置くと，$v_1 = 9.01$ km/s である．第一宇宙速度未満の速さを弾道軌道速度といい，第一宇宙速度を超える速さを超軌道速度という．つまり，速さ $v \leq v_1$ のときが弾道軌道速度であり，$v \geq v_1$ のときが，超軌道速度である．

(3) 円周率 π は円周の長さ C を，その円の直径 d で割った値で定義される．つまり，$\pi = C/d$ である．$\pi = 3$ は古代から認識されていた．実際，古代バビロニアでは $3 + 1/7 = 3.142857$ や $3 + 1/8 = 3.125$ のような値が円周率の近似値として利用された．

(4) 円に内接する直径 1 の正 2^n 角形の周の長さを $L(n)$ と置くと，$\pi = L(8)$, $\pi = L(16)$, $\cdots$, $\pi = L(2^n)$, $\cdots$ である．

B33 $a > 0$ とする．次の式を繰り返し使うことで得られる値は，$\sqrt{a}$ に急速に近づくことがわかっている（例 39 参照）．
$$\dfrac{x^2+a}{2x}$$

第6講　関係演算子

(1) $\sqrt{3}, \sqrt{5}, \sqrt{7}$ が，実際に第3講で与えた値になることを確かめよ．また，

$$\sqrt{11} = 3.3166247903554\cdots$$

を確かめよ．

(2) なぜかを説明せよ．

B34 C言語，JAVA，SQLなどのプログラミング言語で，関係演算子（比較演算子と呼ばれることも多い）がどのように使われているのかを調べよ．

C17 立方根をニュートン法で計算する方法について調べ，$\sqrt[3]{3}$ の近似値を計算せよ．

C18 円周率 π について以下が成立することを右辺の近似値を計算することで確かめてみよ．

(1) $\dfrac{\pi}{4} = 1 - \dfrac{1}{3} + \dfrac{1}{5} - \dfrac{1}{7} + \cdots (-1)^n \dfrac{1}{2n+1} + \cdots$

(2) $\dfrac{\pi^2}{6} = \dfrac{1}{1^2} + \dfrac{1}{2^2} + \dfrac{1}{3^2} + \cdots + \dfrac{1}{n^2} + \cdots$

(3) $\dfrac{\pi^4}{90} = \dfrac{1}{1^4} + \dfrac{1}{2^4} + \dfrac{1}{3^4} + \cdots + \dfrac{1}{n^4} + \cdots$

(4) $\dfrac{4}{\pi} = 1 + \cfrac{1}{3 + \cfrac{4}{5 + \cfrac{9}{7 + \cfrac{16}{9 + \cfrac{25}{11 + \cfrac{36}{\cdots}}}}}}$

C19 絶対値が 0 に十分近い数 x に対して $(1+x)^n \approx 1 + nx$ が成立する．

(1) 1.0025^4，および 1.0018^5 の近似値を上の近似式を用いて計算し，その大小を比較せよ．

(2) 1.0025^4，および 1.0018^5 を実際に計算し，(1) で計算した値とどの程度違うか確かめよ．

(3) 二項定理を用いて $(1+x)^n$ を展開することで，近似式 $(1+x)^n \approx 1 + nx$ が成立する理由を説明せよ．

(4) (3) をヒントに絶対値が 0 に十分近い数 $x_1, x_2, \ldots, x_n$ に対して，近似式

$$(1+x_1)(1+x_2)\cdots(1+x_n) \approx 1 + x_1 + x_2 + \cdots + x_n$$

が成立する理由を説明せよ．

(5) $1.013 \times 0.989 \times 1.004 \times 1.089 \times 0.973$，および $1.021 \times 1.005 \times 0.923 \times 1.028 \times 1.081$ の近似値を (4) の近似式を用いて計算し，その大小を比較せよ．また，これらの値を実際に計算し，その近似値とどの程度異なっているのかを確かめよ．

度数分布【コラム：記述統計の基礎 VI】

平均と標準偏差により，データの特徴はかなり見やすくなる．とはいえ，たった2つの数値だけで，データの全体像をつかみきることはもちろん不可能であることから，データを整理し，さらに見やすい形にする必要がある．

度数分布（frequency distribution）とは，データを大きさによっていくつかの組に分け，各組に入るデータの数を明らかにしたものである．度数分布を明らかにすることは，データを見やすい形に整理する最も典型的な方法である．

ここでデータを分ける幾つかの組のことを**級**[a]（class）といい，各級に入るデータの数を**度数**（frequency）と呼ぶ．級の幅が一定のとき，この幅を**級間隔**（class interval）という．また，度数分布を表の形にしたものを**度数分布表**（frequency distribution table）という．

例 48 以下の数値群は問12でも取り上げたある試験の結果である．

44, 36, 8, 34, 24, 30, 24, 76, 52, 20, 46,
32, 26, 58, 38, 42, 32, 40, 52, 34, 50, 16,
26, 46, 58, 30, 24, 40, 50, 88, 20, 36, 80,
32, 50, 14, 52, 24, 42, 12.

表 6.1 度数分布（40 人）

得点	人数
0 点〜10 点	1
11 点〜20 点	5
21 点〜30 点	8
31 点〜40 点	10
41 点〜50 点	8
51 点〜60 点	5
61 点〜70 点	0
71 点〜80 点	2
81 点〜90 点	1
91 点〜100 点	0
総 数	40

表 6.1 のようにすることで成績の特徴をつかみやすくなる．この表 6.1 が度数分布表である．この度数分布表は，成績を10個の級に分けたもので，級間隔は10点である．級 31 点〜40 点の度数は 10 人であり，この点を中心にして，山型に成績が分布していることがわかる．

度数分布表の各階級の中央の値を**階級値**（class value）という．例 48 の場合，級 51 点〜60 点の階級値は 55.5 点である．

問 25 問4（P.20）で与えた心拍数データに対して，級間隔が5の度数分布表を作成せよ．

問 26 以下の数値群は問4で与えたのと同じ学生群に対する立位時の心拍データである．

69, 69, 78, 81, 63, 66, 60, 81, 72, 63, 69, 60, 60, 69, 72, 66, 66, 90, 69, 81, 54.

この数値群に関して，問25と同様の度数分布表を作成せよ．

---
[a] **階級**ともいう．

第 6 講　関係演算子

論理包含と必要条件・十分条件【コラム：数理論理の基礎 VI】

命題 P と Q を「**ならば**」で結び，「P ならば Q」（if P, then Q）という文を作る．この文はもちろん真偽を判定できるので，命題である．このように命題を「ならば」で結び，新たな命題を作ることを**論理包含**（implication），もしくは**含意**，**内包**などと呼ぶ．また，命題「P ならば Q」は記号「P ⇒ Q」で表され，P を**前提**（assumption），もしくは**前件**，**仮定**，Q を**結論**（consequence），もしくは**後件**，**帰結**と呼ぶ．

例 49 命題「先生が 30 分以上授業に遅刻する」を P と置き，「授業が休講になる」を Q と置く．このとき，論理包含 P ⇒ Q は「先生が 30 分以上授業に遅刻するならば，授業は休講になる」である．これはもちろん真偽を判定できることから，命題である．

論理包含の真偽は，これまでとは異なり，すぐには納得しにくい．その真理値表は，

P	Q	P ⇒ Q
1	1	1
1	0	0
0	1	1
0	0	1

で与えられ，前提が真，結論が偽のときのみ偽である．実際，幾つかの大学では，例 49 で取り上げた，「先生が 30 分以上授業に遅刻するならば，授業は休講になる」という決まりを設けている．この例で，論理包含の真偽を検討しよう．

例 50 P が真，Q が真であれば決まり通り（P ⇒ Q は真）である．先生が授業に 30 分以上遅刻した（P が真）のに授業が休講にならない（Q が偽）ならば，明らかに決まりが守られていない．つまり，P ⇒ Q は偽である．先生が 30 分以上遅刻していなくても（P が偽）休講通知があれば授業は休講（Q が真）であり，この場合，決まりに違反してはいない（P ⇒ Q は真）．また，先生の遅刻が 30 分未満（P が偽）のとき，休講でなくても（Q が偽）決まり的に問題はない（P ⇒ Q は真）．

いま，P ⇒ Q が真であるとしよう．このとき，真理値表より，前提 P が真ならば結論 Q は必ず真，つまり結論 Q が真となるのに，前提 P が真となることは十分な条件である．この事実を，P は Q の**十分条件**（sufficient condition）であるという．逆に，P が真になるには，Q が真となる必要があることも，真理値表からわかり，この事実を，Q は P の**必要条件**（necessary condition）であるという．

例 51 命題「先生が 30 分以上授業に遅刻するならば，授業は休講になる」という決まりがある場合，「先生が 30 分以上授業に遅刻する」ことは，「授業が休講になる」のに十分な理由である．逆に，「授業が休講になる」ことは，「先生が 30 分以上授業に遅刻する」のに必要な条件である．先生が 30 分以内に現れれば，休講にはならないからである．

第7講　文字の利用

本講は，文字式について改めて取り上げる．すでに文字式の計算手法については解説済みである．しかし，式に含まれる文字の意味と，その意味をどのような言葉で表現するのかは，これまでほとんど説明してこなかった．また，式に使われる文字の種類と字体についての説明も必要である．

式で利用可能な文字

一般に，数式の中で使われる文字は，**大小英字**,

$$A, B, C, D, E, F, G, H, I, J, K, L, M, N, O, P, Q, R, S, T, U, V, W, X, Y, Z,$$

$$a, b, c, d, e, f, g, h, i, j, k, l, m, n, o, p, q, r, s, t, u, v, w, x, y, z$$

および，**大小ギリシア文字**,

$$\Gamma, \Delta, \Theta, \Lambda, \Xi, \Pi, \Sigma, \Upsilon, \Phi, \Psi, \Omega,$$

$$\alpha, \beta, \gamma, \delta, \epsilon(\varepsilon), \zeta, \eta, \theta(\vartheta), \iota, \kappa, \lambda, \mu, \nu, \xi, \phi, \pi(\varpi), \rho(\varrho), \sigma(\varsigma), \tau, \upsilon, \phi(\varphi), \chi, \psi, \omega$$

である．これら以外の，ひらがな，カタカナや漢字などはほとんど使われない．

数式中で文字は，何らかの数の代わりとして使われる．その表し方は，普通，1文字で1つの値である．例えば，

$$xyz$$

は，値 x と y と z の積を表しており，xyz という3文字で表わされる1つの値を表している訳ではない．すでに述べた通り，文字と文字の積は，狭い空白，もしくはその間に何も記さないことが多いからである．

また，どの値にどの文字を割り当てるのかは，その値の意味と無関係ではないことが多い．実際に

$$時間 : t \leftrightarrow \text{time},$$
$$温度 : T \leftrightarrow \text{temperature},$$
$$高さ : h \leftrightarrow \text{height},$$
$$距離 : d \leftrightarrow \text{distance},$$
$$速度 : v \leftrightarrow \text{velocity}$$

第 7 講　文字の利用

のように，それぞれの意味を持つ英単語の頭文字をその値を表す文字として使う例は多い．

これらは厳密な規則ではない．しかし，万人にわかりやすい式を書く上で重要な規則である．しかし，そもそも式の中で使える文字は全部で 100 文字程度であり，さらに，その中で値の意味と適合する文字はほんの一部である．つまり，多くの値を文字で表わす必要が生じた場合，使える適切な文字が足りなくなり得る．これを避けるために，添字やアクセントを使うことができる．

添字とアクセント

添字　添字（index）とは，

$$A_1,\ B_2,\ C_3,\ x_A,\ x_B,\ x_C,\ x^k,\ {}_pA$$

のように，文字の上下左右に添えられる，主たる文字より小さく表記される文字であり，式の中で使われる場合は，最初の 6 つの例と同様に右下に添えられることが多い．後の 2 つの例のように添字を使うこともあるが，特に x^k については，x の k 乗と間違われやすいため，注意が必要であり，できるだけ避けるべき添字の使い方である[*1]．

例 52 100 人の身長を $h_1, h_2, \cdots, h_{100}$ で表す．このとき，平均身長は

$$\frac{h_1 + h_2 + \cdots + h_{100}}{100}$$

で計算される．添字を使うことで式がかなり見やすくなっている．

例 53（組み合わせの数）　異なる n 個のものから r 個選ぶ選び方の総数が $\frac{n!}{r!(n-r)!}$ と等しくなることを問 17 で取り上げた．この値が組み合わせの数であることを明示したいときは，

$$_nC_r$$

のように，文字 C の左下と右下に n, r という添字をつけて表すことが多い．ただし，組み合わせの数を $\binom{n}{r}$ で表す流儀もある．

問 27　添字が右下以外の場所に記される他の例を探してみよ．また，複数の添字を使う他の例を探してみよ．

[*1] 誤解を与えないようにするには，例えば $x^{\{k\}}$ のように表記するとよい．

アクセント　　様々なアクセントつきの文字もよく使われる．代表的なものとして，

$$\hat{a}, \quad \check{b}, \quad \tilde{K}, \quad \bar{q}, \quad \vec{A}, \quad B^*, \quad \dot{x}, \quad \ddot{x}, \quad f', \quad f''$$

などが挙げられる．

　ただし，アクセントつきの文字は，それぞれほぼ定まった場面で使うことが多いことに注意する必要がある．例えば矢印のアクセント（上の例のうち $\vec{A}$）は，その表す値がベクトル[*2]であることを示すために用いることが多く，$\dot{x}, \ddot{x}, f', f''$ などは，微分[*3]という操作により得られた値であることを示すのに用いることが多い．つまり，勝手な値をアクセントつきの文字で表すことは誤解を招く恐れがある．アクセントつきの文字は，この点に注意して利用すべきである．

定数・未知数・変数

　さて，式に含まれる文字は，もちろん何らかの値の代用として使われる．正確な値がわかっているならば，わざわざ文字で置き換える必要はないことから，式に含まれる文字は，何らかの理由であらかじめ正確に指定できない値を表していることになる．その理由は以下のように大まかに分類される．

定数　　円周率 π や，重力加速度 g などは，確かに存在する定まったある値である．しかし，円周率 π は無理数であること，そして重力加速度 g は場所に応じて変化する測定誤差を含む値であることから，その正確な値を記すことができない．第 4 講ですでに述べた通り，これらは，その正確な値を記すことができない，という理由で文字で置き換え表現される．

　さらに，今のところ明確な対象を指定していないという理由で値が定まらないが，具体的に対象を指定すれば値が固定するものに対しても，その値を文字で置き換えて表現する．例えば，正方形の面積は，その 1 辺の長さが L のとき，L^2 だと説明されるが，正方形を具体的に指定されると，文字 L を実際の数値に置き換え，その面積を計算する．

　このようにわれわれは，明確な値を記せない固定されたある値を表現するために，式のなかで文字を用いる．このような文字は一般に**定数** (constant) と呼ばれる．定数は，規格上[*4]ローマン体で表記すると定められているが，実際には守られないことも多い．また，定数としては，

$$A, \quad B, \quad C, \quad a, \quad b, \quad c, \quad \alpha, \quad \beta, \quad \gamma$$

[*2] 向きと方向を持つ量を**ベクトル**（vector）と呼ぶ．
[*3] 微分については，第 11 講「比例・反比例と比」内の「商の意味」を参照してほしい．
[*4] JIS Z 8201.

第 7 講　文字の利用

などのアルファベットの最初の方の文字が使われることが多い．

なお，単なる数字，例えば $2, \frac{3}{2}$ や $\sqrt{2}$ などは，明らかにすでに定まった値であり，ゆえにこれらも定数と呼ばれる．さらに，定数を掛けたり割ったりして得られる値も固定された値である．従ってこれらも定数と表現されることが多い．

未知数　対象が指定されたとしても，それだけでは未知，すなわち知ることのできない値を文字で表したとき，その文字を**未知数**（unknown）と表現することがある．そして，未知数を含む式を書く理由は，その未知数が具体的にどんな値なのかを知りたいからであることが多いが，このように未知数を知りたいがゆえに書かれる式を**方程式**と呼ぶ．

未知数はまた変数とも呼ばれるが，本書ではこの 2 つの言葉を使い分ける．なお，未知数でよく使われる文字と字形は変数の場合と同様である．

例 54（1 次方程式の解）　方程式
$$ax = b$$
の解は，$a \neq 0$ のとき，$x = \frac{b}{a}$ である．この文脈の場合，特に a, b を定数だとは断っていない．しかし，未知の値 x の見つけ方について述べているのだから，x が未知数で，a, b が定数である．また，a, b がアルファベットの最初の文字であることも判断の助けとなる．

変数　何らかの理由で様々に変化する値を文字で置き換えて表したとき，これらの文字は**変数**（variable）と呼ばれる．規格上，変数はイタリック体で記述される．また，変数として使われる文字が任意の値を取る場合は，
$$X, \quad Y, \quad Z, \quad x, \quad y, \quad z, \quad \eta, \quad \tau, \quad \omega$$
などのアルファベットの最後の方の文字を使うことが多く，自然数，もしくは整数に値が限定される場合は，l, m, n などの文字を使うことが多い[*5]．

例 55（ボイルの法則）　温度一定の場合，理想気体の圧力と体積の積は一定になる．つまり，圧力を P，体積を V と置くと，
$$PV = k$$
が成立する．この法則をボイル（Robert Boyle, 1627 – 1691）の法則と呼ぶ．実際の気体は，高温で低圧の場合にほぼ理想気体と同様にふるまうことがわかっている．文脈から見て明らかに，P と V は変数，k は定数である．

[*5] 自然数（natural number）の頭文字の周辺を使っていると考えればよい．

例 56（ボイル・シャルルの法則） 理想気体の圧力を P，体積を V，絶対温度を T と置くと，ある定数 c に対して，
$$PV = cT$$
が成立する．この法則はボイル・シャルル（Jacques Alexandre César Charles, 1746 – 1823）の法則と呼ばれる．この文脈において，P, V, T は変数であり，c は定数である．この法則から見ると，ボイルの法則は T を定数だと見る法則である．このように，どの文字を定数とし，どの文字を変数とするかはその時々に応じて変わることがある．

問 28 シャルルの法則について調べ，ボイル・シャルルの法則との関係を明らかにせよ．

媒介変数　　変数のうち，補助的な役割を果たすものを**媒介変数**（parameter），もしくは**助変数**と呼ぶ．また，parameter の読みをカタカナ表記した**パラメータ**という言い方もなされる．ただし，他にも統計学における母数や，コンピュータプログラミングにおける引数，実験によって得られたデータなどもパラメータと呼ばれる[*6]ことに注意が必要であろう．

例 57 本書執筆時点の為替レートは，1 ドル約 113 円で，1 ユーロ約 134 円である．つまり，Z ユーロ，Y ドル，X 円の間には
$$X \fallingdotseq 134Z, \qquad X \fallingdotseq 113Y$$
の関係がある．この 2 つの式から，
$$Z \fallingdotseq \frac{81}{113} Y \fallingdotseq 0.84Y$$
となり，ドルとユーロの為替レートが 1 ドル約 0.84 ユーロであることがわかる．

上の文脈において，X, Y, Z は変数だが，最終的に興味があるのは Y, Z の関係であり，X は補助的に使われているだけである．つまり，X は媒介変数である．

文字順と項・次数・係数

文字を使った式のうち，加法と減法を含まないものを**単項式**（monomial）と呼び，複数の単項式が加法，もしくは減法で結ばれたものを**多項式**（polynomial）と呼ぶ．なお，単項式は多項式の一種だと考えることもある．また，多項式が含む単項式は，左から，初項（第 1 項），第

[*6] 単語 parameter には，限定要素，要因，制限，限界などの意味がある．確かに，例えばプログラミングにおける引数は，プログラムの動作を限定する効果を持っている．

第 7 講　文字の利用

2 項, … のように指定される.

> **例** 58
> $$xyz + 2az + 4c$$
> は多項式であり, この多項式は, 第 1 項に xyz, 第 2 項に $2az$, 第 3 項に $4c$ という単項式を含んでいる.

単項式は, 左から順に, 数, 文字で書かれた定数, 変数 (未知数) の順に記されることが多く, さらに文字で書かれる定数と変数 (未知数) は, 辞書式の並びで記されることが多い.

$$4ac, \quad ax^2, \quad \frac{4}{3}\pi r^3, \quad nRT, \quad x^3 y^2 z.$$

また, 多項式中の単項式は, 一般に次数と呼ばれる値の順に並べる.

単項式の次数 (degree) とは, 単項式の中で変数 (未知数) だと考えている文字の積が何度取られているのかを表す値である. 逆に, 単項式中の変数 (未知数) に掛けられる (もしくは, 変数を割る) 定数を, その単項式の **係数** (coefficient) と呼ぶ.

> **例** 59　変数 x に対して, 単項式 $2kx^3$ の次数は 3 であり, 係数は $2k$ である. 同様に $x^3 y^2$ は, x, y を変数と見ると, 次数 5 の単項式であり, 係数は 1 である. 変数 x に対して, $\frac{1}{x} = x^{-1}$ なので, この単項式の次数は -1 である.

> **例** 60　多項式は次数の高い単項式の順に左から書くか, 次数の低い順に左から書くかのどちらかで表示されることが多い.
> $$ax^2 + bx + c, \quad a + bx + cx^2.$$
> ただし, ここで x は変数, a, b, c は定数である.

多項式の次数 とは, その式に含まれる単項式の次数の最大値のことである. 次数が n の多項式のことを n **次式** と呼び, 多項式に含まれる単項式のうち, 次数が 0 の項を **定数項** (constant term) と呼ぶ.

> **例** 61　多項式 $ax^2 + bx + c$ の次数は 2 である. ただし, x を変数, a, b, c を定数と見ている. この多項式の初項は ax^2, 第 2 項は bx, 定数項は c である. 初項の係数は a, 第 2 項の係数は b である.

演習問題

A52 以下の式中の文字が何の英単語の頭文字か調べよ．

(1) $F = ma$（運動の第2基本法則）　　　(2) $v = \sqrt{2gh}$（トリチェリの定理）

A53 以下の文章から読み取れる関係を数式で表せ．

(1) 1個10円のあめを x 個と1袋20円のスナックを y 袋購入するときの商品代金は100円である．

(2) 現在，娘の年齢は x 歳，父親の年齢は32歳である．娘の年齢を10倍して12を加えると父親の年齢に一致する．（年齢算）

(3) ある小売業者が商品を1単位仕入れるのに C 円かかる．この小売業者は仕入れた商品を1単位 P 円で販売する．今月は X 単位の商品を仕入れ Y 単位売れたので，粗利益は R 円であり，粗利益率は $K\%$ である．

A54 式 xy^2z^3 について以下の問いに答えよ．

(1) この式は単項式か，それとも多項式か．
(2) x のみを変数だとする．何次式か．
(3) x, y, z を全て変数だとする．何次式か．

A55 式 $x^2 + y^2 + z^3 + x + y + z + 3$ について以下の問いに答えよ．

(1) この式は単項式か，それとも多項式か．
(2) x のみを変数だとする．何次式か．
(3) x, y, z を全て変数だとする．何次式か．

A56 以下の x に関する多項式についての問題に答えよ．

(1) 多項式 $3x^2 + 5 + x^4 + x + 2x^5$ を次数の高い項の順に並べて表示せよ．
(2) 多項式 $xy^2 + 3 + y^4 + x^2$ を次数の高い項の順に並べて表示せよ．

A57 x を変数とする多項式 $2x^3 + y + x + 1$ について，以下の問いに答えよ．

(1) 何次の多項式か．
(2) この多項式の定数項はどれか．
(3) この多項式の初項の係数と第2項の係数は何か．

第 7 講　文字の利用

> **筆記体と数式**
>
> 数式を手書きする場合，$(1, l), (6, b), (9, g, q), (f, t)$ などは字形が似ていることから，通常のブロック体による記述では誤解を招くことがある．この誤解を避けるため，特に板書や手書きの原稿では，筆記体でアルファベットの小文字を記すことがある．
>
> $$abcdefghijklmnopqrstuvwxyz$$
>
> 現在，筆記体は日常的にはあまり使われなくなっており，英語教育の現場でも，教えないことが多いようである．しかし，筆記体は式の記述には便利であり，未だ広く使われている．是非，この機会に筆記体に慣れることをお勧めする．

A58 以下の問いに答えよ．

(1) $(x+1)(2x+3)$ を展開した式は x の何次の多項式になるか答えよ．また，その多項式の 2 次の項の係数がいくらになるか答えよ．

(2) $(2x+2)(x+4)(5x+3)$ を展開した式は x の何次の多項式になるか答えよ．また，その多項式の 1, 2, 3 次の項の係数がいくらになるか答えよ．

(3) $(x+1)(x+2)(x+3)(x+4)$ を展開した式は x の何次の多項式になるか答えよ．また，その多項式の 1, 3, 4 次の項の係数がいくらになるか答えよ．

B35 以下の文中で現れる数式中の文字が，定数，未知数，変数，媒介変数のうちどの意味で使われているのか答えよ．

(1) アインシュタイン（Albert Einstein, 1879 – 1955）は相対性理論の帰結として関係式 $E = mc^2$ を得た．ここで，E はエネルギー，m は質量，c は光の速さである．この関係式から，少ない質量の物体から莫大な量のエネルギーが得られることがわかる．

(2) 鶴と亀合わせて，その頭数は a，足の数は b あるとする．鶴は足を 2 本，亀は足を 4 本持つので，鶴の頭数を x，亀の頭数を y と置くと，$x + y = a, 2x + 4y = b$ が同時に成立する．これを解くことで，鶴と亀の頭数を求めることができる．（鶴亀算）

(3) 太郎は午前 8 時に毎分 a m で歩いて家から大学へ向かう．寝坊した次郎は午前 8 時 15 分に毎分 b m の自転車で家を出る．次郎は太郎を途中で追い越し，太郎よりも c 分早く大学へ着いた．家から大学までの距離を L m と置き，太郎が大学まで到着するのにかかった時間を T と置くと，$T = L/a, T - 15 - c = L/b$ が同時に成立する．従って，$L/a - 15 - c - L/b$ を L について解くことで，家から大学までの距離を得る．（旅人算）

B36 以下に答えよ．

(1) 札幌から東京までの距離を D_{ST}，東京から大阪までの距離を D_{TO}，札幌から大阪までの距離を D_{SO} とすると，$D_{ST} + D_{TO} > D_{SO}$ である．何をいいたいのかを式を使わずに説明せよ．

(2) 貨幣量 M，その流通速度 V，価格 P，取引量 T の間には $MV = PT$ の関係が成立する．この関係を**フィッシャー（Irving Fisher, 1867 – 1947）の交換方程式**と呼ぶ．V と T が定数のとき，貨幣についてどのようなことがいえるのか説明せよ．また，V と P が一定の場合についても説明せよ．

B37 次の図は，V 会場にいる人の p 割が W 会場に進むことを示している．

V $\xrightarrow{p}$ W

(1) V 会場に v 人，X 会場に x 人いると仮定して，下図より，Z 会場に進む人数 z と，v, x の間に成り立つ関係式を作れ．

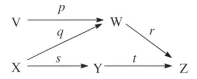

(2) V 会場に v 人いると仮定して，下図より Z 会場に進む人数 z と v の間に成り立つ関係式を作れ．

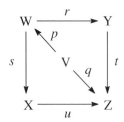

B38 ある商品の 1 個あたりの値段を P 円とする．この価格のもとで，1 日あたりの販売数は常に n 個である．商品の価格を x % 値上げすると，販売数は常に kx % 減少することがわかっているとする．

(1) 商品価格が変更され，販売数が α 個減少したとする．変更後の商品価格を式で表せ．
(2) 商品の価格を x % 値上げしたときの 1 日あたりの総売上額を式で表せ．
(3) 商品の総売上額を最大化するために必要な商品の値上げ率を式で表せ．

第 7 講　文字の利用

C20 銀行から年利 r ％の住宅ローンを x 円借りたとする．住宅ローンの仕組みについて調べ，以下に答えよ．ただし，1 年複利とする．

(1) n 年後の元利合計額を式で表せ．
(2) n 年間かけてアドオン方式（最初の借入金額のみに利息がつく方式）で返済する場合の毎月の返済額を式で表せ．
(3) n 年間かけて元利均等返済方式で返済する場合の毎月の返済額を式で表せ．
(4) n 年間かけて元金均等返済方式で返済する場合の毎月の返済額を式で表せ．

C21 日本にある全てのお金の量を M，その平均流通速度を V，商品の平均価格を P，商品の総取引額を T と置く．このとき B36 (2) より $MV = PT$ であることがわかる．以下に答えよ．

(1) 国内で 1 年間に生産された全ての総付加価値の量（**国内総生産**，GDP）を Y と置く．このとき $0 \leq k \leq 1$ について，$T = kY$ と考えてもそう不自然ではない．なぜか．
(2) $T = kY$ を交換方程式に代入して，$MV = kPY$ を得る．この式を基に，日本銀行が国内の総貨幣量を増やす影響について考察せよ．
(3) 量 PY は大きな方が望ましい．なぜか．
(4) 量 PY を大きくするには，M を大きくする以外に V を大きくすることでも達成される．量 V を大きくするためにできることを考察せよ．

C22 理想気体に関する以下の問いに答えよ．

(1) **アボガドロ**（Amedeo Avogadro, 1776 – 1856）**の法則**について調べよ．
(2) **理想気体の状態方程式**について調べよ．また，ボイルの法則，シャルルの法則との関係について述べよ．
(3) **アマガー**（Emile Hilaire Amagat, 1841 – 1915）**分体積の法則**について調べよ．
(4) **ドルトン**（John Dalton, 1766 – 1844）**分圧の法則**について調べよ．
(5) ボイルの法則を用いて，アマガー分体積の法則からドルトン分圧の法則が導かれることを示せ．また，その逆も示せ．
(6) ボイル・シャルルの法則を用いて，各分圧をそれぞれの体積で割った値が全て等しいことを示せ．
(7) **混合気体の状態方程式**について調べよ．
(8) 混合気体の状態方程式がドルトン分圧の法則と理想気体の状態方程式により導かれることを示せ．

ヒストグラムと級間隔【コラム：記述統計の基礎 VII】

度数分布表はグラフにすることでさらに見やすくなる．

度数分布表を棒状のグラフにしたものを**ヒストグラム**（histogram）という．また，ヒストグラムの各長方形の上辺の中点を結んで得られるグラフを**度数折れ線**という．図 7.1, 7.2 は度数分布表 6.1（P. 62）のヒストグラム，および度数折れ線である．

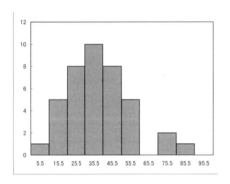
図 7.1　ヒストグラム

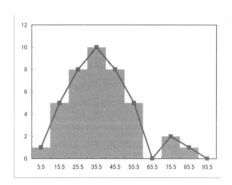
図 7.2　度数折れ線

度数分布表，そしてそれを見やすい形にしたヒストグラム，度数折れ線は，個々の細かい値を無視することで，データを幾つかの組にまとめなおし，全体としてどんな傾向があるかをつかみやすくしたものである．級間隔が狭すぎても，広すぎてもデータの特徴は捉えにくくなるのはもちろんである．では，どの程度，データの細かい値を無視するべきなのだろうか．言い換えると，級間隔や級の個数はどうやって定めればよいのだろうか．

残念ながら，級間隔や級の個数の定め方についての明確な基準はない．度数分布表は，あくまで，データの雰囲気を直感的につかめるよう分析者が利用するものであり，級間隔や級の個数は分析者の主観により定めるしかない．

とはいえ，あまりにも乱暴な級間隔，級の個数では，データの雰囲気をつかみにくくなる．一般には，級間隔は一定幅にすることが多い．また級の個数の目安としては，**スタージェスの公式**によるものがある．

度数分布表を作る際の一般的な注意点について，これ以上本書では立ち入らないが，より詳細について知りたい場合は，文献[22]などを参考にするとよいだろう．

問 29 問 25 と問 26（P. 62）に対応するヒストグラムと度数折れ線を描け．

問 30 スタージェスの公式について調べよ．また，この公式を用いて，データ数が 50, 100, 200, 300, 500 の場合のそれぞれに対して，適切な級の個数を定めよ．

第 7 講　文字の利用

同値と必要十分条件【コラム：数理論理の基礎 VII】

命題 P と Q を「**の場合に限り**」(if and only if) で結び，「P の場合に限り Q」という文を作る．この文ももちろん真偽を判定できるので，命題である．このように命題を「の場合に限り」で結び，新たな命題を作る操作を**同値** (equivalence)，または**等価**と呼び，記号「≡」を用いて，「P ≡ Q」で表す．

例 62　命題「成人している」を P と置き，「飲酒が許される」を Q と置く．このとき命題 P ≡ Q は「成人している場合に限り飲酒が許される」である．

同値は，双方の命題が共に真，または共に偽となるときに真となる論理演算であり，その真理値表は

P	Q	P ≡ Q
1	1	1
1	0	0
0	1	0
0	0	1

である．また，P ≡ Q は (P ⇒ Q) ∧ (Q ⇒ P) と同じ真理値表を持つ．つまり，

$$(P \equiv Q) \equiv ((P \Rightarrow Q) \land (Q \Rightarrow P)) \tag{7.1}$$

が成立する．

例 63　命題 P と Q を例 62 の通りとする．命題 P ≡ Q は日本の法律である．成人していて (P が真) 飲酒が許可される (Q が真) のも，未成年で (P が偽) 飲酒が許可されない (Q が偽) のも法律通り (P ≡ Q が真) である．しかし，成人していて (P が真) 飲酒が許可されない (Q が偽) のと，未成年で (P が偽) 飲酒が許可される (Q が真) のは，日本の法律通りとはいえない (P ≡ Q が偽)．

例 64　命題 P と Q は例 62 の通りである．命題 P ≡ Q は「『成人しているならば飲酒が許され (P ⇒ Q)』かつ『飲酒が許されるならば成人である (Q ⇒ P)』」と同じことである．

式 (7.1) より，P ≡ Q のとき，P は Q (Q は P) の必要条件かつ十分条件である．これをまとめて P は Q の**必要十分条件** (necessary and sufficient condition) だと表現する．

例 65　日本の法律では「成人している」ことは「飲酒を許可される」必要十分条件である．

問 31　式 (7.1) が成立することを真理値表から確かめよ．

問 32　(P ⇒ Q) ≡ ((¬P) ∨ Q) および (P ≡ Q) ≡ (((¬P) ∧ (¬Q)) ∨ (P ∨ Q)) を確かめよ．

第 8 講　公式と方程式

文字と関係演算子を利用し，文字の意味を適切に解釈することで，式を用い，様々な問題とその解決の仕方を簡潔，かつ正確に表せることが多い．

本講では，未知数を知るために立てられる方程式の初歩と，問題を解決する助けとなる公式について取り上げよう．

公　式

文字を使った式として表現されるものの中で，かなりの汎用性を持ち，重要だと一般に認識されているものが **公式**（formula）と呼ばれる．

公式はどんな場合でも成立するとは限らない．ゆえに，式だけが記されることは稀であり，通常，その公式が成立する前提条件と共に記述される．前提条件が満たされていない問題に対して，もちろん公式は適用できない．

例 66（三平方の定理） 直角三角形の 3 辺のうち，直角に交わる辺の長さを a, b，斜辺の長さを c と置くと，
$$a^2 + b^2 = c^2$$
となる（第 14 講「座標と角度」内の「線分の長さ」参照）．

この公式が成立する前提条件として，直角三角形であることを求めている．もちろん正三角形にこの公式を当てはめることはできない．

例 67（コーシー・シュワルツの不等式） あまり多くはないが，どんな数に対しても常に成立する公式もある．以下は **コーシー**（Augustin Louis Cauchy, 1789 – 1857）**・シュワルツ**（Karl Hermann Amandus Schwarz, 1843 – 1921）**の不等式** と呼ばれる，その代表例である．
$$(X_1 Y_1 + \cdots + X_n Y_n)^2 \leq (X_1^2 + \cdots + X_n^2)(Y_1^2 + \cdots + Y_n^2).$$

このような不等式は **絶対不等式**（absolute inequality）と呼ばれる．

問 33 コーシー・シュワルツの不等式について調べよ．なぜ，このような関係が成立するのだろうか．

第 8 講　公式と方程式

方程式

文字を使って表現される式の中で，**未知数**を知るために作られるものを**方程式**と呼んだ．方程式を作る作業を，**式を立てる**，と表現することがある．

例 68 2 乗して 1 になる数を知りたい場合は，知りたい数，つまり未知数を x と置いて

$$x^2 = 1$$

という式を立てることになる．

例 69 ある携帯電話会社の料金プランでは，通話は 30 秒あたり 21 円，パケット料金は 1 パケット 0.21 円である．通話料とパケット料の合計を 2000 円以内に収めたいとき，通話時間を $30m$，パケット数を n と置くと，立てるべき式は

$$21m + 0.21n \leq 2000 \qquad (8.1)$$

である．このように方程式は 2 つ以上の未知数や不等号を含むことがある．

例 70 長さ 20 m の紐がある．この紐を使って面積が 30 m^2 の長方形を作りたいとする．作りたい長方形の縦と横の長さをそれぞれ x, y と置くと，立てるべき方程式は，

$$\begin{cases} 2x + 2y = 20 \\ xy = 30 \end{cases}$$

の 2 つである．このように，方程式は 1 つの式から構成されるとは限らない．このような複数の式からなる方程式は，**連立方程式**（system of equations）と呼ばれる．

方程式の解

方程式を立てるのは，未知数を知りたいからである．そして，目的の未知数が何かを知るには方程式を解かなければならない．未知数が例えば x のとき，x は数なので，方程式を解いた結果は具体的なある数値と一致する．それは，

$$x = \boxed{\text{数値}}$$

となる場合もあるだろうし，ある値の範囲

$$\boxed{\text{数値}} \leq x < \boxed{\text{数値}}$$

のような場合もあるだろう．ただし，次の点に注意が必要である．

例 71 例 69 について，$m=2, n=100$，すなわち 1 分の通話時間で，100 パケット利用する場合は，明らかに方程式（8.1）の解である．もっと極端に，$m=0, n=0$，すなわち全く通話をせず，パケットを使わない場合も方程式（8.1）の解であり，他にも複数の解があり得ることはすぐにわかる．このように，方程式の答えは 1 つだけとは限らない．それどころか無限に多くの解が見つかる場合もある．

例 72 時給 1000 円のアルバイトを今日から始め，10 日後までに 30 万円を稼ぎたいとする．立てるべき方程式は，働く時間を x とすると，1 日は 24 時間なので，

$$1000x = 300000,$$
$$x \leq 24 \cdot 10$$

である．しかし，すぐにわかる通り，不眠不休で働いたとしても 10 日間で 30 万円を稼ぐことは不可能である．このように，方程式の中には解のないものもある．

簡単な方程式の解法

方程式を解くとは，未知数 x が何かを明らかにする，言い換えると未知数 x を探し出す作業である．方程式があまり複雑ではないとき，方程式の両辺にまったく同じ操作を何度か適用し，未知数のみが左辺（もしくは右辺）に含まれる，

「未知数」「等号／不等号」「定数のみからなる式」

のような形に方程式を変形することで，その解を求めることが多い．その基本は以下の例 73 に示す通りである．

例 73 $a \neq 0, b, c$ を定数とし，x を未知数とする．一次方程式（不等式，以下，複号同順）

$$ax + b \lesseqgtr c$$

について，左辺を未知数 x だけの式にするために，まず両辺に $-b$ を加える．

$$ax = ax + b - b \lesseqgtr c - b.$$

第8講　公式と方程式

このように，左辺と右辺に同じ値を加えることで左辺の項を右辺へ移す，または，右辺の項を左辺の項に移す作業を**移項**（transposition）と呼ぶ．

未知数 x のみが左辺に含まれるようにするには，さらに両辺を a で割ればよい．ただし，ある数で割る（掛ける）場合，その正負に応じて，不等号の向きが変わることに注意が要る．$a > 0$ のとき，不等号の向きは変わらない．つまり，

$$x \lesseqgtr \frac{c-b}{a}$$

となる．逆に，$a < 0$ のとき，

$$x \gtreqless \frac{c-b}{a}$$

である．

問 34 負の数を不等式の両辺に掛けると，その不等号の向きが変わるのはなぜか．

例 74 $ad - bc \neq 0$ を満たす定数 a, b, c, d と定数 p, q について，連立方程式

$$ax + by = p, \tag{8.2}$$
$$cx + dy = q \tag{8.3}$$

を解こう．式（8.2）の両辺に c を掛け，式（8.3）の両辺に a を掛けると，

$$acx + bcy = cp, \tag{8.4}$$
$$acx + ady = aq. \tag{8.5}$$

式（8.5）の左辺から式（8.4）の左辺を，右辺から右辺をそれぞれ引くと，

$$(ad - bc)y = aq - cp$$

となる．両辺を $ad - bc$ で割って，

$$y = \frac{aq - cp}{ad - bc}$$

を得る．x についても同様である．

この例の場合，連立方程式の解は1通りしかない．しかし，一般には複数の1次式から成る連立方程式（連立1次方程式）には，解を無限個持つか，解を1つだけ持つか，解を持たないかの3通りがあり得る．

連立1次方程式は，様々な応用を持つ重要な方程式であり，その性質や解法は，**線形代数学**（linear algebra）としてまとめられ，多くの理系学生にとって大学初年次に学ぶべき必須事項となっている．

問 35 x, y を未知数とし，p, q を定数とする．連立 1 次方程式

$$\begin{cases} x + 2y = p \\ 2x + 4y = q \end{cases}$$

について次を示せ．

(1) $p = q = 0$ のとき，この連立 1 次方程式の解が無限個存在することを示せ．
(2) $p = 3, q = 1$ のとき，この連立 1 次方程式の解は存在しないことを示せ．

複雑な方程式の解法

方程式が複雑で，未知数のみが右辺（左辺）に含まれる形に方程式を変形する方法がわからない，もしくは，そもそも変形できない場合はどのように対処すべきだろうか．

もちろん，そのような複雑な方程式を解く公式を探すことはその対処法の 1 つではある．ただし，未だに正確な解を求める方法がわかっていない方程式や，それどころか例 75 のように，そもそも解を求める公式を作り出すことのできないものも存在する．

例 75（n 次方程式の解の公式） n 次方程式とは，n 次の多項式からなる（従って n 個以下の解を持つ）以下のような方程式である．

$$a_0 x^n + a_1 x^{n-1} + \cdots + a_{n-1} x + a_n = 0.$$

ただし，x は未知数であり，$a_0 \neq 0, a_1, a_2, \cdots, a_n$ は定数である．

1 次方程式の解法は例 73 ですでに見た．2 次方程式 $ax^2 + bx + c = 0$ の解の公式は，

$$x = \frac{-b \pm \sqrt{b^2 - 4ac}}{2a} \quad \text{（複号任意）}$$

であり，これは高等学校で学ぶ内容である．3 次方程式，4 次方程式についてもすでに解の公式は発見されており，それぞれ**カルダノ**（Gerolamo Cardano, 1501 – 1576）**の公式**，**フェラーリ**（Ludovico Ferrari, 1522 – 1565）**の公式**と呼ばれ，適当な数学の専門書を当たれば載せられている（例えば文献[20]を参照）．しかし，5 次以上の場合は様子が大幅に異なる．

実は 5 次以上の方程式に関しては，解の公式は存在しない．これは，まだ見つかっていないのではなく，そもそもそんな公式を作れないことがガロア（Évariste Galois, 1811 – 1832）により証明されている．

第8講　公式と方程式　　　　　　　　　　　　　　　　　　　　　　　　　　81

　方程式が複雑な場合，現実にまず試すべきことは，方程式の解になりそうな値を実際に式に入れ計算する，つまり，方程式に実際に様々な値を**代入**（substitution）することであろう．コンピュータの発達により，昔は莫大な労力を要し，現実には不可能だった計算が，現在では一瞬で実行可能になってきている．現在，応用の場面では，様々な値を方程式に代入し，実際に解になっていないかどうか探索することが最も基本的な方程式の解法である．

例76 5次方程式
$$x^5 + x^4 + x^3 + x^2 + x + 1 = 0$$
について，$x = -1$ はその1つの解である．これは実際に $x = -1$ を代入してみれば容易に確かめられることである．

問36 x, y, z を未知数とする．表計算ソフトを利用し，方程式
$$x^2 + y^2 = z^2$$
の解が，$x = 1, 2, \cdots, 100, y = 1, 2, \cdots, 100, z = 1, 2, \cdots, 100$ の範囲に何個あるかを調べよ．

演習問題

A59 以下の方程式を解け．

(1) $-5x - 2 = 18$

(2) $-9x + 33 + 6x - 18 \neq 0$

(3) $0.6x - 1.7 > 1.9$

(4) $0.3x + 1.5 < 0.2x + 0.7$

(5) $x - 4 \geq \frac{4}{x} + \frac{1}{6}$

(6) $\frac{1}{2}x - \frac{1}{3} \leq \frac{3}{4}x - \frac{1}{6}$

(7) $\frac{x-3}{2} - \frac{2x+1}{3} \gg x + 4$

(8) $\frac{3}{4}(5x-1) - \frac{1}{3}(x-4) \equiv \frac{x}{2}$

(9) $\frac{x}{2} + 2.5 - \frac{x+1}{3} \geqq \frac{x+3}{4}$

A60 以下の連立方程式を解け．

(1) $\begin{cases} x + 2y = 5 \\ x + 5y = 17 \end{cases}$

(2) $\begin{cases} x + 2y = 0 \\ 2x + 4y = 0 \end{cases}$

(3) $\begin{cases} x + 2y = 11 \\ 2x + 4y = 1 \end{cases}$

(4) $\begin{cases} 2x + 2y \neq 6 \\ 5x - 4y \neq 6 \end{cases}$

(5) $\begin{cases} 0.2x + 1.3y = 12 \\ 1.24x - 0.28y = -9 \end{cases}$

(6) $\begin{cases} 0.1x + 0.2y = 0.04 \\ 0.2y = 0.1x - 0.6 \end{cases}$

(7) $\begin{cases} \frac{2}{3}x + \frac{7}{5}y = \frac{12}{15} \\ \frac{1}{2}x - \frac{2}{3}y = \frac{1}{36} \end{cases}$

(8) $\begin{cases} x + \frac{1}{2}y = \frac{1}{4} \\ \frac{1}{3}x + y \neq \frac{1}{6} \end{cases}$

(9) $\begin{cases} \frac{2}{x} + \frac{3}{y} = 5 \\ \frac{3}{x} - \frac{1}{y} = -9 \end{cases}$

A61 以下の (x, y) に関する連立方程式を解け．

(1) $x + 3y = 5x - 3y = 9$
(2) $3x + 7y = 15x + 35y = 0$
(3) $2x + 3y = 16x + 24y = 1$
(4) $ax + \frac{1}{a}y = \left(1 - \frac{1}{a}\right)x + (1-a)y = 1$

A62 以下の x に関する方程式を解け．

(1) $x^2 = 8$
(2) $x^2 = -1$
(3) $x^3 = 27$
(4) $(x-2)^2 \ne 25$
(5) $x(x-a) = 0$
(6) $(x-\alpha)(x-\beta) = 0$
(7) $x^2 - 8x + 16 = 0$
(8) $x^2 - 4x + 4 \ne 0$
(9) $x^2 - 6x + 9 = 0$
(10) $x^2 + x - 1 = 0$
(11) $x^2 - 3x - 1 = 0$
(12) $x^2 + 2x - 1 = 0$
(13) $2x^2 + 3x + 1 = 0$
(14) $x^4 - 16 = 0$
(15) $6x^2 - ax - a^2 = 0$

A63 以下の (x, y, z) に関する方程式を解け．

(1) $x^3 - 9x^2 + 24x - 16 = 0$
(2) $\begin{cases} x^2 - 2y = 4 \\ y + 3x = 1 \end{cases}$
(3) $x^2 + y^2 + z^2 - 2x + 6y + 10 = 0$

A64 以下の不等式を解け．

(1) $x^2 - 1 \ge 0$
(2) $x^2 - 1 \le 0$
(3) $3x^2 + 9x + 6 < 0$
(4) $x^2 - 2x + 1 < 0$
(5) $\frac{1}{x-1} - 1 > 0$
(6) $\frac{2x+3}{x+2} > 5$
(7) $|2x - 3| < 4$
(8) $|x(x-1)| < 2$
(9) $|x - 1| + |1 - x| \ge 1$

A65 以下に答えよ．

(1) りんご1個の価格が100円，みかん1個の価格が80円だとする．ある人がりんごを x 個購入し，みかんを y 個購入したとき，支出額を表す式を立てよ．
(2) この人の所持金が1900円のとき，
$$100x + 80y \le 1900$$
という不等式が何を表しているのか説明せよ．
(3) この人がりんごを10個購入したときに，みかんを最大で何個購入できるか答えよ．

A66 例69，例70を解け．

A67 以下の不等式を満たす x の範囲を求めよ．

(1) $2x + 3 > \frac{1}{4}x^2 + 5x - 1$
(2) $5x + 4 > |3x - 9|$
(3) $x^3 + 2x^2 - x - 2 \le 0$

第 8 講　公式と方程式

B39　n 次方程式の解の個数が n 個以下になるのはなぜかを説明せよ．

B40　以下の連立方程式を解け．

(1) $\begin{cases} x + y + z = 3 \\ x + 2y + 2z = 5 \\ x + 2y + 3z = 6 \end{cases}$
(2) $\begin{cases} x + 2y + 3z = 0 \\ 4x + 5y + 6z = 0 \\ 7x + 8y + 9z = 0 \end{cases}$
(3) $\begin{cases} x + y + z + w = 1 \\ x + 2y + 3z + 4w = 2 \\ x + 4y + 9z + 16w = 12 \end{cases}$

B41　以下の式を満たす 0 以上の整数を全て求めよ．

(1) $4x - 3y = 1$
(2) $\dfrac{x}{2} + \dfrac{y}{3} + \dfrac{z}{6} \leq 10$
(3) $\dfrac{1}{x} + \dfrac{1}{y} + \dfrac{1}{z} = 1$

B42　**（解と係数の関係）**　以下に答えよ．

(1) $ax^2 + bx + c = 0$ の解を α, β とする．このとき $\alpha + \beta = -\dfrac{b}{a}$, $\alpha\beta = \dfrac{c}{a}$ を示せ．

(2) $ax^3 + bx^2 + cx + d = 0$ の解を α, β, γ とする．このとき $\alpha + \beta + \gamma = -\dfrac{b}{a}$, $\alpha\beta\gamma = -\dfrac{d}{a}$ を示せ．

(3) $a_0 x^n + a_1 x^{n-1} + \cdots a_{n-1} x + a_n = 0$ の解を $\alpha_1, \alpha_2, \cdots, \alpha_n$ とする．このとき

$$\alpha_1 + \alpha_2 + \cdots + \alpha_n = -\dfrac{a_1}{a_0}, \qquad \alpha_1 \cdot \alpha_2 \cdots \alpha_n = (-1)^n \dfrac{a_n}{a_0}$$

を示せ．

B43　2 次方程式 $ax^2 + bx + c = 0$ の解が以下で与えられることを示せ．

$$x = \dfrac{-b \pm \sqrt{b^2 - 4ac}}{2a} \quad \text{（複号任意）}$$

B44　**（判別式）**　2 次方程式 $ax^2 + bx + c = 0$ に対して，$b^2 - 4ac$ はその解の個数を定める式であることから，**判別式**（discriminant）と呼ばれている．以下を説明せよ．

(1) 2 次方程式 $ax^2 + bx + c = 0$ は $b^2 - 4ac > 0$, $b^2 - 4ac = 0$, $b^2 - 4ac < 0$ のときそれぞれ解を，2, 1[*1], 0 個持つ．

(2) 例 74 の連立 1 次方程式の判別式は $ad - bc$ で定められる．なぜか．

B45　以下の方程式の近似解を $-100 \leq x \leq 100$ の範囲で見つけよ．

(1) $x^5 - 3x^4 + 2x + 10 = 0$
(2) $2^x - 3x - 20 = 0$

[*1] $b^2 - 4ac = 0$ のとき，方程式は「**重解**（multiple root）を持つ」と表現される．

B46 以下に答えよ．

(1) 娘 2 歳，父親 34 歳である．父親の年齢が娘の 3 倍となるのは何年後か．（年齢算）
(2) あるサークルでは学園祭の準備のため，全ての部員が 1 人 700 円ずつ出し合った．その結果，必要な金額より 2600 円多くなった．そこで 1 人 100 円ずつお金を返却したところ，必要な金額に 800 円満たなくなった．このクラブの部員数と必要な金額を求めよ．
(3) あるサークルについて，昨年度 6 月の段階では男女合わせて部員数は 20 名であったが，昨年度 3 月までに男子 3 名，女子 4 名が退部した．今年度 4 月の入部者は男子 0 名，女子 5 名であり，現在に至るまで部員数に変化はない．現在，女子部員数は男子部員数の 2 倍となっている．昨年度 6 月の男子部員数と女子部員数はいくらか．
(4) ある品物を 150 個仕入れ，原価の 4 割の利益を見込んだ定価をつけて売ったところ 30 個売れ残った．残りを定価の 3 割引にして全て売ったところ，総利益は 92,430 円となった．品物の原価はいくらか．（損益算）

B47 以下に答えよ．

(1) 鶴と亀合わせて，その頭数は 15，足の数は 46 本だとする．鶴は何羽か．（鶴亀算）
(2) 4% の食塩水と 12% の食塩水を混ぜて，8% の食塩水を 500 g 作りたい．このとき，4% の食塩水は何グラム必要か．（濃度算）
(3) ある仕事をするのに男性 4 人だと 7 日，女性 5 人だと 5 日かかる．この仕事を男性 1 人女性 3 人ですると何日かかるか．（仕事算）
(4) 長さ l m，時速 v km で走る列車があるトンネルに入り始めてから完全に出るまでに s 秒かかった．このトンネルの長さは何メートルか．（通過算）
(5) L km 離れた A 地点と B 地点を結ぶ川をある船が往復したところ，上りは p 時間，下りは q 時間かかった．この船の静水時の速さは時速何キロメートルか．（流水算）
(6) h m の高さにある物体が地上に落下するのにかかる時間は何秒か．（落体の法則，例 14）

B48 以下に答えよ．

(1) りんごが 200 円，みかんが 160 円，マンゴーが 1000 円とし，これらを計 30 個，総支払額が 6000 円となるよう購入する．全ての果物を少なくとも 1 つ購入し，できるだけマンゴーを多く購入しなければならないとして，それぞれの果物の購入個数を求めよ．
(2) 容器 A，B に，それぞれ 2% の食塩水と 10% の食塩水が同じ重さ入っている．容器 A から B へある重さの食塩水を移し，さらに食塩 30 g を追加したところ，B に含まれる食塩水の濃度は 9% になった．次に，容器 B から容器 A へはじめに A から B へ移したのと同じ重さの食塩水を戻したところ，容器 A に含まれる食塩水の濃度は 5% になった．移した食塩水の重さを求めよ．

第8講 公式と方程式

C23 （相加・相乗・調和平均の関係） 平均に関して，以下の絶対不等式が成立することを示せ．また，等号が成立する条件が $x_1 = x_2 = \cdots = x_n$ のときのみであることを示せ．

$$\left| \frac{x_1 + x_2 + \cdots + x_n}{n} \right| \geq (x_1 \cdot x_2 \cdots x_n)^{\frac{1}{n}} \geq \left| \frac{n}{\frac{1}{x_1} + \frac{1}{x_2} + \cdots + \frac{1}{x_n}} \right|.$$

C24 3次方程式 $ax^3 + bx^2 + cx + d = 0$ の判別式 D は以下で与えられる．

$$D = -4ac^3 - 27a^2d^2 - 4b^3d + b^2c^2 + 18abcd.$$

以下を示せ．

(1) $ax^3 + bx^2 + cx + d = a(x-\alpha)(x-\beta)(x-\gamma)$ のとき，$D = a^4(\alpha-\beta)^2(\beta-\gamma)^2(\gamma-\alpha)^2$ である．
(2) 解の個数と判別式には以下の関係がある．
   (a) $D > 0$ のとき，相異なる3つの解を持つ．
   (b) $D = 0$ のとき，重解を持つ．結果的に解の個数は2, または1個である．
   (c) $D < 0$ のとき，解の個数は1個である．

C25 カルダノの公式について調べよ．

C26 フェラーリの公式について調べよ．

C27 ガロアについて調べよ．

C28 （乗数効果） 国内総生産を Y と置く．外国との輸出入がないと仮定し，以下に答えよ．

(1) 家計の支出 C，政府の支出 G，民間の投資 I と国内総生産 Y との間に成立する関係を式で表せ（**所得恒等式**）．
(2) 家計の基礎的な支出を定数 c と置く．$C = \beta Y + c \ (0 \leq \beta \leq 1)$ [*2]と仮定してもそう不自然ではない．なぜか．
(3) 所得恒等式と (2) の等式から $Y = \frac{1}{1-\beta}(I + G + c)$ を示せ[*3]．
(4) 一般に量 Y は大きな方が望ましいとされる．なぜか．
(5) 量 Y を増やすためには，I, G, c を増やす，もしくは β を1に近づける必要がある．そのためにできる施策について考察せよ．

[*2] 定数 β は**限界消費性向**と呼ばれる．
[*3] 係数 $\frac{1}{1-\beta} \geq 1$ を**乗数**と呼び，乗数を掛けることで量 Y が増えることを**乗数効果**と呼ぶ．

相対度数分布【コラム：記述統計の基礎 VIII】

ここからはデータを比較する技術の基本について解説していくことにしよう．

同じ実験を，要素の数の異なる 2 つ以上の集団に対して行う．集団に応じて，実験結果に差異が有るかどうかを調べる必要性はよくある．例えば，同じ試験を複数のクラスに対して行い，その結果をクラスごとに比較したい，という例がある．

同じ試験を A クラスと B クラスに課したとしよう．A クラスに所属する人の総数と，B クラスに所属する人の総数が異なるとき，A クラスの高得点者の人数が B クラスより多いとしても，A の方が優秀であったと結論づけることはできない．試験を受けた総数の多い方が，高得点者も多いと考えられるからである．

このような場合，A クラスの高得点者の比率が，B クラスの高得点者の比率より高いとき，A クラスの方が優秀であったという結論を下す．つまり，各級の度数を全体の個数で割った値を考える．この値を**相対度数**（relative frequency）と呼ぶ．また，相対度数を表の形にしたものを，**相対度数分布表**（relative frequency table）と呼ぶ．全ての級の相対度数を足すと 1 になることに注意が必要である．

例 77 下の表 8.1 は例 48 の表 6.1（P. 62）を相対度数分布表へ書き直したものである．表 8.2 は例 48 と同じ試験を，別の 80 人の学生に対して実施した結果をまとめた度数分布表であり，表 8.3 は表 8.2 を相対度数分布表へ書き直したものである．

表 6.1 と 8.2 は，人数が違うので直接比較はできない．しかし，表 8.1 と 8.3 は直接比較できる．これは表 8.1 と 8.3 を 1 つの度数折れ線にまとめることでより一層見やすくなる．実際にまとめた度数折れ線が図 8.1 である．

表 8.1 相対度数分布（40 人）

得点	相対度数
0 点～10 点	0.03
11 点～20 点	0.13
21 点～30 点	0.20
31 点～40 点	0.25
41 点～50 点	0.20
51 点～60 点	0.13
61 点～70 点	0.00
71 点～80 点	0.05
81 点～90 点	0.03
91 点～100 点	0.00
総　計	1

表 8.2 度数分布（80 人）

得点	人数
0 点～10 点	6
11 点～20 点	19
21 点～30 点	13
31 点～40 点	14
41 点～50 点	11
51 点～60 点	10
61 点～70 点	1
71 点～80 点	5
81 点～90 点	1
91 点～100 点	0
総　数	80

表 8.3 相対度数分布（80 人）

得点	相対度数
0 点～10 点	0.08
11 点～20 点	0.24
21 点～30 点	0.16
31 点～40 点	0.18
41 点～50 点	0.14
51 点～60 点	0.13
61 点～70 点	0.01
71 点～80 点	0.06
81 点～90 点	0.01
91 点～100 点	0.00
総　計	1

第 8 講　公式と方程式

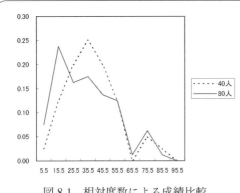

図 8.1　相対度数による成績比較

問 37　例 77 を確かめよ．

問 38　問 25 と問 26（P. 62）に対応する相対度数分布表を作れ．また，これらを 1 つの度数折れ線にまとめよ．

問 39　同じ試験，もしくは実験ではないとき，一般に，それにより得られた複数のデータを相対度数分布表を用いて比較してはならない．なぜか．

論理式の表す命題とその真偽【コラム：数理論理の基礎 VIII】

ここまで，幾つかの命題と「または」「かつ」「ではない」「ならば」「の場合に限り」を組み合わせ，新たな命題ができることを見てきた．この新たな命題は，元となる命題を P, Q などの記号で置くと，例えば

$$((P \wedge Q) \Rightarrow (\neg Q)) \equiv ((\neg P) \vee (\neg Q)) \tag{8.6}$$

のような式で表されるが，このような式は**論理式**（propositional formula）と呼ばれる．

論理式は命題なので，その真偽が判定できる．そして，命題にとって，その真偽は重大な関心事である．一般に，命題の真偽は，その命題が主張する内容と意味をよく吟味しなければ決定できない．しかし，真偽が決定済みの命題から作られる，論理式で表される命題の正誤は，論理式の構造と各論理演算の真理値表，そして前提となっている命題の正誤から機械的に決まる．そこではもはや，その命題の主張する内容と意味をよく吟味する必要はない．論理式で表される命題の真偽は，その前提となる P や Q などの記号化された命題の真偽（1 か 0）を論理式に代入し，真理値表に従い演算を行うだけで決定される．

例 78　前提となる命題が全て偽の場合について，論理式 (8.6) で表される命題の真偽を計算しよう．$P = Q = 0$ を代入すると，

$$(((0 \wedge 0) \Rightarrow (\neg 0)) \equiv ((\neg 0) \vee (\neg 0))) = ((0 \Rightarrow 1) \equiv (1 \wedge 1)) = (1 \equiv 1) = 1$$

であり，論理式 (8.6) で表される命題は前提が偽でも正しいことがわかる．

問 40　前提となる命題が全て真の場合について，論理式 (8.6) の真偽を決定せよ．また，前提となる片方の命題が真，もう片方が偽の場合についても計算してみよ．

第9講　関数とグラフ

　様々に変化する値を文字を使って表したものを変数と呼んだ．しかし，値が変化するとしても，その変化は何かが原因となって起きること，つまり，その変化の裏に何らかの構造を仮定できることが多い．われわれは，関数の概念とその記号を適切に用いて，変数が何らかの構造を含むことを明示し，式を使って，さらに複雑な問題を取り扱うことができる．

関　　数

　日本語の場合，**関数**（function）は「『数』に『関』わる」と読めるため，いかにも数学特有の用語だと思われることが多い．しかし実際には，数学だけでなく，様々な分野で使われる概念である．関数の正確な意味を知るには，関数と訳される英単語 function の意味を調べるとよい．研究社の『新英和中辞典第6版』によると function の意味は，

1．機能，働き，作用，目的 [of]．
2a．職務，職能，職分，役目．
2b．【文法】機能．
3a．儀式，行事，祭典，祝典．
3b．《口語》（規模の大きい）社会的会合，宴会．
4a．他のものに関連して変化するもの《性質・事実など》，相関関係 [of]．
4b．【数】関数．

である．function，つまり関数の第一義的な意味は機能，働き，作用である．なお，数学では関数をよく f と書くが，これはこの英単語の頭文字から来ている．では，なぜ，機能，働き，作用などの意味が数学と結びつくのだろうか．これを理解するには図 9.1 がわかりやすい．

　この図は次のように解釈する．まず，図右の括弧に何らかのもの，もしくは対象を入れる．すると，その入れたもの，もしくは対象に対してある仕事（f という仕事）がなされ，結果としてのもの，もしくは対象が左側の円に出力される．このようなシステム，つまり図 9.1 において，円，=，f，括弧で表されたある仕事のシステムが関数である．

　このように捉えると，図 9.2 より，例えば自動販売機はある種の関数だといってよいことがわかる．

　実は，数学では，出力が数となるものを関数と呼ぶことが多い．すなわち，図 9.3 のような仕事のシステムを数学では関数と呼ぶのである．

第 9 講　関数とグラフ

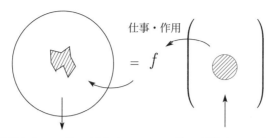

図 9.1　関数の概念

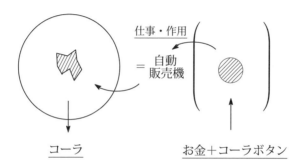

図 9.2　自動販売機

関数の記法

数学では，関数を表す記号として
$$y = f(x) \tag{9.1}$$
のような表記を用い，「y は x についての関数」もしくは「f は x についての関数」などと表現する[*1]．図 9.3 より，文字 x は入力されるもの，y は結果として出力される数，f は関数がどんな機能（働き）を持つのかを示す部分であることがわかる．つまり，式 (9.1) は，「x に対して，f という仕事が行われ，数 y が出てくる」ことを表している．もちろん記号として f, x, y のみが使われるのではなく，

$$z = g(y), \quad q = p(t), \quad w = r(s)$$

[*1] 情報分野では，「f は**引数**（argument, parameter）x を持つ」と表現することが多い．また，出力される値 y は**戻り値**（return value）と呼ばれる．

と書いてもよく，同一の文脈で，異なる関数は異なる文字を用い表される．また，単なる変数と違い，関数はその機能が一目でわかるよう幾つかの文字を組み合わせて表現されることも多い．

$$y = \cos(x), \quad y = \exp(x), \quad y = \log(x), \quad y = \text{AVERAGE}(x).$$

ただし，この場合，幾つかの文字を組み合わせて作る関数名はローマン体にする．さらに，入力が複数あることを明示したい場合は

$$z = f(x, y)$$

のように記す．

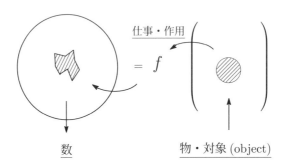

図 9.3 数学における関数

ここで，表記 $y = f(x)$ は，x に何かが入力されて初めて y がある値に定まることを示している．つまり，y は x に応じて変化する変数であり，これは $f(x)$ 自体が（x に応じて変化する）変数だと解釈すべきことを意味している．また，x に入れるものを確定させたとき，数 y はある値に確定する．つまり，1つの入力に対して，2つ以上の数字が確定することは関数の概念ではあり得ない[*2]．

なお，以下のような式は関数として解釈されることが多い．

$$y = 2x + 1.$$

これは，「数 x を 2 倍して 1 加える関数」だと解釈する．関数だと考えていることを明示したければ，

$$f(x) = 2x + 1$$

のように記せばよい．

[*2] お金 + コーラボタンを押して，お茶が出てきたりコーラが出てきたりする自動販売機は正しく機能していないと判断される．つまり，このような自動販売機は関数だとはいえない．

グラフ

関数を図で表現したものが**グラフ**（graph）である．グラフを描けばそれに対応する関数が1つ決まり，逆に関数を1つ決めればそのグラフは1つ描かれる．

一般にグラフは，鉛直上方向と水平右方向に伸びる，直角に交わる2本の直線を利用して描かれる．水平右方向に伸びる直線は，関数へ入力するものを表すために用い，鉛直上方向へ伸びる線は関数から出力される値を表す数直線であることが多い．

入力 x も出力 y も数である関数 $y = f(x)$ のグラフは例えば図 9.4 のように描かれる．このグラフにより，9.4 という値を関数 f に入力すると，結果的に 9.4 程度の値が関数から返される（$f(9.4) \fallingdotseq 9.4$）ことが見て取れる．この場合，3つの山を持つ全体として右肩上がりの曲線が関数 f の仕事を表す図であり，狭い意味ではこの曲線のみが関数 f のグラフである．

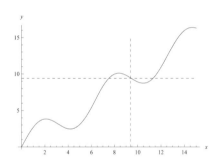

図 9.4　$y = f(x)$ のグラフ

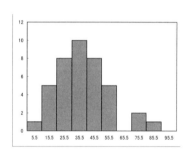

図 9.5　ヒストグラム

入力が数とは限らない場合もグラフは描かれる．例えば，100 点満点の試験を行い，その試験の結果を 10 点刻み（$0 \sim 10, 11 \sim 20, \cdots, 91 \sim 100$）で見ることは多い．行われている作業（仕事）は，この試験で，各幅に収まる点数を取った学生が何人なのかを数えることである．この作業は，明らかに点数の幅を入力，人数を出力としており，入力が数ではない[*3]関数だと考えることができる．そして，このような作業は，図 9.5 のような**棒グラフ**として表されることが多く，このようなグラフは一般に**ヒストグラム**（histogram）と呼ばれる．

この他にも，折れ線グラフや円グラフなど，様々な図が実際に何らかの関数を表す図として描かれる．特に円グラフは，横軸に入力，縦軸に出力を取らずに描かれるという意味で，特徴的なグラフである[*4]．

[*3] この場合，入力は $0 \sim 10, 21 \sim 30$ などの数の幅であり，数ではない．

[*4] 何らかの関数を図で表したもの以外はグラフとは一般には呼ばれない．例えば，何らかの関係がある2つの変量の間の関係を見る図は相関図（第 11 講のコラム参照）と呼ばれ，グラフとは異なる．

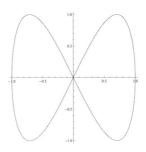

図 9.6　グラフではない例

なお，図 9.6 のような例はグラフとはみなせない．この場合，0 以外の x 軸の点に対して，対応する y 軸の値が 2 つ存在するからである．

定義域と値域

さて，関数と共に使用される用語である，定義域と値域について説明しよう．

定義域（domain）とは，関数に入力される対象の範囲のことである．対して**値域**（range）とは，関数から出力される値の範囲のことである．

> **例** 79　図 9.5 のヒストグラムで表される関数の場合，定義域は
>
> $$0 \sim 10,\ 11 \sim 20,\ 21 \sim 30,\ \cdots,\ 91 \sim 100$$
>
> という 10 個の点数の範囲である．

> **例** 80　図 9.5 のヒストグラムで表される関数の場合，値域は
>
> $$0,\ 1,\ 2,\ 5,\ 8,\ 10$$
>
> という 6 つの数である．

明らかに値域は定義域に対応して決まる．図 9.5 の示す関数において，定義域を $0 \sim 10$, $11 \sim 20$, $21 \sim 30$ に制限すると，対応する値域は 1, 5, 8 となる．

第9講 関数とグラフ

グラフの平行移動

入出力が共に数である関数 $y = f(x)$ のグラフを，最も一般的な直角に交わる 2 つの数直線を利用して描く．この $y = f(x)$ のグラフを横と縦方向にそれぞれ (p, q) だけ平行移動した図がグラフとなる関数は，
$$y = f(x - p) + q$$
である．この式は
$$y - q = f(x - p) \tag{9.2}$$
と捉えた方がわかりやすい．つまり，x を $x - p$，y を $y - q$ に置き換えるのである．

例 81 $y = x^2$ のグラフを，横と縦にそれぞれ $(3, 1)$ 平行移動させたグラフを持つ関数は，$y = (x - 3)^2 + 1 = x^2 - 6x + 10$ である．

問 41 式 (9.2) に対応するグラフが，なぜ元のグラフを横縦それぞれ (p, q) 平行移動したものになるのかを考察せよ．

関数と方程式

定義域と値域の両方が数である関数 $y = f(x)$ を，未知なる値の組 (x, y) が満たす関係式だと捉えることで，方程式だと解釈することもある．関数を方程式と見ていることを明示するには，
$$f(x) - y = 0$$
のような書き換えを行うとよい．

演習問題

A68 以下で定義される f が関数か否かを理由と共に答えよ．

(1) $f(x) = x$
(2) $f(x) = x^2 + x + 1$
(3) $f(x) = 5$
(4) $f(x) = \pm\sqrt{x}$
(5) $f(x, y) = x^2 + y^2$
(6) $f(p, q, r) = p + q + r$

A69 以下で定義される f が関数か否かを理由と共に答えよ．

(1) 円の半径 r に対する円の面積 $f(r)$
(2) 日本のプロ野球のチーム名 T に対して今年 T に所属した選手の背番号を返す $f(T)$
(3) 日本のプロ野球のチーム名 T に対して現在の監督が誰かを返す $f(T)$
(4) 東京駅から S 駅までの所要時間を返す $f(S)$
(5) 2 乗して x になる数を返す $f(x)$
(6) 数 $x_1, x_2, \cdots, x_n$ に対してその平均を返す $f(x_1, \cdots, x_n)$

A70 以下の関数のグラフを描き，その値域を示せ．ただし，定義域は $0 \leq x \leq 5$ である．

(1) $y = x^2$ (2) $y = \sqrt{x}$ (3) $y = 2^x$ (4) $y = \frac{1}{x+1}$

A71 次の表に対応するヒストグラム，棒グラフ，円グラフを描け．

身長 (cm)	150	155	160	170	175	180
人数	50	100	70	70	110	80

A72 以下の関数のグラフを描け．

(1) $y = \frac{2}{3}x - \frac{1}{2}$ (2) $y = \begin{cases} \frac{1}{2}x - 1 & (x \leq 2) \\ x - 2 & (x > 2) \end{cases}$ (3) $y = x^2 - 4x + 5$

(4) $y = \begin{cases} \frac{1}{2}x^2 - 3x + \frac{7}{2} & (x < 3) \\ 2x^2 - 12x + 17 & (x \geq 3) \end{cases}$ (5) $y = |x - 1|$

A73 ある 20 人のクラスでテストを行ったところ，各学生の点数は以下の表のようになった．縦軸に人数，横軸に点数を 5 点きざみでとり，ヒストグラムを作成せよ．

学籍番号	01	02	03	04	05	06	07	08	09	10
点数	95 点	98 点	65 点	15 点	23 点	55 点	68 点	63 点	76 点	80 点
学籍番号	11	12	13	14	15	16	17	18	19	20
点数	48 点	32 点	68 点	72 点	61 点	98 点	86 点	88 点	70 点	62 点

A74 以下のグラフに対応する関数を式で表せ．

(1) 関数 $y = 2x + 3$ のグラフを x 軸の方向に 3，y 軸の方向に 4 だけ平行移動したグラフ．
(2) 関数 $y = -x^2$ のグラフを y 軸の方向に 3 だけ平行移動したグラフ．
(3) 関数 $y = |x - 1|$ のグラフを x 軸の方向に 1，y 軸の方向に 3 平行移動したグラフ．
(4) 関数 $y = x^3 - 2x + 1$ のグラフを x 軸の方向に 2，y 軸の方向に −4 平行移動したグラフ．

第 9 講　関数とグラフ

B49 以下のグラフを描け．

(1) $f(x, y) = 3$　　(2) $z = x - y$　　(3) $z = x^2 - y^2$　　(4) $z = 2^x - y^3$

B50 $y = 3(x-1)(x+1)(x+2)$，および $y = -2(x-1)(x+1)(x+2)(x+3)$ のグラフを描け．また，これらを描いた結果から $y = a(x - \alpha_1)(x - \alpha_2) \cdots (x - \alpha_n)$ のグラフの概形がどのようになるのかを類推せよ．

B51 以下のグラフに対応する関数を式で表せ．

(1) $z = x^2 + y^2$ のグラフを x 方向に 1 平行したグラフ
(2) $z = \sqrt{x+y}$ のグラフを x 方向に -1，y 方向に 2，z 方向に 1 平行移動したグラフ

B52 以下の不等式の表す領域を図示せよ．

(1) $y \geq x$　　(2) $y \leq x^2 - 4x + 3$　　(3) $y < |x|$　　(4) $y > 1/x$

(5) $\begin{cases} y \leq 2x - 3 \\ y \geq 3 \end{cases}$　　(6) $\begin{cases} y \leq -x^2 + 5x - 6 \\ y > 2^x - 5 \end{cases}$　　(7) $\begin{cases} y \leq \sqrt{4 - x^2} \\ y \geq -\sqrt{4 - x^2} \end{cases}$

C29 総務省統計局のデータから，最近 30 年の日本の人口変化を示す折れ線グラフを作れ．

C30 **確率変数**（random variable），**確率分布**（probability distribution），**分布関数**（distribution function）について調べ，1 から 6 の目を持つ偏りのないサイコロに対応するそれぞれのグラフを描け．

C31 需要と供給に関する以下の問いに答えよ．

(1) **需要曲線**，**供給曲線**，**均衡価格**，および**均衡取引量**について調べよ．
(2) ある商品の需要量 D について $D(p) = -\frac{9}{10}p + 9$，供給量 S について $S(p) = \frac{3}{2}p - 3$ が成立すると仮定する．ただし，変数 p は価格を表す．需要曲線と供給曲線を描け．
(3) 均衡価格 p^* と均衡取引量 Q^* を求めよ．
(4) **総剰余**について調べ，(p^*, Q^*) におけるこれを求めよ．
(5) 需要，供給曲線の**弾力性**について調べよ．
(6) 需要，供給曲線が平行移動する原因について考察せよ．

基準化【コラム：記述統計の基礎 IX】

今度は，異なる試験，もしくは実験により得られたデータの比較について考えよう．ある 15 人の学生に対して，英語と数学の試験を行い，その結果が次の表だとする．

英語	10	12	24	26	28	34	44	46	46	48	50	60	78	78	80
数学	0	10	15	20	30	30	40	40	50	50	60	60	70	80	80

このとき，英語，数学共に最高点は 80 点である．しかし，この 2 つの最高点が同価値かどうかはわからない．英語の試験の方が数学よりも大幅に難しいかもしれないからである．つまり，厳密には測定の仕方が異なるデータは比較できないし，もし，何らかの事情で比較しなければならないとしても，少なくともデータの最も基本的な特徴である平均とばらつきを揃えてからでなければならない．

基準化 (standardization)，もしくは**標準化**とはこのような目的で行われる，データを平均が 0，ばらつきが 1 のデータに変換する作業のことであり，この結果得られる変換後のデータのそれぞれの値を，**Z-値** (Z-score)，もしくは**基準値，標準値，標準化係数**などと呼ぶ．すなわち，データ $x_1, \ldots, x_n$ に対して，値 x_k の平均値 $\bar{x}$ からの標準偏差 s に関する Z-値とは，

$$\frac{x_k - \bar{x}}{s} = \frac{nx_k - (x_1 + \cdots + x_n)}{\sqrt{n(x_1^2 + \cdots + x_n^2) - (x_1 + \cdots + x_n)^2}} \quad (9.3)$$

であり，データの全ての値に対して Z-値を求める作業が基準化である．

例 82 上の表で与えた英語の試験結果の平均と標準偏差はそれぞれ 44.3 と 21.9 であり，数学の平均と標準偏差はそれぞれ 42.3 と 24.1 である．従って，英語 80 点と数学 80 点の Z-値はそれぞれ

$$\frac{80 - 44.3}{21.9} = 1.63 \cdots, \quad \frac{80 - 42.3}{24.1} = 1.56 \cdots$$

であり，あえて比較するならば，$1.63 > 1.56$ から，英語の 80 点の方が取るのがより難しい点数だと結論づけることになる．

問 42 上の表で与えた英語と数学の試験結果の全ての値の Z-値を求めよ．すなわち，英語と数学の試験結果を基準化せよ．また，基準化後のデータについて，その平均と標準偏差がそれぞれ 0 と 1 であることを確かめよ．

問 43 式 (9.3) が成立することを示せ．

問 44 基準化されたデータの算術平均値が 0 となることを示せ．

問 45 基準化されたデータの標準偏差が 1 となることを示せ．

問 46 例 7（P. 20）で与えた 10 人の学生の数学の試験結果を基準化せよ．

第 9 講　関数とグラフ

論理的であるとは【コラム：数理論理の基礎 IX】

さて，ここでもう一度，**論理的**（logical）である，とはどういうことかを考えよう．

論理とは「思考の妥当性が保証される法則や形式」のことである（第 1 講参照）．では，思考が妥当（正しい考え方）だとわれわれが感じるのはどんな場合だろうか．

例 83　授業の成績が 60 点以上の場合，その授業に合格することが真だとしよう[a]．次のように考える．（前提 A）授業の合格最低点は 45 点以上である．（前提 B）授業の成績は 60 点だった．（結論）授業に合格している．

妥当だと感じないのではないだろうか．原因は前提 A が間違っていることにある．われわれは間違った前提，もしくは結論が含まれるとき，正しい思考だとは一般に考えない．

例 84　同じ合格基準の下で，次のように考える．（前提 A）授業の成績が 70 点ならば合格である．（前提 B）授業の成績は 60 点だった．（結論）授業に合格している．

これも妥当とはいえない思考である．命題 P を「授業の成績が 70 点である」，Q を「授業の成績が 60 点である」，R を「授業に合格する」とすると，上の思考は

$$((P \Rightarrow R) \land Q) \Rightarrow R$$

と論理式で表せる．成績が 60 点であることが真（$Q = 1$）なので，成績が 70 点であることは偽（$P = 0$）である．結論が真（$R = 1$）だということは，論理式 $P \Rightarrow R$, つまり前提 A は偽でなければならない．しかし，前提 A は真である．つまり，論理式の真偽と前提，結論の真偽が両立しないような思考は妥当な思考とはいえない．

例 85（後件肯定の誤謬）　やはり同じ合格基準の下で，次のように考える．（前提 A）授業の成績が 70 点ならば合格である．（前提 B）授業に合格する．（結論）授業の成績が 70 点である．

これも妥当とは感じられない思考である．授業の合格基準は 60 点以上であり，例えば 65 点でも授業には合格する．そして「授業の成績が 70 点ならば合格である」ことは，実際の成績が何であれ正しい主張である．結局，この場合，前提 A と B が真という事実だけからは，結論が真であることを導き出せない．これが妥当と感じない原因である．

以上をまとめると，論理的であるためには (1) 真なる前提から真なる結論が導かれなければならず (2) 思考を表す論理式と前提・結論の真偽が両立し (3) 結論が真であることが，前提が真であるとの情報だけで得られなければならないことになる．

以後，例えば結論 X が真であることが，前提 P, Q, R が真であるとの情報だけから得られることを，記号「$\models$」を用いて，$\{P, Q, R\} \models X$ のように表すことにしよう．

---

[a] 日本のかなり多くの大学の基準である．

第 10 講　種々の関数と漸化式

本講は，関数について必ず覚えておかなければならない概念として，1 次関数，合成関数，逆関数，そして関数と漸化式の関係を取り上げる．

1 次関数

1 次関数と定数関数　定数 a, b について，

$$f(x) = ax + b$$

を（変数 x に関する）**1 次関数**と呼ぶ．変数 x について，$ax + b$ の次数が 1 だからである．同様に 2 次関数[*1]，3 次関数[*2]なども定める．なお，0 次の関数は**定数関数**と呼ばれる．

グラフ　1 次関数のグラフは図 10.1 のような直線である．グラフより，定数 a は，x 方向に 1 進んだときの y 方向への増加量を表しており，ゆえに**傾き**（slope）と呼ばれる．また，定数 b は y 軸とグラフの交点の y 座標であり，**切片**（intercept）と呼ばれる．

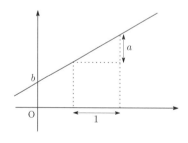

図 10.1　$y = ax + b$

問 47　1 次関数のグラフがなぜ図 10.1 のように描かれるのかを説明せよ．

関数 $y = ax + b$ のグラフが点 (α, ϕ) と (β, ψ) を通るとしよう．このとき，

$$a = \frac{\psi - \phi}{\beta - \alpha}, \qquad b = \frac{\beta\phi - \alpha\psi}{\beta - \alpha}$$

であることは容易に確かめられる．

[*1] $f(x) = ax^2 + bx + c$.
[*2] $f(x) = ax^3 + bx^2 + cx + d$.

第 10 講　種々の関数と漸化式

問 48 これを確かめよ.

なお, 定数関数のグラフが横軸と平行な直線となることは, ほとんど明らかであろう.

合成関数

複数の関数を合成することにより作られる新たな関数が**合成関数**（composite function）である. 以下, 関数の記法を用い, 合成関数を正確に定義しよう.

関数 f, g について, 関数 f の値域は関数 g の定義域に含まれるとしよう. つまり, $y = f(x)$ のとき, 出力された値 y は, 関数 g に入力可能だとする. このとき, $y = f(x), z = g(y)$ を用いて, 新たな関数

$$h(x) = g(f(x)), \quad (z = g(y) = g(f(x)))$$

を作る（合成する）ことができる. この関数 h を関数 g と f の合成関数と呼び, $h = g \circ f$ と表すことが多い. もちろん, 3 つ以上の関数を組み合わせた合成関数も考えられる.

例 86 関数 f を入力した値を 2 倍する関数, 関数 g を入力した値を 3 倍する関数だとする. このとき, 合成関数 $g \circ f$ は, 入力した値を 6 倍する関数であり, $f \circ g$ も同様である.

例 87 関数 $f(x) = 2x + 1$ と $g(x) = 4x^2 + x$ を合成して得られる関数 $g(f(x))$ は,

$$g(f(x)) = 4(2x+1)^2 + (2x+1) = 16x^2 + 18x + 5$$

であり, 関数 $f(g(x))$ は,

$$f(g(x)) = 8x^2 + 2x + 1 \tag{10.1}$$

である. このように, 一般に合成関数 $g \circ f$ と $f \circ g$ は同じ関数になるとは限らない.

問 49 例 87 の関数 $f(g(x))$ が, 式 (10.1) の形になることを確かめよ. また, 関数 $h(x) = x^3$ に関して,

$$h \circ g \circ f, \quad h \circ f \circ g, \quad g \circ h \circ f, \quad g \circ f \circ h, \quad f \circ h \circ g, \quad f \circ g \circ h$$

を求めよ.

逆関数

逆関数 ある関数に対して，それとは「逆」の機能を持つ関数を**逆関数**（inverse function）と呼ぶ．

関数 $y = f(x)$ と逆の機能を持つ関数を考えよう．入力 x に対して仕事 f を行った結果が y なので，その逆は，関数 f に対して，値 y が出力されるような数 x を見つける作業である．この逆作業を

$$x = f^{-1}(y)$$

と記す．

ただし，このような作業は，出力 y に対応する数 x が 2 つ以上見つかるとき，関数とは見なせない[*3]．なぜならば，1 つの入力に対して，異なる 2 つ以上の値が出力されるものは関数ではないからである（第 9 講を参照）．つまり，出力 y に対応する数 x が常に 1 つだけ見つかるときのみ，$x = f^{-1}(y)$ は関数だと見なせ，対応 $x = f^{-1}(y)$ は逆関数と呼ばれる．なお，変数 x を入力，変数 y を出力のための変数だと考え，逆関数を

$$y = f^{-1}(x)$$

のように，$x = f^{-1}(y)$ の変数 x と y を入れ替えて表すことも多い．

例 88 1 次関数 $f(x) = ax + b \ (a \neq 0)$ の逆関数 f^{-1} は

$$f^{-1}(x) = \frac{1}{a}x - \frac{b}{a} \tag{10.2}$$

であり，1 次関数の逆関数は 1 次関数である．

逆関数を見つけるには，値 y が出力されるような x を見つければよく，これは与えられた式を「$x = (y \text{ の式})$」に書き換えることに相当する．

問 50 定数関数に対して逆関数を考えることはできない．なぜか．

問 51 関数 $y = x^2 + 1 \ (x \geq 0)$ の逆関数を計算せよ．また，$x \geq 0$ という条件が必要なのはなぜか答えよ．

[*3] この条件を満たす関数を**単射**（injection）と呼ぶ．

第 10 講　種々の関数と漸化式

グラフ　逆関数のグラフを考えよう．

　逆関数とは，図 10.2 のように，関数 f に対して，出力 y に対応する数 x を見つける作業である．一般にグラフは，入力する数（今回は y）を横軸，出力する数（今回は x）を縦軸に取る．つまり，逆関数のグラフは元のグラフの縦軸と横軸の役割を入れ替えたものになるはずであり，これは原点を通る斜め 45 度の線（図 10.2 破線部）に対して元のグラフと対称な曲線を描くことにより実現される．

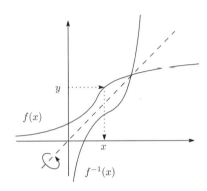

図 10.2　逆関数のグラフ

問 52 関数 $y = x^2 + 1$ $(x \geq 0)$ の逆関数のグラフを描け．

逆関数と合成　関数 g が関数 f の逆関数だとしよう．逆関数の定義から，$y = f(x)$ を関数 g に入力，もしくは，関数 $y = g(x)$ を関数 f に入力すると，数 x が出力される．つまり，

$$g(f(x)) = x, \qquad f(g(x)) = x \qquad (10.3)$$

である．

例 89　1 次関数について式 (10.3) を確かめよう．式 (10.2) より，

$$f^{-1}(f(x)) = \frac{1}{a}f(x) - \frac{b}{a} = \frac{1}{a}(ax + b) - \frac{b}{a} = x$$

であり，逆も同様に確かめることができる．

問 53 例 89 について，逆を実際に確かめよ．また，問 52 について，式 (10.3) が成り立つことを示せ．

数列と漸化式

数列　数列（sequence）とは数が列をなして並んでいるものであり，例えば

$$0, 1, 1, 2, 3, 5, 8, 13, 21, 34, 55, 89, 144, \cdots \tag{10.4}$$

のような数の並びがその代表例である．数列の n 番目の数を第 n 項と呼び，第1項を初項と呼ぶ．

数列と関数　さて，この数列に対して，その第 n 項を取り出す作業（仕事）に着目しよう．何番目かを指定すれば明らかに取り出される数は1つに確定することから，これは数学的な意味での関数である．この関数を $F(n)$ と置こう．

$$F(1) = 0, \; F(2) = 1, \cdots, F(10) = 34, \cdots.$$

関数 $F(n)$ は明らかに定義域として $1, 2, 3, \cdots$ という自然数を，値域として数列に現れる値を取る．いや，そもそも関数 F に $1, 2, 3, \cdots$ という自然数を順に入力し，それを左から順に並べると，考えている数列そのものがそのまま現れるのだから，関数 F は数列と本質的には同じものだと考えることができる．つまり，数列は関数の一種だと考えられるのである．

漸化式　さて，数列（10.4）に対応する関数 F は以下の特徴を持っている．

$$F(1) = 0, \; F(2) = 1, \tag{10.5}$$
$$F(n) = F(n-2) + F(n-1) \quad (n \geq 3). \tag{10.6}$$

式（10.5）は最初の2つの数を指定している．3番目以後の数は前の2つの数を加えることで得られるが，これを示すのが式（10.6）である．

式（10.5）は関数 F の最初の値，言い換えると初期状態を表している．このような初期状態を表す式は，**初期条件**（initial condition），もしくは**初期値**と呼ばれる．また，式（10.6）は，$n-2$ 番目と $n-1$ 番目の F の値を用いて n 番目の F の値を指定する，つまり，ある順番の数列の値が，それより前の数列の値から出てくることを示す式である．このような，ある状態が，それより前の状態から決定されることを表す式を**漸化式**（recurrence relation）と呼ぶ．

漸化式と方程式　第9講において，関数はそれ自体変数と見るべきであることを述べた．そして，未知なる変数が何かを知るために作られるのが方程式だった．式（10.5）と式（10.6）を，関数 F がどのような関数なのかを知るための式と見ると，これらは（連立）方程式の一種

第 10 講　種々の関数と漸化式

だと捉えることができる．このような方程式を**関数方程式**（functional equation）[*4]と呼ぶことがある．

なお，数列 (10.4) は，**フィボナッチ**（Leonardo Fibonacci (Leonardo Pisano), 1170 頃 – 1250 頃）**数列** と呼ばれる有名な数列であり，漸化式を解くと，

$$F(n) = \frac{1}{\sqrt{5}}\left\{\left(\frac{1+\sqrt{5}}{2}\right)^{n-1} - \left(\frac{1-\sqrt{5}}{2}\right)^{n-1}\right\} \qquad (10.7)$$

であることがわかる．なお，漸化式を解くことを，「**一般項を求めよ**」と表現することがある．また，数列の第 n 番目の値を，$F(n)$ のような関数形で書くのではなく，添字を用いて F_n のように書き表すことも多い．

問 54 フィボナッチ数列が確かに式 (10.7) で現れることを確認せよ．また，フィボナッチ数列の一般項が式 (10.7) で表されることを示せ．

問 55 数列の第 n 項を $P(n)$ と表すことにしよう．数列 $P(n)$ は以下の 2 つの条件を満たすとき，**等差数列**（arithmetic progression）と呼ばれる．

$$P(1) = a, \quad P(n) - P(n-1) = d.$$

ただし，a と d は定数である．このとき，定数 d は**公差**（common difference）と呼ばれる．
　この数列の一般項を求めよ．また，$a = 2, d = 3$ として，この数列の最初の 10 項を記せ．

問 56 数列の第 n 項を $Q(n)$ と表すことにしよう．数列 $Q(n)$ は以下の 2 つの条件を満たすとき，**等比数列**（geometric progression）と呼ばれる．

$$Q(1) = a, \quad \frac{Q(n)}{Q(n-1)} = r.$$

ただし，a と r は定数である．このとき，定数 r は**公比**（common ratio）と呼ばれる．
　この数列の一般項を求めよ．また，$a = 2, r = 3$ として，この数列の最初の 10 項を記せ．

[*4] 関数を用いて書かれた方程式が全て関数方程式と呼ばれている訳ではないが，ここではあまり深く立ち入らないことにする．

演習問題

A75 関数 $y = -2x + 1$ について,以下に答えよ.

(1) 傾きと切片
(2) $2 \leq x \leq 5$ における y の変化量
(3) $-5 \leq x \leq -2$ における y の変化量
(4) $-1/2 \leq x \leq -1/3$ における y の変化量

A76 関数 $y = 1$ について,以下に答えよ.

(1) 傾きと切片
(2) $-3 \leq x \leq 4$ における y の変化量

A77 y を x の 1 次関数とし,以下の値をとるとする.関数を具体的に求め,表の空欄を埋めよ.

(1)
x	0	1	3		9
y	-1		0	2/3	

(2)
x	-5	-1	3	6	10
y		1	-5		

A78 合成関数 $f \circ g$, $g \circ f$ を求めよ.

(1) $f(x) = 2x + 1$, $g(x) = x^2 + 1$
(2) $f(x) = x^2 + 1$, $g(x) = 2x + 1$
(3) $f(x) = 2x^4 + x^2 + 1$, $g(x) = \sqrt{x}$
(4) $f(x) = 5$, $g(x) = x^4 + 1$

A79 逆関数 f^{-1} を求め,そのグラフを描け.また,合成関数 $f(f^{-1}(x))$, $f^{-1}(f(x))$ を求めよ.

(1) $f(x) = 2x - 4$
(2) $f(x) = \frac{1}{3}x + \frac{1}{2}$
(3) $f(x) = 4x^2$ $(x \geq 0)$
(4) $f(x) = 4x^2$ $(x \leq 0)$
(5) $f(x) = 3\sqrt{x}$ $(x \geq 0)$
(6) $f(x) = x^2 + 4x$ $(x \geq 0)$

A80 以下の漸化式から得られる数列の最初の 10 項,および一般項を求めよ.また,その折れ線グラフを描け.

(1) $f(n) = f(n - 1)$, $f(0) = 1$, $n \geq 1$
(2) $f(n) = 2f(n - 1)$, $f(0) = 1$, $n \geq 1$
(3) $f(n) = 2f(n - 1) + 2$, $f(0) = 1$, $n \geq 1$
(4) $f(n) = f(n - 1) + f(n - 2) + 1$, $f(0) = 2$, $f(1) = 3$, $n \geq 2$
(5) $f(n) = 5$, $n \geq 0$

A81 以下の数列を生成する漸化式と一般項を求めよ.

(1) $3, 7, 11, 15, 19, \ldots$
(2) $5, -1, -7, -13, -19, \ldots$
(3) $2, 6, 18, 54, 162, \ldots$
(4) $10, 100, 1000, 10000, \ldots$
(5) $1, -0.1, 0.01, -0.001, \ldots$
(6) $1, 3, 7, 15, 31, \ldots$

第 10 講　種々の関数と漸化式

B53 ある 1 次関数のグラフと x 軸との交点の x 座標は正の値 c であり，さらにグラフと x 軸の間の角度（優角）は $\theta\ (0 \leq \theta < \frac{\pi}{2})$ である．切片と傾きを求めよ．

B54 以下の関数を与えよ．

(1) 座標 $(-2, 8), (1, 10), (2, 12)$ をグラフ上の点として含む 2 次関数

(2) 座標 $(-1, 0), (0, 3), (1, -1), (2, 0)$ をグラフ上の点として含む 3 次関数

(3) x 軸と $x = \alpha_1, \alpha_2, \cdots, \alpha_n$ で交わり，y 軸と $y = \beta$ で交わるグラフを持つ n 次関数

B55 **（平方完成）** a, b, c を定数とする．2 次関数 $f(x) = ax^2 + bx + c$ について以下に答えよ．

(1) $a > 0\ (a < 0)$ とする．$x = -\frac{b}{2a}$ において，関数 $f(x)$ は最大値（最小値）$\frac{b^2 - 4ac}{4a}$ を取ることを示せ．

(2) 関数 $f(x)$ と $y = ax^2$ のグラフの関係について答えよ．

(3) 変数 x に関する 2 次関数 $y = -x^2 + 2tx - t^2 + t$ が最大値を取る点 (p, q) を求め，q を p の関数として表せ．また，この関数のグラフを描け．

(4) 関数 $y = |x^2 - 5x - 14|$ のグラフを描け．また，このグラフが定数関数 $y = k$ と 3 点で交わるとして，定数 k が満たすべき条件を答えよ．

B56 あるバイキングのメニュー料金は以下の 2 つの関数 f と g の合成関数 h で表される．
$$f(男) = 1,\ f(女) = 0,\quad g(y) = 2500 + 500y.$$

(1) $h(男)$ と $h(女)$ を計算せよ．

(2) 関数 h のグラフを描け．

B57 数 x_1, x_2, x_3 の平均を求める関数を $\mathrm{AV}(x_1, x_2, x_3)$，標準偏差を求める関数を $\mathrm{SD}(x_1, x_2, x_3)$，数 x の平方根を求める関数を $\mathrm{SR}(x)$ と置く．関数 SD を関数 AV と関数 SR を用いて表せ．

B58 **（等差数列の和）** 以下を示せ．

(1) 初項 a，公差 d の等差数列の初項から n 項までの和を $S(n)$ と置く．このとき，以下が成立する．
$$S(n) = an + \frac{d}{2}n(n-1) = \frac{n}{2}\{2a + d(n-1)\}.$$

(2) 初項 a，第 n 項が l の等差数列の初項から n 項までの和は $n(a+l)/2$ に等しい．

B59 以下に答えよ．

(1) 初項が 1，公差が 3 の数列の一般項，および初項から第 30 項までの和を求めよ．

(2) 初項が 100，公差が -7 の数列の一般項，および第 25 項から第 99 項までの和を求めよ．

(3) 等差数列 $F(n)$ の初項から第 n 項までの和を $S(n)$ とする．$S(10) = 255, S(20) = 505$ のとき，一般項 $F(n)$ を求めよ．

(4) 7 で割ると 5 余り，9 で割ると 7 余る 3 桁の自然数の和を求めよ．

(5) 今年の 1 月 1 日から毎日 m 月 n 日に mn 円貯金することにする．各月を全て 31 日と仮定して，11 月 1 日までに貯金した合計額を求めよ．

B60 **（等比数列の和）** 以下に答えよ．

(1) 初項 a，公比 r の等比数列の初項から第 n 項までの和を $S(n)$ と置くと，$S(n) = a + ar + ar^2 + ar^3 + \cdots + ar^{n-1}$ である．$S(n) - rS(n)$ を計算せよ．

(2) 上の結果から，初項 a，公比 r の等比数列の初項から第 n 項までの和の公式を求めよ．

B61 以下を求めよ．

(1) 初項が 3，公比が 2 の等比数列の初項から第 n 項までの和

(2) 初項が 2，公比が -3 の等比数列の第 30 項から第 121 項までの和

(3) 100 以下の自然数のうち，3 で割り切れる数の和

(4) 数列 $1 \times 3, 2 \times 3^2, 3 \times 3^3, \cdots, n \times 3^n$ の初項から第 n 項までの和

B62 **（階差数列）** 数列 $A(n)$ の最初の 8 項は $1, 3, 8, 18, 35, 61, 96, 144$ である．以下に答えよ．

(1) $B(n) = A(n+1) - A(n)$ と定める．数列 $B(n)$ の最初の 7 項を求めよ．

(2) $C(n) = B(n+1) - B(n)$ と定める．数列 $C(n)$ の最初の 6 項とその一般項を求めよ．

(3) 上で求めた $C(n)$ の一般項を用いて，数列 $B(n)$，$A(n)$ の一般項を求めよ．

B63 **（群数列）** $A(n) = 3n - 1$ で与えられる数列を，$A(1), A(2)$ が第 1 群，$A(3), A(4), A(5), A(6)$ が第 2 群，$A(7), A(8), \cdots, A(14)$ が第 3 群，$\cdots$ の様に，第 k 群が 2^k 個の項を含むように区分する．

$$2, 5 \mid 8, 11, 14, 17 \mid 20, 23, 26, 29, 32, 35, 38, 41 \mid 44, 47, 50, \ldots$$

(1) 第 10 群の最初の数を求めよ．

(2) 2999 が第何群に含まれているのかを答えよ．

(3) 第 k 群の和を求めよ．

B64 **ア**，**イ** に適切な値を入れよ．

(1) $3, 1, 6, 6, 18, \boxed{\text{ア}}, 54, 16, 162, 21$ (2) $1, 2, 3, 4, 6, 12, \boxed{\text{イ}}, 26, 39, 52, 78, 156$

B65 漸化式 $F(n+2) = pF(n+1) + qF(n), F(1) = r, F(2) = s$ について以下に答えよ．

(1) $x^2 - px - q = 0$ の解を α, β とし，$G(n) = F(n+1) - \alpha F(n), H(n) = F(n+1) - \beta G(n)$ とする．数列 $G(n)$ は公比 β，数列 $H(n)$ は公比 α の等比数列であることを示せ．

第10講　種々の関数と漸化式

(2) $\alpha \neq \beta$ とする．数列 $G(n)$ と $H(n)$ の一般項を求め，それらを利用して
$$F(n) = \frac{s\left(\alpha^{n-1} - \beta^{n-1}\right) + \alpha\beta r\left(\beta^{n-2} - \alpha^{n-2}\right)}{\alpha - \beta}$$
となることを示せ．

(3) $p = 2, q = -1$ のとき，$F(n)$ の一般項を求めよ．

(4) $\alpha = \beta$ とする．$F(n) = \alpha^{n-2}\{(n-1)s - (n-2)\alpha r\}$ を示せ．

B66 以下に答えよ．

(1) 漸化式 $F(n+2) = 5F(n+1) - 6F(n), F(1) = 2, F(2) = 5$ の一般項を B65 (2) を用いて求めよ．また，最初の 20 項が確かに一般項のこの表示から現れることを確かめよ．

(2) 漸化式 $F(n+2) = 4F(n+1) - 4F(n), F(1) = 1, F(2) = 3$ の一般項を B65 (3) を用いて求めよ．また，最初の 20 項が確かに一般項のこの表示から現れることを確かめよ．

B67 漸化式 $F(n+2) = aF(n+1) + bF(n) + 1, F(1) = 0, F(2) = 0$ について以下に答えよ．

(1) $0 < a < 1, a + b = 1$ を満たす様々な定数 a, b について，漸化式から導かれる数列を計算し，その折れ線グラフを描け．また，折れ線グラフより，数列がどんな値に近づくのかを推測せよ．

(2) $0 < a < 1, 0 < b < 1-a$ を満たす様々な定数 a, b について，(1) と同様にし，数列が $1/(1-a-b)$ に近づくことを確かめ，その理由を考察せよ．

C32（対数関数） a を定数とする．$y = a^x$ の逆関数を $\log_a x$ と記し，この関数を a を底とする**対数関数**（logarithmic function）と呼ぶ．特に $a = 10$ のとき，$\log_{10} x = \ln(x)$ と記し，また，$a = e$（ネイピアの数）のとき，$\log_a x = \log x$ と記す．

(1) $a > 1$ に対して $y = \log_a x$ のグラフの概形を描け．

(2) $0 < a < 1$ に対して $y = \log_a x$ のグラフの概形を描け．

(3) n を整数とする．$\log_a nx = n\log_a x$ を示せ．

(4) $\log_a xy = \log_a x + \log_a y$ を示せ．

(5) $\log_a x = \log_b x / \log_b a$ を示せ．

C33 次の漸化式を用いて定められる数列 $p(n)$ と $q(n)$ の最初の 30 項の近似値を求め．これらの数列が近づく値を予測せよ．
$$\frac{2}{p(n+1)} = \frac{1}{p(n)} + \frac{1}{q(n)}, \quad q(n+1)^2 = p(n+1)q(n), \quad p(1) = 6\sqrt{3}, \quad q(1) = \frac{3\sqrt{3}}{2}.$$

偏差値と基準化【コラム：記述統計の基礎 X】

基準化とは，データを平均が 0，ばらつきが 1 のデータに変換することだった．ところが，われわれの感覚では，一般的な 100 点満点の試験の平均は 50 点であり，さらに試験結果のばらつきは 1 点ではなく，より大きな点数である．つまり，試験の結果を平均 0，ばらつき 1 に変換する基準化は何かしらの違和感を伴う．そこで，この違和感を取り除くためにデータを**偏差値** (T-score) に書き換えることがある．

値 $x_1, x_2, \ldots, x_n$ の Z-値を $z_1, z_2, \ldots, z_n$ と置く．このとき，値 x_i の偏差値 w_i は

$$w_i = 50 + 10 z_i = 50 + 10 \left(\frac{x_i - \bar{x}}{s} \right)$$

で定義される．定義式からすぐにわかる通り，偏差値は，Z-値を平均が 50，ばらつきが 10 になるよう変換したものであり，元のデータと基準化後のデータ，偏差値に変換されたデータは以下の図で表される関係にある．

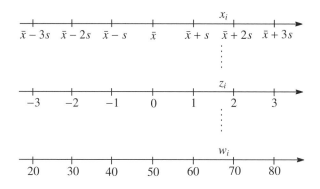

例 90 コラム「基準化」(P. 96) で取り上げた 15 人の学生の英語と数学の試験結果から，英語 80 点と数学 80 点の偏差値を計算しよう．例 82 より，英語 80 点の Z-値は約 1.63 であり，数学 80 点の Z-値は約 1.56 である．従って，英語 80 点と数学 80 点の偏差値はそれぞれ

$$50 + 10 \times 1.63 = 66.3, \qquad 50 + 10 \times 1.56 = 65.6$$

であり，英語の偏差値の方が数学のそれよりも高い．つまり，英語 80 点の方が数学 80 点よりも高い価値を持つことがわかる．

問 57 コラム「基準化」で取り上げた 15 人の学生全ての英語と数学の偏差値を計算せよ．また，偏差値化されたデータの平均が 50，ばらつきが 10 となることを確かめよ．

問 58 例 7 (P. 20) で与えた 10 人の学生全ての数学の試験結果の偏差値を計算せよ．

第10講 種々の関数と漸化式

妥当な思考の例とその判定【コラム：数理論理の基礎 X】

本コラムでは，思考の妥当性の判定について，具体的な例で見ていこう．

例91 命題「学生証がなければ学割を受けられない．学生証がなければ定期試験を受験できない．従って，学生証がなければ学割を受けられないだけでなく定期試験も受験できない」について，「学生証がない」を P，「学割を受けられない」を Q，「定期試験を受験できない」を R と置こう．

日本の大学生の多くにとって $P \Rightarrow Q$ と $P \Rightarrow R$ は真なる命題であり，もちろんこれらを合わせて述べた $P \Rightarrow Q \wedge R$ も真である．これを論理式で表すと，

$$((P \Rightarrow Q) \wedge (P \Rightarrow R)) \Rightarrow (P \Rightarrow (Q \wedge R)) \tag{10.8}$$

であり，真理値表

P	Q	R	$P \Rightarrow Q$	$P \Rightarrow R$	$Q \wedge R$	$P \Rightarrow Q \wedge R$
1	1	1	1	1	1	1
1	1	0	1	0	0	0
1	0	1	0	1	0	0
1	0	0	0	0	0	0
0	1	1	1	1	1	1
0	1	0	1	1	0	1
0	0	1	1	1	0	1
0	0	0	1	1	0	1

より，$\{P \Rightarrow Q, P \Rightarrow R\} \models P \Rightarrow Q \wedge R$ であること，および，前提・結論と論理式の真偽が両立することがわかる．つまり，上の思考は妥当（論理的）だと結論づけることができる．

問59 上の例と同様にして $(P \wedge Q) \Rightarrow R \models P \Rightarrow R$ を示せ．また，この論理式を満たす妥当（論理的）な思考の例を作れ．

例92 例85（P.97）で与えた思考が妥当（論理的）ではないことを論理式を用いて示そう．命題「授業の成績が70点である」を P，「授業に合格する」を Q と置く．このとき，例85の思考は論理式を用いて，$((P \Rightarrow Q) \wedge Q) \Rightarrow P$ と表せる．

命題 P を偽，Q を真としよう．このとき前提 $P \Rightarrow Q$ と Q は真だが，結論 P は偽である．つまり，前提が真であるという条件だけで結論の真は導き出せないことになり，例85の思考は論理的だとはいえないことがわかる．

問60（後件否定の誤謬） 「カンニングをすればきびしい処分が科せられる．カンニングをしてはいない．従って，きびしい処分が科せられることはない」は論理的な思考とはいえないことを上の例と同様の方法で示せ．

第11講　比例・反比例と比

様々に変化する，すなわち変数だと考えるべき異なる2つの値 x と y がある．これら2つの変数は，まったく無関係に色々な値を取ることもあり得るが，逆に，x と y の間に何か関係がある場合もある．

比例と反比例はこのような関係のうち，最も単純な構造を持つものではあるが，最も重要なものでもある．

比例と反比例

異なる2つの変数 x と y について，変数 x と y の間に何か関係があるとする．最も単純な関係は，これら2つの変数の加減乗除を1回だけ行って常に同じ値が出てくる場合，すなわち，ある定数 k に対して，

$$x + y = k,$$
$$x - y = k, \tag{11.1}$$
$$xy = k, \tag{11.2}$$
$$\frac{y}{x} = k \tag{11.3}$$

のいずれかが成立する場合であろう．

これらのうち，式 (11.2) で表される関係が**反比例**（inverse proportion）であり，式 (11.3) で表される関係が**比例**（proportion）である．変数 x と y の積が一定の値になる（式 (11.2) 参照）とき，「x と y は反比例する」と表現され，変数 x と変数 y の商が一定の値になる（式 (11.3) 参照）とき，「x と y は比例する」と表現される．

> **例93（ボイルの法則）** 例 55 において，温度一定の場合，理想気体の圧力 P と体積 V はある定数 k について
> $$PV = k$$
> となることを解説した．つまり，「温度一定の場合，理想気体の圧力と体積は反比例する」という法則がボイルの法則である．

第 11 講　比例・反比例と比

例 94（シャルルの法則）　圧力一定の場合，理想気体の体積 V と絶対温度 T はある定数 l について
$$\frac{V}{T} = l$$
となる．つまり，「圧力一定の場合，理想気体の体積と絶対温度は比例する」ことがわかる．この法則がシャルルの法則である．なお，絶対温度 T と通常用いる摂氏（セルシウス温度）t の間には
$$T - t = 275.15$$
が成立する．これは，式 (11.1) の具体例の一つである．

例 95（落体の法則）　例 14 において，地表上，ある高さで静止している物体を自由落下させた際の経過時間 t（秒）と落下距離 h（メートル）との間に
$$h = \frac{1}{2}gt^2 \qquad (11.4)$$
が成立することを解説した．ここで $\frac{1}{2}g \fallingdotseq 4.9$ は定数なので，式 (11.4) は
$$\frac{h}{t^2} = 定数 \, (\fallingdotseq 4.9)$$
と書き換えられる．つまり，「地表上の物体の落下距離と<u>時間の 2 乗</u>（t^2）は比例する」のだが，これがガリレイ（Galileo Galilei, 1564 – 1642）により発見された落体の法則である．

関数・グラフとの関係

比例・反比例と関数　式 (11.2) の両辺を x で割り，式 (11.3) の両辺に x を掛けると，それぞれ
$$y = \frac{k}{x}, \qquad (11.5)$$
$$y = kx \qquad (11.6)$$
となる．このように書き換えることで，式 (11.5) と (11.6) を関数だと考えることにする．
　このとき，式 (11.5) と式 (11.6) はそれぞれ，**「y は x に反比例する」「y は x に比例する」**と表現され，さらに，定数 k は**比例定数**と呼ばれる．また，式 (11.5) と式 (11.6) をそれぞれ，
$$y \propto \frac{1}{x}, \qquad y \propto x$$

のように，記号「∝」を使って表すこともある．

比例のグラフ　さて，比例・反比例を関数（仕事）だと捉えたとき，その詳細はグラフを描くことで見やすくなる．

y が x と比例し，その比例定数が k，つまり式 (11.6) のとき，これは傾きが k で切片が 0 の一次関数である．従って，グラフは図 11.1 のような原点を通る直線となる．

> **問 61**　シャルルの法則（例 94）を基に，理想気体の体積 V が絶対温度 T に対してどのように変化するのかのグラフを描け．ただし，比例定数を 8.3 とせよ．また，理想気体の体積 V が摂氏 t に対してどのように変化するのかのグラフを描け．

反比例のグラフ　y が x に反比例しており，その比例定数 k が正の値のとき，そのグラフの概形は図 11.2 となる．

まず，注意しなければならないことは，$x = 0$ 付近のグラフの様子である．x が正の方向から 0 に近づく（これを $x \to +0$ と書くことが多い[*1]）とき，y の値は正の無限大に近づき（$y \to \infty$），x が負の方向から 0 に近づく（$x \to -0$）とき，y の値は負の無限大に近づいて（$y \to -\infty$）いる．もちろん，0 で割ることはできないので，$x = 0$ での y の値はグラフには描かれず，結果，反比例のグラフは $x = 0$ の付近で y 軸に限りなく近づく．これを，「$x \to \pm 0$ のとき，グラフは y 軸（$x = 0$）に **漸近**（asymptotic）する」と表現することがある．

次に x が正，または負の無限大に近づく（$x \to \pm\infty$）場合，y の値は限りなく小さくなる（$y \to 0$）．つまり，グラフは正，または負の無限大に近づくとき，x 軸に限りなく近づくことに

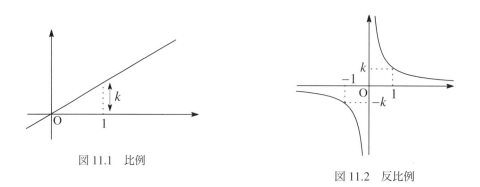

図 11.1　比例

図 11.2　反比例

[*1] つまり，→ を「近づく」という意味を表す記号として用いている．また，+0 で正の方向を，−0 は負の方向を表している．従って，例えば x が正の方向から 1 に近づくことを，$x \to 1+0$ と表し，負の方向から 1 に近づくことを，$x \to 1-0$ と表す．ただし，$x \to 1+0$ は単に正の方向から 1 に近づくことを指し示しており，近づいた結果 1 となることを示してはいない．つまり，$x \to 1+0$ は $x = 1$ を含まないことに注意する必要がある．

第 11 講　比例・反比例と比

なり，これを「$x \to \pm\infty$ のとき，グラフは x 軸 ($y=0$) に**漸近**する」と表現することがある．

問 62 $k<0$ のときの反比例のグラフの概形を描け．

問 63 ボイルの法則（例 93）を基に，理想気体の圧力 P が体積 V に対してどのように変化するのかのグラフを描け．ただし，比例定数を 8.3 とせよ．

問 64 $y = \dfrac{1}{x-a} + b$ のグラフの概形を描け．

商の意味

商の意味　ここで，改めて**商の意味**，すなわち**割ることの意味**について考えよう．

変数 y が x と比例するとは，定数 k に対して

$$\frac{y}{x} = k$$

となることだった．これを関数 $y = kx$ と見たとき，定数 k はグラフの傾きであると同時に，$x=1$ における y の値を表していた．つまり，変数 y と x が比例していると仮定すれば，その商を取ることで得られる定数の意味は，

（ア）$x=1$ のときの y の値
（イ）x の値を 1 増加させたときの y の値の増加量

である．一般に，これら 2 つの意味は，まとめて「x の量 1 あたりの y の量」と表現される．

速さ　特に（イ）の意味を目立たせたい場合，**速さ**（rate）という表現が使われる．つまり，「x に対する y の速さは k である」のように表現される．

平均　商の意味の前提には，比例という関係が仮定されている．にもかかわらず，実際には比例していない場合も，とりあえずその 2 つの変数が比例しているという前提で商を計算することが多い．そして，このような前提の下に計算していることを明示する表現が**平均**（average）である．必ずしも比例するとは限らない変数 y の x に対する商の意味を，とりあえず比例していると考え取っていることを「y の x に対する平均」と表現するのである．

なお，必ずしも比例するとは限らない 2 つの変数の割り算の結果について，平均という表現を用いずに説明を行うことは，よくあることであり，ときにこれが計算結果の理解を妨げるこ

とがある．また，とりあえず比例していると考えるのではなく，より厳密に商の意味を取れるよう除法を拡張した計算手法もあるが，これは**微分**（differential）と呼ばれる．

> **例 96** 距離，速さ，時間の関係は一般に
>
> $$速さ = \frac{距離}{時間}$$
>
> と書かれるが，この式は距離が時間に比例することを示す式であり，暗に速さが一定であることを要求している．しかし，現実には速さが一定ではない運動が一般的なことから，これを「平均の速さ」と表現することも多い．

対称性と推移性

対称性 AがBとPという関係にあるならば，BがAとPという関係にある，つまり，AとBを入れ替えても同じPという関係を満たすとき，関係Pは**対称性**（symmetric）を持つと表現される．

推移性 AがBとPという関係にあり，さらにBがCと同じくPという関係にあるならば，AがCとPという関係を満たすとき，関係Pは**推移性**（transitivity）を持つと表現される．

比例・反比例と対称性 比例・反比例という関係は共に対称性を満たす．つまり，xがyと比例（反比例）するなら，yはxと比例（反比例）する．

比例・反比例と推移性 比例は推移性を満たすが，反比例は満たさない．xがyと反比例し，yがzと反比例するならば，xはzと比例し，反比例という関係を満たさないからである．

> **問 65** xがyと比例し，その比例定数がkのとき，yがxに比例することを確かめ，その比例定数を求めよ．また，反比例の場合も同様にせよ．

> **問 66** xがyと比例し，その比例定数をkとする．またyがzと比例し，その比例定数をlとしよう．xがzに比例することを示し，その比例定数を求めよ．

> **問 67** xがyと反比例し，その比例定数をkとする．またyがzと反比例し，その比例定数をlとしよう．xがzに比例することを示し，その比例定数を求めよ．

第 11 講　比例・反比例と比

比

定数 p, q に対して，商 p/q を p の q に対する**比**（ratio）と呼び，

$$\frac{p}{q} = p : q \quad \left(\frac{p}{q} = q : p \text{ と定めることもある}\right)$$

のように記号「:」を p, q の間に挟み表現する．従って，$y_1 : x_1 = y_2 : x_2$ は

$$\frac{y_1}{x_1} = \frac{y_2}{x_2}$$

と同じことであり，容易に

$$x_1 : x_2 = y_1 : y_2, \tag{11.7}$$

$$y_1 x_2 = x_1 y_2 \tag{11.8}$$

となることがわかる．特に式（11.8）は比の計算を行う上でよく使われる等式であり，この式を「外項の積と内項の積が等しい」と表現することが多い．

いま，変数 y が x に比例しており，$x = x_1, \cdots, x_n$ のとき，y はそれぞれ $y_1, \cdots, y_n$ になるとする．このとき，等式

$$\frac{y_1}{x_1} = \frac{y_2}{x_2} = \cdots = \frac{y_n}{x_n}$$

を比の記号「:」を用いて

$$x_1 : x_2 : \cdots : x_n = y_1 : y_2 : \cdots : y_n$$

と書くことがあるが，これは式（11.7）を拡張した表記である．

例 97（三角形の相似） 2 つの三角形が相似であるとは，それぞれの三角形の三辺の長さを適当に並べ替えた値である p, q, r と x, y, z が

$$p : q : r = x : y : z$$

となることである．

問 68 2 つの n 角形が相似であることを比を使って説明せよ．

演習問題

A82 x と y の関係を式で表示し，その関係を図示せよ．

(1) y と x は比例し，$x = 1$ のとき $y = 2$ である．

(2) y は x に反比例し，$x = \frac{2}{3}$ のとき $y = \frac{1}{2}$ である．

(3) y と $x - 3$ は比例し，$x = -11$ のとき $y = 12$ である．

(4) $y - 3$ は x に比例し，その比例定数は 4 である．

(5) $2y - 6$ と $2x - 2$ は反比例し，$x = 5$ のとき $y = 5$ である．

(6) y は $x - 1$ の 3 乗に比例し，その比例定数は 27 である．

(7) y の平方根は，$x - 3$ の 2 乗に反比例し，$x = 4$ のとき，$y = 1$ である．

A83 以下に答えよ．

(1) y は x に比例し，$x = 5$ のとき $y = 5/7$ である．また z は y に比例し，$y = 2$ のとき $z = -6$ である．z と x の関係を説明せよ．

(2) オーム（Georg Simon Ohm, 1789 – 1854）の法則によると，電圧 E，電流 I と抵抗 R の関係は $E = RI$ と表せる．つまり，抵抗が一定のとき電圧は電流と ア し，電流が一定のとき，抵抗は電圧と イ である．ア，イ に適切な語を入れよ．また，抵抗と電流の関係を同様に説明せよ．

A84 x, y を求めよ．

(1) $2 : 5 = x : 15$
(2) $2/3 : x = 3/7 : 3/8$
(3) $\sqrt{2} : \sqrt{3} = \sqrt{6} : x$
(4) $p : q + r = x : 2$
(5) $1 : 2 : 3 = 4 : x : y$
(6) $x : 5 : y = 5 : 2 : 6$

A85 y を x の式で表せ．また，その式中に含まれる定数が持つ意味を説明せよ．また，その式が成立すると判断した理由を説明せよ．

(1) 3 リットルのガソリンで 36 km 走れる自動車は x リットルで y km 走れる．

(2) 縮尺 25,000 分の 1 の地図上の A 地点から B 地点までの距離は 14 cm である．この地図上で x cm の距離は y m である．

A86 坂を球が転がり始めてから x 秒間に転がる距離を y m としたとき，その間に $y = 2x^2$ の関係があるとする．このとき，球が転がり始めて 3 から 5 秒間の平均の速さはいくらか．

A87 相似な 2 つの三角形の一方の辺の長さはそれぞれ 2, 3, 4 であり，もう 1 方の三角形の辺の長さの 1 つは 8 だとする．もう 1 方の残りの 2 辺の長さを求めよ．

第 11 講　比例・反比例と比

B68 歯数が 36 の歯車 A と，歯数が x の歯車 B がかみ合って回転しており，A が毎分 50 回転するとき，B は y 回転する．
(1) y を x の式で表せ．また，その式に現れる定数の意味が何かを答えよ．
(2) 歯車 B の歯数が 60 のとき，B は 1 分間に何回転するか．
(3) 歯車 B を毎分 25 回転させたいとき，B の歯数をいくらにすればよいか．

B69（**黄金比・白銀比・青銅比**）　正の値 a, b に対して，$a : b = b : (a+b)$ が成り立つとき，比 $b : a$ を **黄金比**（golden ratio）と呼ぶ．

(1) 黄金比 $\phi = b : a$ を求めよ．
(2) A4, B5 用紙の縦と横の長さの比は白銀比と呼ばれる．白銀比について調べその比を求めよ．
(3) 青銅比について調べ，その比を求めよ．
(4) $\phi = 1 + \cfrac{1}{1 + \cfrac{1}{1 + \cfrac{1}{1 + \frac{1}{\cdots}}}}$ を示せ．
(5) 計算機を用いて近似計算を行い (4) を確かめよ．

C34（**同値関係**）　A と B にある関係 $\sim$ があることを $A \sim B$ で表そう．関係 $\sim$ は以下の 3 条件を満たすとき，**同値関係**（equivalence relation）と呼ばれる．

(P) $x \sim x$　　(Q) $x \sim y$ ならば $y \sim x$　　(R) $x \sim y, y \sim z$ ならば $z \sim x$

以下に答えよ．
(1) 比例の関係は同値関係であり，反比例はそうではない理由を答えよ．
(2) 友達関係は同値関係か否かをその理由と共に答えよ．
(3) 図形の相似関係は同値関係か否かをその理由と共に答えよ．
(4) 結局同値関係とはどのような関係なのだろうか．考察してみよ．

相関図【コラム：記述統計の基礎 XI】

異なる試験，もしくは実験を同じ集団に試み，それにより得られたデータを比較しよう．ただし，今回は，実験を適用した集団の特性に興味があるのではなく，異なる試験，もしくは実験の間に成立する関係に興味があるとする．例えば，英語が得意な学生は，数学も得意なことを確かめる試験などを思い描けばよい．

下の表はある英語と数学の試験結果の一部である．番号は学生ひとりひとりに対応しており，例えば 1 番の学生は，英語 78 点で数学 70 点だったことを意味している．

番号	1	2	3	4	5	6	7	8	9	10	11	12	13	14	15
英語	78	46	60	84	46	78	48	26	34	28	44	24	12	10	50
数学	70	40	80	80	20	60	0	50	40	30	30	50	10	10	60

この表のままでは，英語と数学の点の関係がわかりにくい．そこで，縦軸に英語の成績，横軸に数学の成績を取り，各学生の試験結果を点で表した図 11.3 を描く．

図にある点は全体として右肩上がりであり，数学の点数がよい学生は概して英語の点数もよいことがすぐに見て取れる．

このようなデータの間に成立する関係を見る目的で描かれる図を **相関図**（correlation diagram），もしくは **散布図** と呼ぶ．

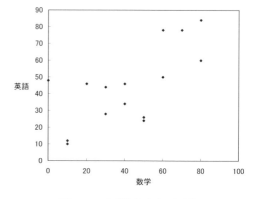

図 11.3　相関図（正の相関）

さて，相関図を描くことで，上で挙げた 15 人の学生については，英語の点数がよい学生は数学の点数もよいことがわかった．では，英語の成績がよいから数学の成績がよいのだろうか．それとも数学の成績がよいから英語の成績がよいのだろうか．

英語と数学では，どちらが原因でどちらが結果なのかはよくわからない．つまり，互いが互いに影響を及ぼしあう関係であると考えられる．このように相互に影響を及ぼし合う関係を **相関関係**（correlation）[a] と呼ぶ．

問 69 以下の心拍数に関するデータについて，相関図を描け．

番号	1	2	3	4	5	6	7	8	9	10	11	12	13	14	15
安静	69	69	75	69	60	54	57	69	66	63	60	48	54	60	60
立位	69	69	78	81	63	66	60	81	72	63	69	60	60	69	72

---

[a] どちらかが原因，どちらかが結果となる関係のことを **回帰関係**（regression）と呼ぶ．「風が吹けば桶屋が儲かる」は回帰関係の一例である．

恒真式と論理【コラム：数理論理の基礎 XI】

論理式 $P \vee (\neg P)$ の真理値表は

P	$P \vee (\neg P)$
1	1
0	1

であり，命題 P が真偽いずれであっても論理式は恒に真である．このような，論理式を構成する元になっている命題の真偽にかかわらず，恒に真となる論理式を**恒真式**（tautology）と呼ぶ．逆に，論理式 $P \wedge (\neg P)$ のような，論理式を構成する元となる命題の真偽にかかわらず，恒に偽となる論理式は**恒偽式**（contradiction）と呼ばれる．恒真式（恒偽式）の否定が恒偽式（恒真式）であることはほぼ明らかである．

例 98 命題 P を「大学生である」としよう．このとき恒真式 $P \vee (\neg P)$ は「大学生であるか，もしくは大学生ではない」であり，明らかに正しい．また，恒偽式 $P \wedge (\neg P)$ は「大学生であり，かつ大学生ではない」となり，これはあきらかに矛盾（偽）である．

このように恒真式（恒偽式）の中には，考えるまでもなく明らかに正しい（誤っている）ものがあり，英単語 tautology（contradiction）も確かに同様の意味で使われることがある．

例 99 恒真式 $P \vee (\neg P)$ を否定してみよう．ド・モルガンの法則と，否定の否定は肯定であることにより，
$$\neg(P \vee (\neg P)) \equiv (\neg P) \wedge (\neg(\neg P)) \equiv P \wedge (\neg P)$$
である．つまり恒真式 $P \vee (\neg P)$ の否定は恒偽式 $P \wedge (\neg P)$ である．

恒真式と妥当（論理的）な思考の間には次の関係が成立する．

定理 命題 $P, Q, R, \ldots, X$ に対して，論理式 $(P \wedge Q \wedge R \wedge \ldots) \Rightarrow X$ が恒真式となる必要十分条件は，$\{P, Q, R, \ldots\} \models X$ である．

証明．論理積の性質から，命題 $P, Q, R, \ldots$ が真ならば，命題 $P \wedge Q \wedge R \ldots$ も真となる．さらに，論理式 $(P \wedge Q \wedge R \wedge \ldots) \Rightarrow X$ が恒真式であることから，前提 $P \wedge Q \wedge R \ldots$ が真のとき，結論 X は必ず真となる．つまり，$(P \wedge Q \wedge R \wedge \ldots) \Rightarrow X$ の条件の下，$\{P, Q, R, \ldots\} \models X$ が成立する．逆もほぼ同様である． (証明終)

つまり，妥当（論理的）な思考に対応する論理式は，恒真式でなければならない．

問 70 例 91 (P. 109) で取り上げた論理式 (10.8) が恒真式であることを示せ．

以下，代表的な妥当（論理的）な思考に対応する恒真式を具体的に与え，「論理的であること」への理解を深めていこう．

第 12 講　割合と単位

第 11 講で，比例する変数 y と x に対して商 y/x の意味が「x の量 1 あたりの y の量」であることを解説した．これは x の量 1 を基準として y を測っていることだと言い換えてもよいだろう．測るための基準となる量は一般に**単位**（unit）と呼ばれることから，商を計算する意味は x を単位として，y を測ることだと言い換えることができる．

ところで，測るとき，何を基準にして測るのか，言い換えるならば単位を何にするのかは，そのときどきの状況に応じて変化する．では，同じものを異なる単位で測るとき，これら 2 つの異なる単位の間にはどんな関係があるのだろうか．まずはこの問題を取り上げよう．

単位の変換

まず，x_1 を単位としたときの y の量は y/x_1 であり，別の x_2 を単位としたときの y の量は y/x_2 である．いま，変数 y は異なる 2 つの変数 x_1, x_2 に比例すると仮定しているのだから，その比例定数をそれぞれ k_1, k_2 とおくと，$y/x_1 = k_1$, $y/x_2 = k_2$ より，

$$\frac{x_2}{x_1} = \frac{k_1}{k_2} \qquad (12.1)$$

である．k_1, k_2 は定数なので，k_1/k_2 ももちろん定数であり，これは変数 x_2 と x_1 が比例することを示している[*1]．従って，x_2/x_1 は，x_1 を単位としたときの x_2 の量を表しており，式 (12.1) の両辺に x_1 を掛けた

$$x_2 = \frac{k_1}{k_2} x_1$$

が単位を変換する式である．

> **例 100**　本書執筆時点において，1 ドル約 113 円で，1 ユーロ約 134 円である．y を円，x_1 をドル，x_2 をユーロだとすると，$y/x_1 \fallingdotseq 113$, $y/x_2 \fallingdotseq 134$ である．従って，ドルをユーロに換算する式は
>
> $$x_2 \fallingdotseq \frac{113}{134} x_1 \fallingdotseq 0.84 x_1$$
>
> である（例 57 参照）．

[*1] 第 11 講では比例のこの性質を**推移性**と呼んだ．

第 12 講　割合と単位

割　合

ある量 x と別の量 y を比較する，言い換えるならば，定数 x と別の定数 y を比較するために，

$$\frac{y}{x} \cdot n \qquad (12.2)$$

により計算される値が**割合**（proportion）である．ただし，$n > 0$ はそのときどきに応じて異なる数が使われるが，一般には $10^0 = 1, 10^1 = 10, 10^2 = 100, \cdots$ などの 10 の低いべきが使われる．また，分母には基準とするものに対応する量を取る．

多くの場合，n として $10^0 = 1$，もしくは $10^2 = 100$ が使われるが，$n = 100$ の場合の割合を**百分率**（percentage）と呼び，値の後ろに「%」，もしくは「ppc」をつけて表す．

例 101 企業の本年度の売上高と前年度の売上高の比較は

$$\frac{本年度売上高}{前年度売上高} \times 100 \,(\%)$$

により計算される値を用いることが多い．

式（12.2）の意味を考えよう．無関係なものを比較する意味はない．従って，x と y には何か関係があるはずなので，とりあえず最も単純な関係である比例関係を仮定することはそれほど不自然ではない[2][3]．このとき，式（12.2）により計算される値は，「x の量 n あたりの y の量」となる．このように，量 x と y の間に比例関係を仮定して初めて割合は意味を持つ．

単位記号

分子・分母が異なる単位の場合　　割合は，何を単位としているのかを明示する単位記号と共に記されることが多い．量 x と y の単位が異なる[4]場合，割合の計算は，式（12.2）の n を 1 とすることが多く，その単位記号は

$$y の単位記号/x の単位記号 \qquad (12.3)$$

と記されることが多い．

---

[2] どんな関係があるのか明確にわかっていれば比較する意味はほとんどない．また，比例関係があり得ないのであればそもそも式（12.2）で比較すべきではない．

[3] 実際にはそうならない場合でも，とりあえずそのように考える．例 101 はそのような例である．ある年度内の一定期間の売上高が常に前年度内の同じ一定期間の売上高に比例するはず，というのは少し言い過ぎである．

[4] 量 x と y が異なる単位で測られた値だということ．x と y が異なる単位を持つ，といってもよい．

例 102（密度） 密度（density）とは粗密の度合いを表す言葉であり，単位体積，面積，長さあたりの，ある量の割合を示す言葉である．科学的には，単に密度といったとき，体積あたりの質量がその意味である．体積の単位が m^3，質量の単位が kg のとき，その単位は

$$kg/m^3$$

と記される．人口密度は面積あたりの人の数がその意味であり，通常，面積の単位を km^2 として計算する．従って，その単位は

$$人/km^2$$

と記される．

分子・分母が同じ単位の場合 量 x と y の単位が同じ場合，割合の計算は，式（12.2）の n を計算結果がわかりやすくなるように選び，行われることが多い．その単位記号は，$n = 100, 1000, \cdots$ のとき，表 12.1 の通り[*5]になるが，$n = 1$ の場合，単位記号は記されない[*6]．

表 12.1 割合の単位

n	呼び方	単位
10^2	百分率 (percent)	ppc (%)
10^3	千分率 (permil)	‰
10^4	basis point	bp
10^6	百万分率 (parts per million)	ppm
10^9	parts per billion	ppb
10^{12}	parts per trillion	ppt

例 103（円周率） 円周の長さは円の直径に比例する．その比例定数，つまり直径に対する円周の長さの割合，が **円周率** である．第 4 講で述べた通り，円周率は代表的な無理数であり，ギリシア文字 π で表され，その近似値は 3.14159 である．円周率は長さの比であることから，その値に単位は付記されない．

[*5] 最近では分析技術の進歩により，残留農薬の濃度や食品添加物の量などをあらわす際，ppm, ppb, ppt などの単位をみかけるようになった．

[*6] 例えば，単位が g のとき，単位記号は式（12.3）に従うと g/g であり，見かけ上，1 に等しい．これが単位記号が記されない理由だと考えればよい．

第 12 講　割合と単位

例 104（濃度） 濃度（concentration）とは溶液や混合気体・固溶体などに含まれる，ある成分の全体に占める割合を表す言葉である．質量（重量）濃度といった場合には，分母を質量（重量）で表し，体積（容量）濃度といった場合には，分母を体積（容量）で表す．重量濃度の場合，分子の単位は分母の単位と揃えることが多い．例えば，5g の食塩を含む 100g の食塩水の濃度は

$$\frac{5}{100} \times 100 = 5\,\%$$

である（正確には**重量パーセント濃度**と呼ぶ．また，単位は wt% と書くこともある）．

例 105（防御率） n として 10 のべき以外が選ばれている例として，野球の**防御率**がある．通常，

$$防御率 = \frac{自責点}{投球回} \times 9 \qquad (12.4)$$

であり，9 を掛けるのは，1 試合が通常 9 回だからである．式 (12.4) の意味は「9 回あたりの自責点」であり，1 試合は 9 回だから，「1 試合当たりの自責点」という意味となる．

単位の位置　単位記号は普通，対応する値の後ろに半角のスペースを空け，ローマン体で記される．

$$100\,\%, \quad 100\,\mathrm{g}, \quad 42.195\,\mathrm{km}$$

ただし，丸括弧「()」の中に単位を記すこともある．また，特に記号「%」は，半角のスペースを空けずに記されることが多い．

百分率表現の誤用

「本年度の売上高は昨年度比 80% の予想だったが，そこから 10% 改善して 90% が最終の売上高であった」は間違った表現である．どこがおかしいのだろうか．

値 x を昨年度の売上高だとしよう．本年度の予想売上高は，昨年度比 80% なので $0.8x$ であり，この額から 10% 改善したのだから，

$$0.8x + 0.1 \times 0.8x = 0.88x$$

が本年度の実際の売上高である．つまり実際の売上高は前年度比 88%（$\neq$ 90%）である．

この場合は，「本年度の売上高は昨年度比 80% の予想だったが，そこから 10 ポイント（パーセントポイント）改善して 90% が最終の売上高であった」のように，**ポイント**（point），もしくは**パーセントポイント**（percentage point）という表現を用いる．

確　率

事象　硬貨を投げたとしよう．床に落ちた硬貨は表を向いているか，裏を向いているかのどちらかだろう．このような，ある事情（硬貨を投げた）のもとで，現実に現れる出来事（表が出るか，裏が出るか）のことを**事象**（event）と呼ぶ．

確率　同じ硬貨を前に投げたのとは全く無関係に投げる．このように前の試行が次の試行に影響を与えないことを試行が**独立**（independence）だという．

独立な試行を続けよう．十分な回数硬貨を投げれば，

$$\frac{\text{表の出る回数}}{\text{硬貨を投げた回数}} \simeq \frac{1}{2}$$

となり[*7]，回数を増やせば増やすほど，その差は無くなる[*8]だろう．つまり，十分な試行のもとで，表の出る回数は硬貨を投げた回数に比例すると考えてよく，その比例定数は $\frac{1}{2}$ となる．

このように，独立な試行を十分な回数繰り返すことで，ある特定の事象が起きる回数が，試行の回数にほぼ比例することが期待できるとき，その比例定数（割合）

$$\frac{\text{特定の事象が起きた回数}}{\text{独立な試行の回数}}$$

を，その事象が起こる**確率**（probability）と呼ぶ．つまり，硬貨の例では，表の出る確率は $\frac{1}{2}$ である．確率は割合の一種であり，形式的には，全体の試行を 1 としたとき，その中の特定の事象が起きる頻度，という意味を持つ値である．

さて，試行により起こる事象が $h_1, h_2, \cdots, h_n$ のどれかしかないとし，事象 h_i ($i = 1, 2, \cdots, n$) が起きる確率を p_i だとする．このとき，次の 2 つが成立することはほとんど明らかだろう．

$$0 \leq p_i \leq 1, \tag{12.5}$$

$$p_1 + p_2 + \cdots + p_n = 1. \tag{12.6}$$

例106　式（12.5）と式（12.6）が成立することを硬貨の例でみてみよう．式（12.5）は，

$$0 < \text{表が出る確率} = \text{裏が出る確率} = \frac{1}{2} < 1$$

から明らかである．また，式（12.6）は以下の通りである．

$$\text{表が出る確率} + \text{裏が出る確率} = \frac{1}{2} + \frac{1}{2} = 1.$$

[*7] 第 6 講より，「$\simeq$」は漸近的に等しいことをあらわす関係演算子だった．
[*8] このことを**大数の法則**と呼ぶ．

演習問題

A88 単位を変換する式を作れ．

(1) 里と mile (ml). ただし，1 里は 3927.2 km であり，1 ml は 1609.344 km である．

(2) 坪と acre (ac). ただし，1 坪は 3.305785 m^2 であり，1 ac は 4046.8564224 m^2 である．

(3) 貫と pound (lb). ただし，1 貫目は 3.75 kg であり，1 lb は 0.45359237 kg である．

A89 変換せよ．

(1) x 秒 = y 時間 = z 分 = 1 日 = w 年

(2) x 秒 = 1.25 時間 = y 分 = z 日 = w 年

(3) x mg = y g = z kg = 1.7 t

(4) 2.5 mg = x g = y kg = z t

(5) x mm = y cm = z m = 0.4255 km

(6) x mm = y cm = 3/5 m = z km

(7) 23 mL = x L = y kL = z cm^3

(8) 4525 mm^2 = x cm^2 = y m^2 = z km^2

(9) x mm^3 = y cm^3 = 3.24 m^3 = z km^3

(10) 時速 1.4 km = 分速 x m = 秒速 y cm

(11) 秒速 x m = 分速 630 m = 時速 y km

(12) 時速 60 km = 秒速 x m

A90 割合を計算せよ．

(1) 定価 1000 円に対して，売価 750 円の場合の割引率

(2) 原価 9400 円に対して，売価 12000 円の場合の利益率

(3) 15 回の授業の内，12 回出席した場合の出席率，欠席率

(4) 270 人の登録者の内，162 人出席した場合の出席率，欠席率

(5) 体重 60 kg 中，脂肪が 4 kg の場合の体脂肪率

(6) 60 kg の体重が 63 kg になった場合の体重の増加率

(7) 売上 2500 万円が 1500 万円になった場合の減少率

A91 以下を計算し，単位記号と共に答えよ．

(1) 体重（kg）を身長（m）の平方で割った値を BMI と呼ぶ．身長 170 cm で体重 70 kg の人の BMI を求めよ．

(2) 単位体積（cm^3）あたりの骨の重さ（g）を骨密度と呼ぶ．10 mm^3 の骨が 9 mg だった場合の骨密度を求めよ．

(3) 速度（m/s）の増加量を時間（s, 秒）で割った値を加速度と呼ぶ．5 秒間で速度が 20 m/s 増加した場合の加速度を求めよ．

(4) 120 m/分 のジョギングを 6 km 行った場合の消費カロリーが 410 kcal のとき，単位時間（h, 時間）あたりの消費カロリー（kcal）を求めよ．

A92 以下のアからオに正しい数値を入れよ．

(1) 箱根登山電車は 80‰ もの勾配（第 14 講参照）を登る電車である．これは 12.5 m 水平に移動する間に ア m も上昇することを意味する．

(2) 日本の 2008 年 11 月の政策金利は 0.30% だったが，翌月には 20 bp 下げられ，以後 3 年間変化していない．つまり，2011 年 12 月時点の日本の政策金利は イ % である．

(3) 大気中に含まれる光化学スモッグが 0.240 ppm 以上の場合，光化学スモッグ警報が出されることがある．これは東京ドームの一杯の大気（$1{,}240{,}000 \text{ m}^3$）に ウ m^3 以上の光化学スモッグが含まれている場合に相当する．

(4) 日本の水道水に含まれるヒ素の量は 10 ppb 以下でなければならない．これは 100 kg の水にヒ素が エ g 以下でなければいけないことを意味している．

(5) 平成 9 年の厚生労働省による調査によると，米に含まれるダイオキシン類は約 0.002 ppt である．つまり，30 kg の米に約 オ g のダイオキシン類が含まれていたことになる．

A93 以下に答えよ．

(1) 完全失業率が前月比 0.2 ポイント低下して 4.1% になったとする．このとき，完全失業率は前月から何パーセント減ったことになるか．

(2) 有効求人倍率が前月から 0.2% 改善したとする．このとき，有効求人倍率は何ポイント改善したことになるか．

A94 サイコロを 2 回振って出た目の数を足し合わせた数を X とする．

(1) このとき実現しうる X の値とその確率を全て求めよ．

(2) 上で求めた確率を全て足し合わせると 1 になることを確かめよ．

A95 以下に答えよ．

(1) サイコロを 2 つ投げたとき，どちらも奇数の目が出る確率を求めよ．

(2) サイコロを 2 つ投げたとき，出た目の和が 3 の倍数となる確率を求めよ．

(3) 赤玉 4 個と白玉 5 個を左右 1 列に並べる．赤 3 個が隣り合う確率を求めよ．

(4) 12 人を 6 人ずつの 2 グループに分ける．特定の 2 人が同グループになる確率を求めよ．

(5) 赤玉 3 個と白玉 5 個が入った袋から無作為に 3 個取る．3 個共に白となる確率を求めよ．

(6) 囲碁の棋士 A が棋士 B に勝つ確率は 3/5 である．A，B が 5 回戦ったとき，A がちょうど 3 回勝つ確率を求めよ．

(7) サイコロを続けて 4 回投げるとき，1 の目が少なくとも 1 回出る確率を求めよ．

第 12 講　割合と単位

B70 以下に答えよ．（濃度算）

(1) 76 g の水に 4 g の食塩を溶かして食塩水を作った．この食塩水の濃度は何 % か．

(2) 食塩の濃度が a % である食塩水 200 g に食塩を 10 g 加えた食塩水の濃度は何 % か．

(3) 5% と 8% の食塩水を混ぜてできた食塩水に水を 300 g 加えたら 3% の食塩水 600 g になった．このとき，混ぜる前の 5% と 8% の食塩水の量はそれぞれいくらか．

(4) 濃度が p % である食塩水 100 g に濃度が q % の食塩水となるように r % の食塩水を加える．r % の食塩水は何グラム必要か．

B71 以下に答えよ．

(1) ある商品の 1 箱当たりの原価は 2000 円である．原価の x% を利益としてのせた価格で販売したところまったく売れなかった．そこで，その価格の x% を割り引いて販売したところ，1 箱あたり 245 円の損が出た．x はいくらか．（損益算）

(2) 家からスーパーまで 1500 m あり，初めは分速 120 m で歩いていたが，途中から分速 150 m で歩いた．その結果，家からスーパーまで 12 分で着いた．分速 120 m で歩いたのは何分か．（速度算）

(3) 縦 50 cm，横 40 cm の水槽がある．いま深さ 60 cm まで水が入っている．この水槽の底にある排水溝から水を毎分 3000 cm^3 ずつ流す．分速何 cm の速さで水面が下がっていくか．また，水深が 9 cm になるのは何分後か．（速度算）

(4) 人口が 5000 人の A 町では 65 歳以上人口が 3500 人である．一方，人口が 7500 人の B 町では 65 歳以上人口が 5100 人である．A 町と B 町は，それぞれ全人口の何 % が 65 歳以上か．

B72 以下に答えよ．

(1) ある商品 1 個あたりの値段を 200 円とする．この価格のもとで，1 日あたりの販売数は常に 10000 個である．商品の価格を x % 値上げすると，販売数は常に $0.4x$ % 減少する．商品の総売上額を最大化するのに必要な商品の値上げ率を求めよ．

(2) 底面積が 50 cm^2 の水槽に水を入れ，氷を浮かべた．水面の高さは 12 cm であり，水面上に出ている氷の体積は 210 cm^3 だった．氷が全て溶けたとき，水面の高さは 15 cm になったとして，最初に入れた水の体積を求めよ．ただし，氷が溶けて水になると，その体積は 11/12 になるものとする．

B73 事象 A，B の独立性を判定せよ．

(1) 事象 A の起こる確率が 4/15，事象 B の起こる確率が 5/24，事象 A と B が共に起こる確率が 3/18 の場合

(2) ジョーカーを除く 52 枚のトランプから続けて 2 枚のカードを引いたとして,「1 枚目がスペードである」事象を A,「2 枚目がキングである」事象を B と置いた場合

(3) ジョーカーを除く 52 枚のトランプから続けて 2 枚のカードを引いたとして,「1 枚目がスペードである」事象を A,「2 枚目がハートである」事象を B と置いた場合

B74 **（期待値）** 以下に答えよ．

(1) 期待値（expected value）について調べよ．

(2) 偏りのない 1 から 6 の目を持つサイコロの期待値を求めよ．

(3) 50 円硬貨 3 枚と 100 円硬貨 3 枚を投げ，表が 3 枚以上出たら表の出た硬貨を全て貰えるとする．貰える金額の期待値を求めよ．

(4) 数列 $x_1, x_2, \ldots, x_n$ から無作為に数を 1 つ選ぶ．選ばれる数の期待値を求めよ．

(5) (4) で求めた値を E と置く．数列 $(x_1 - E)^2, (x_2 - E)^2, \ldots, (x_n - E)^2$ を作り，この数列から無作為に数を 1 つ選ぶ．選ばれる数の期待値を求めよ．

C35 国際単位系について調べよ．

C36 日本における尺貫法について調べ以下に答えよ．

(1) 1 メートルを，単位，里，町，間，丈，尺，寸に変換せよ．

(2) 1 平方メートルを，単位，町，反，畝，坪，合，勺に変換せよ．

(3) 1 立方メートルを，単位，石，斗，升，合，勺に変換せよ．ただし，江戸升と（新）京升の双方を考慮に入れよ．

(4) 1 キログラムを，単位，貫，斤，両，匁に変換せよ．

C37 **（二項分布）** 以下に答えよ．

(1) 成功する確率が p の独立な試行を n 回行う．n 回のうち k 回成功する確率を求めよ．（このようにしてできる，成功する回数とその確率の対応は**二項分布**と呼ばれる）

(2) $p = 0.5$ とする．$n = 5, 10, 15, 20, 30$ に対応する二項分布を表で与えよ．

(3) 二項分布の期待値が np となることを示せ．

(4) 確率分布の分散について調べよ．

(5) 二項分布の分散が $np(1-p)$ となることを示せ．

第 12 講　割合と単位

相関，回帰関係と比例【コラム：記述統計の基礎 XII】

　異なる試験，もしくは実験を同じ集団に試み，その結果得られたデータから，これらの試験，もしくは実験間の関係を導くために使う図が相関図であり，そのようにして得られる関係が，相関関係，もしくは回帰関係だった．

　第 11 講で指摘した通り，比例・反比例は単純かつ重要な関係であり，特に，その中でも比例は，推移性と呼ばれる性質を持つ，最も重要な関係である．従って，考えている相関，もしくは回帰関係が，どの程度比例と近いのかが重要な関心事となる．

　相関，回帰関係に対して使われる，**正の相関**と**負の相関**という表現はまさにこの考え方に対応している．図 12.1 は，コラム「相関図」で取り上げた英語と数学の試験結果であり，図 11.3 の再掲である．

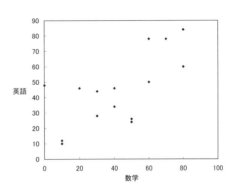

図 12.1　相関図（正の相関）

　この図は全体として右肩上がり，つまり英語と数学の点数の間に，どちらかといえば比例定数が正の比例関係に近い関係がある．このとき，英語と数学の点数は正の相関関係にある，という言い方をする．

　逆に，図 12.2 のように，グラフが全体として右肩下がりの，比例定数が負の比例関係に近い関係が，負の相関関係だと表現される場合である．そして，図 12.3 のような全く関係性の見て取れない図に対しては，**相関関係なし**，もしくは**無相関**という言い方をする．

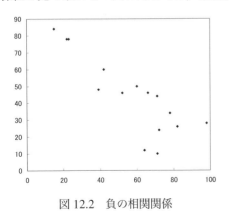

図 12.2　負の相関関係

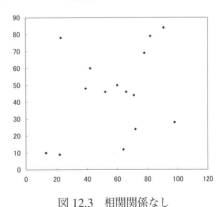

図 12.3　相関関係なし

　つまり，**正の相関，負の相関関係とは，比例関係の拡張**である．ゆえに，正の相関，負の相関関係がどの程度厳密な比例関係と近いのかが次の重要な関心事となる．次のコラムでは，この近さを測る値である**相関係数**について取り上げることにしよう．

正格法【コラム：数理論理の基礎 XII】

論理式 $((P \Rightarrow Q) \land P) \Rightarrow Q$ は，真理値表

P	Q	$P \Rightarrow Q$	$(P \Rightarrow Q) \land P$	$((P \Rightarrow Q) \land P) \Rightarrow Q$
1	1	1	1	1
1	0	0	0	1
0	1	1	0	1
0	0	1	0	1

より，恒真式である．この恒真式に対応する妥当な思考（以下，論理）を**正格法**（modus ponendo ponens），もしくは**肯定式**と呼ぶ．

例 107 「カンニングをすれば厳しい処分が科される．カンニングをした．従って，厳しい処分が科される」は正格法による論理的な思考である．

負格法【コラム：数理論理の基礎 XIII】

恒真式 $((P \Rightarrow Q) \land (\neg Q)) \Rightarrow (\neg P)$ に対応する論理を**負格法**（modus tollendo tollens），もしくは**否定式**と呼ぶ．

例 108 「飲酒は 20 歳からである．18 歳である．従って，飲酒できない」は負格法による論理的な思考である．

問 71 論理式 $((P \Rightarrow Q) \land (\neg Q)) \Rightarrow (\neg P)$ が恒真式であることを確かめよ．

仮言三段論法【コラム：数理論理の基礎 XIV】

恒真式 $((P \Rightarrow Q) \land (Q \Rightarrow R)) \Rightarrow (P \Rightarrow R)$ に対応する論理が**仮言三段論法**（hypothetical syllogism）である．

例 109 「大学生ならば 18 歳以上である．18 歳以上ならば自動車免許が取得できる．従って，大学生ならば自動車免許が取得できる」は仮言三段論法による論理的な思考である．

問 72 仮言三段論法の他の具体的な例を作れ．

選言三段論法【コラム：数理論理の基礎 XV】

恒真式 $((P \lor Q) \land (\neg P)) \Rightarrow Q$ に対応する論理を**選言三段論法**（disjunctive syllogism）と呼ぶ．

例 110 「彼は大学生，または大学院生である．彼は大学院生ではなかった．従って，彼は大学生である」は選言三段論法による論理的な思考である．

問 73 論理式 $((P \lor Q) \land (\neg P)) \Rightarrow Q$ が恒真式であることを確かめよ．

第 III 部

式と図形

　われわれが最初に学ぶ幾何学は初等幾何学である．初等幾何は，中世において自由人が学ぶべき教養とされた自由七科のうちの 1 つであり，その原型はユークリッド（Eὐκλείδης）が編纂したとされる『原論』（Στοιχεῖα）が含む幾何学である．

　初等幾何は，直観的な定義，公準から始まり，そこから，厳格な論証を積み重ねていく．直観的なところから始まること，そして，厳格な論理を学ぶ必要性から，最初に学ぶべきやさしい幾何学である．しかし同時に初等幾何は「難しい」幾何学だともいえる．

　なぜだろうか．

　これを端的に説明するよい表現は「幾何学に王道なし」であろう．これは『原論』の編纂者ユークリッド自身が，エジプト，プトレマイオス朝の初代王，プトレマイオス 1 世（Πτολεμαῖος Αʹ Σωτήρ，B. C. 367 – B. C. 282）に語ったと伝えられる（文献[15]参照）言葉である．初等幾何の問題を解く王道はない．すなわち，初等幾何では問題ごとに論証の仕方を見つけねばならず，ゆえに，膨大な量を学ばねば使い物にならない．このような意味で初等幾何は「難しい」幾何学なのである．

　これはどうにかならないのだろうか．第 III 部はこの疑問の一部に答えることを目標とする．

　第 II 部の終わりは「測る」ことについて解説した．従って，第 III 部は図形を「測る」ことから始める．ただし，この講の解説はこれまでと比べあいまいな説明に終始することになる．これは，この問題が今の段階では「難しい」初等幾何的な問題だからである．

　次講では，問題を解決するための道具として座標と三角関数を導入する．高等学校では，三角関数は三角比として導入される．しかし，本書では三角関数は角度と座標を変換する関数であるとの立場を取る．

　そして最終講は，「幾何学的に考え，代数的に解く」方法の初歩について解説することで，初等幾何の難しさを解消することについて，幾らかの知見を提供する．なお，「幾何学的に考え，代数的に解く」ことは，使う道具は変われども，現代でも最先端の数学の研究で用いる基本的，かつ強力な考え方である．

第 13 講　長さ・面積・体積

長さ，面積，体積は，図形を測ることにより得られる値であり，生活の様々な場面で目にする身近な値でもある．しかし，これらを実際に測る作業は，現実的にも，数学的な意味においてもかなり複雑な手順を踏まねばならない．

長　さ

長さ（length）とは 2 つの端点を持つ（ほとんどの）曲線に対して定められる量であり，基本的には，基準とする線分[*1]をいくつつなげれば，対象とする曲線が描かれるのかを表す量である．特に点の長さは 0 であり，いくつかの線分からなる折れ線ならば，それぞれの線分の長さを加えることでその長さを得ることができる．

では，図 13.1 のような曲線の長さはどのように定めるのだろうか．

図 13.1　曲線の長さ　　　　図 13.2　25 分割　　　　図 13.3　100 分割

実用的には，このような曲線の長さは，折れ線で近似して測る．図 13.2 と図 13.3 は図 13.1 をそれぞれ 25 個と 100 個の節を持つ折れ線で近似している．25 個の折れ線による近似では角が目立つが，100 個の折れ線による近似になると，元の曲線とほとんど見分けがつかない．このように，曲線を十分な節を持つ折れ線で近似し，近似した折れ線の長さをもって，曲線の長さが測れたと考えるのである．もちろん，折れ線の節の数は多ければ多いほどよい．

> **例 111（円周の長さ）**　円を折れ線（ここでは正 2^n 角形を取る）で近似してみよう．
>
> 数列 $C(n) = \cos(360/2^n)$ と置くと，三角関数の半角の公式より，$C(n)$ は次の初期値と漸化式で定まる（三角関数や余弦定理については第 14 講で取り扱う）．
>
> $$C(1) = -1, \quad C(n) = \sqrt{\frac{C(n-1)+1}{2}}.$$

[*1] 最もよく使われるのは 1m（メートル）や 1ft（フィート）だが，何を基準とするのかはその時々により異なる．実際 1ft は足の大きさにその由来を持つとされている．

第 13 講 　長さ・面積・体積

余弦定理を使うと，半径 r の円に内接する正 2^n 角形の周の長さ $L(n)$ は，

$$L(n) = 2^n r \sqrt{2 - 2C(n)}$$

で計算できる．実際に正方形，正 8 角形，正 16 角形，正 32 角形，正 4096 角形の周の長さの近似値は，

$$2.82842712475 \times 2r \quad (\text{正方形}),$$
$$3.06146745892 \times 2r \quad (\text{正 8 角形}),$$
$$3.12144515226 \times 2r \quad (\text{正 16 角形}),$$
$$3.13654849055 \times 2r \quad (\text{正 32 角形}),$$
$$3.14159234561 \times 2r \quad (\text{正 4096 角形})$$

のようになり，$r = 1/2$ とすれば急速に円周率 π に近づく．ここで，正 4096 角形の値は小数点以下 6 桁まで円周率と一致する．つまり，n を十分大きくすることで正 2^n 角形の周の長さは

$$2\pi r$$

であることがわかる．結局，円の周の長さは直径に比例し，その比例定数は π である．

このように，円は最も基本的な曲線だが，その周の長さを求めるのはかなり複雑な手順を踏まねばならない．

問 74 数列 $C(n)$ の第 12 項までの近似値を計算せよ．また，この値を基に，正 2^{12} 角形の周の長さの近似値を計算せよ．

面積

面積 (area) とは長さが有限の曲線に囲まれた（ほとんどの）面に対して定められる量であり，基本的には，基準とする面[*2]をいくつ並べれば，対象となる面をぴったりと覆えるのかを表す量である．

平面上に描かれた長方形（により囲まれた部分）の面積は，長方形の長辺と短辺の長さを掛けることで得られる[*3]．これは，積に関して分配法則が成り立つからである．また，長辺，短

[*2] 最もよく使われるのは 1m^2（平方メートル）である．
[*3] 短辺の長さの単位と，長辺の長さの単位はほとんどの場合同じだが，異なってもよい．例えば，部屋の広さを表す単位「畳（じょう）」は，たたみ（畳）何枚分の広さを表すが，畳の長辺と短辺の長さは異なる．

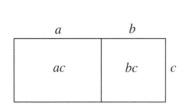

図 13.4　面積と分配法則

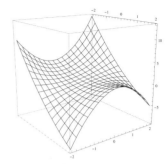

図 13.5　$z = \dfrac{x^2}{2} - xy^2 - \dfrac{x}{2} + y$ のグラフ

辺共に k 倍の長方形の面積は，元の長方形の面積の k^2 倍となることはほぼ明らかである．

面がいくつかの長方形にきれいに分割できるならば，それぞれの長方形の面積の和がこの面の面積となる．特に折れ線の面積は 0 となるが，これは，折れ線により近似される曲線の面積も 0 であることを意味する．

では，図 13.5 のような曲面の面積はどのように定めるのだろうか．

曲線の場合と同様，実用的にはこのような面の面積は，小さな長方形で面を近似することにより測られる．図 13.5 は，多くの小さな長方形を曲面上に描いている．これら全ての長方形の面積の和を，この面の面積だと考えればよい．もちろん，長方形の数は多ければ多いほどよい．

この面積の測り方から，例えば図 13.6 に描かれた 3 つの面の面積が等しいことが容易にわかる．また，辺の長さが k 倍の長方形の面積が k^2 になることから，各辺の長さが k 倍の面の面積は元の相似な面の面積の k^2 倍となることもわかる．

図 13.6　面積の等しい面

問 75　図 13.6 の 3 つの面の面積が等しくなることを，各面を適当な長方形の集まりで近似して説明せよ．

以下，このようにして測られた，いくつかの代表的な面積公式を列挙しよう．ただし，S で面積を表し，PQ を点 P と Q に挟まれた線分 PQ の長さとする．

第 13 講　長さ・面積・体積

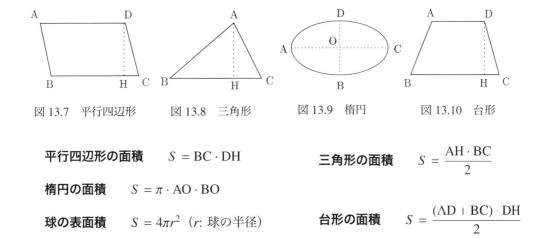

図 13.7　平行四辺形　　図 13.8　三角形　　図 13.9　楕円　　図 13.10　台形

平行四辺形の面積　　$S = BC \cdot DH$　　　　三角形の面積　　$S = \dfrac{AH \cdot BC}{2}$

楕円の面積　　$S = \pi \cdot AO \cdot BO$

球の表面積　　$S = 4\pi r^2$　(r: 球の半径)　　台形の面積　　$S = \dfrac{(AD + BC) \cdot DH}{2}$

問 76　三角形，平行四辺形，台形，楕円の面積が上記で与えられることを示せ．

問 77　半径 r の円に内接する正 2^n 角形の面積 $S(n)$ が，$C(n) = \cos(360°/2^n)$ に対して

$$S(n) = 2^{n-1} r^2 \sqrt{1 - C(n)^2}$$

となることを示せ．また，正 4096 角形の面積の近似値を計算し，円の面積と比較せよ．

問 78　**(ヘロンの公式)**　3 辺の長さがそれぞれ a, b, c の三角形の面積 S が，

$$S = \sqrt{s(s-a)(s-b)(s-c)}, \quad s = \frac{1}{2}(a+b+c)$$

となることを示せ．この式は，ヘロン (Ἥρων ὁ Ἀλεξανδρεύς, 10 頃 – 70 頃) の公式と呼ばれている．

体　積

　体積 (volume) とは面積が有限の曲面に囲まれた (ほとんどの) 立体に対して定められる量であり，基本的には，基準とする立体[*4]をいくつ使えば，対象とする立体を作れるのかを表す量である．

[*4] 最もよく使われるのは 1m³ (立方メートル) である．

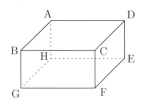 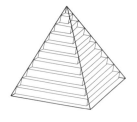 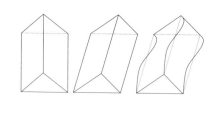

　図 13.11　直方体　　　　図 13.12　四角錐の近似　　　図 13.13　体積の等しい立体

　直方体[*5]の体積は，互いに直角に交わる 3 辺の長さの積で求める[*6]．つまり，図 13.11 の直方体の場合，その体積 V は
$$V = \mathrm{AB} \cdot \mathrm{BC} \cdot \mathrm{BG}$$
である．このように計算されるのは，面積の場合と同様に積に関して分配法則が成り立つからである．また，直交する 3 辺の長さが k 倍の直方体の体積は，元の直方体の体積の k^3 倍となることがわかる．

　立体がいくつかの直方体にきれいに分割できるならば，それぞれの直方体の体積の和がこの立体の体積となる．特に長方形の体積は 0 となるが，これは，長方形により近似される曲面の体積も 0 であることを意味する．

　曲線，曲面の場合と同様に，いくつかの直方体にきれいに分割できない立体の場合，実用的には，その立体を小さな直方体で近似することでその立体の体積を測る．図 13.12 は四角錐を多くの薄い直方体で内側から近似している．これら全ての薄い直方体の体積の和を，この四角錐の体積だと考えるのである．もちろん，直方体の数は多ければ多いほどよい．

　このようにして，面積の場合と同様に，例えば図 13.13 に描かれた 3 つの立体の体積が等しいことが容易にわかる．また，全ての辺の長さが k 倍の立体の体積は，元の相似な立体の体積の k^3 倍となることもわかる．

問 79 図 13.13 の 3 つの立体の体積が等しくなることを，立体を適当な直方体の集まりで近似して説明せよ．

　以下，いくつかの代表的な体積公式を列挙しよう．ただし，V は立体の体積，S は立体の底面積，（どの面を底面と考えるのかは図の中で斜線で指定する），h は立体の高さを表す．

[*5] 全ての面が長方形からなる立体．
[*6] 面積の場合と同様に，各辺に適用する長さの単位が異なっていても構わない．ただし，混乱を避けるためほとんどの場合 3 辺に適用する長さの単位は同じである．

第 13 講　長さ・面積・体積

図 13.14　柱

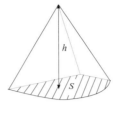

図 13.15　錐

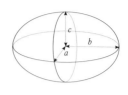

図 13.16　楕円体

柱の体積　$V = hS$　　　　**錐の体積**　$V = \dfrac{1}{3}hS$　　　　**楕円体の体積**　$V = \dfrac{4}{3}\pi abc$

問 80　柱と錐の体積が上記で与えられることを示せ．

式と図形，積分

さて，ここまで図を測ることで得られる量である，長さ，面積，体積の計算法を解説した．

長さ，面積，体積共に，基本的な考え方は同じである．例えば曲線の長さは，曲線を複数の線分で近似し，近似に用いた全ての線分の長さの和を取ることで計算する．この際，近似する線分の長さが短ければ短いほどよい．

考え方は単純である．しかし，いざ計算を実行すると，円周の長さでさえ，例 111 で見た通り，相当な手間がかかる．毎回，こんな計算をしていたのでは埒があかないので，結局は代表的な図形に関する公式を覚えろ，ということになるのだが，現実には図は多種多様であり，それらに対する公式を一つ一つ作るというのはさすがに際限がない．

この状況を何とかできないものだろうか．

実は，次の 2 つの技術を用いることで，ある程度この問題に対処できるのである．

(1) 図を式で表す技術，つまり，式と図を同一視する技術

(2) **積分**（integration）

本書の残りの部分は，図と式を同一視する技術の初歩について取り扱う．積分は，第 11 講においてふれた微分と共に，まとめて学ぶべき内容であり，本書ではこれ以上深入りはしない．

なお，微分と積分をまとめたものは，**微分積分学**（calculus）と呼ばれ，多くの理系学生にとって大学初年次に学ぶべき内容になっている．

演習問題

A96 以下に答えよ.

(1) 対角線の長さが $\sqrt{3}$ の正六面体の辺の長さ, 表面積, 体積を求めよ.

(2) 対角線の長さを k 倍した正六面体の辺の長さ, 表面積, 体積を求めよ.

A97 以下が成立することを示せ.

(1) 三角形の内角の和が $180°$ となること.

(2) 凸 N 角形の内角の和が $(N-2) \times 180°$ となること.

A98 以下を求めよ.

(1) 2辺の長さが $3, 2$ であり, それらの辺のなす角が $30°$ の三角形の周の長さと面積

(2) 3辺の長さが全て 3 の正三角形の面積

(3) 1辺の長さが $2\,\mathrm{m}$, その辺の両端の角度が, $45°, 60°$ となる三角形の周の長さと面積

A99 3辺の長さが以下で与えられる三角形の面積を求めよ.

(1) $3, 4, 5$ (2) $6, 8, 10$ (3) $3, 2, 3$

A100 以下を求めよ.

(1) 半径 r の半円の周の長さと面積

(2) 半径 r, 中心角が $45°$ の扇形の周の長さと面積

(3) 中心から最も近い点と遠い点までの距離がそれぞれ $a, 2a$ である楕円の面積

(4) 1辺の長さが全て 6 であり, 2角の角度が $60°$ である平行四辺形の面積

(5) 3辺の長さが $8, 8, 3$ の2等辺三角形の長辺同士の中点を結ぶことで得られる台形の面積

A101 以下の表面積と体積を求めよ.

(1) 底面の半径が 2, 高さが 10 の円錐と円柱

(2) 三辺の長さが, それぞれ $1, 2, \sqrt{3}$ の三角形を底面に持つ高さ 8 の三角錐と三角柱

(3) 半径が 4 の球

A102 $y = 2x, y = 4$ のグラフと y 軸で囲まれた部分を T と置く. 以下を求めよ.

(1) 図形 T を x 軸に対して回転させることでできる立体の表面積と体積

(2) 図形 T を y 軸に対して回転させることでできる立体の表面積と体積

(3) 図形 T を $y = 2x$ のグラフを軸に回転させることでできる立体の表面積と体積

第 13 講　長さ・面積・体積

B75　1 辺の長さが 2 の正四面体について以下に答えよ．
  (1) この正四面体を 1 辺の長さ x のなるべく小さな立方体の箱の中に入れる．x の最小値を求めよ．また，その様子を図示せよ．
  (2) (1) で描いた図を参考に，正四面体の体積 V と高さを求めよ．
  (3) 正四面体に内接する球の半径を，体積 V を利用して求めよ．
  (4) 正四面体に外接する球の半径を求めよ．

B76　3 辺の長さが，$5, 3\sqrt{5}, 10$ の三角形を底面に持つ高さ 5 の三角柱がある．この三角柱の体積，および底面の三角形の辺の比を共に一定に保ったまま，三角柱の高さを半分にしたい．底面の三角形の 3 辺の長さを求めよ．

B77　摂氏 0 度において体積 $1000\,\text{cm}^3$ の理想気体がある．この理想気体について，圧力を一定に保ったまま，温度を 100 度まで上昇させる．100 度における理想気体の体積をシャルルの法則（例 94 参照）から導け．また，この気体を摂氏 100 度において 1 辺が 11 cm の直方体の容器に圧力一定のまま入れることができるかどうかを検討せよ．

B78　偏りのないサイコロを 2 回振って出た目の数を足し合わせた数を X とする．
  (1) 全ての X について，X が現れる全ての目の組合せを列挙せよ．
  (2) 横軸に X，縦軸に出目が X となる場合の数を取ったヒストグラムを描け．
  (3) ヒストグラム全体の面積を 1 とする．各柱の面積を求めよ．また，その面積が (1) で求めた確率と一致することを確かめよ．
  (4) X に対応する柱の高さを X 倍することにより得られるヒストグラムを描け．また，そのヒストグラム全体の面積が X の期待値と一致するのがなぜかを説明せよ．

C38　以下に答えよ．
  (1) $y = 3x^2$ の $0 \leq x \leq 2$ におけるグラフの長さの近似値を，十分な節を持つ折れ線でグラフを近似することにより求めよ．
  (2) $y = 3x^2$ のグラフ，x 軸，y 軸に平行な $x = 2$ を通る直線に囲まれた部分の面積の近似値を，十分な数の長方形で面を近似することで求めよ．
  (3) $y = 3x^2$ のグラフ，x 軸，y 軸に平行な $x = a$ を通る直線に囲まれた部分の面積は実は a^3 に等しい．(2) を参考に，その理由を説明せよ．

C39　正多面体について調べ，その全ての表面積と体積を求めよ．また，正多面体の各面を構成する正多角形が，正三角形，正方形，正五角形しかあり得ない理由について説明せよ．

相関係数の計算【コラム：記述統計の基礎 XIII】

前コラムで解説した通り，同じ集団に異なる試験，もしくは実験を試みて得られたデータに比例に近い関係があるか否かは重要な関心事である．そして，それを確かめる目的で計算されるのが**相関係数**（correlation coefficient）だが，その計算はかなり複雑である．

いま，ある集団に対して得られた 2 つのデータをそれぞれ

番号	1	2	3	4	5	...	$n-1$	n
x	x_1	x_2	x_3	x_4	x_5	...	x_{n-1}	x_n
y	y_1	y_2	y_3	y_4	y_5	...	y_{n-1}	y_n

と置き，データ x の算術平均を $\bar{x}$，y の算術平均を $\bar{y}$ と置く．このとき

$$\frac{(x_1-\bar{x})(y_1-\bar{y})+\cdots+(x_n-\bar{x})(y_n-\bar{y})}{n}$$

を x と y の**共分散**（covariance）と呼び，記号 s_{xy} もしくは c_{xy} で表す．

相関係数は通常 r で表され，上で定義した x と y の共分散 s_{xy}，x の標準偏差 s_x，y の標準偏差 s_y を用いて，

$$r = \frac{s_{xy}}{s_x \cdot s_y} = \frac{1}{n}\left(\frac{x_1-\bar{x}}{s_x}\cdot\frac{y_1-\bar{y}}{s_y}+\cdots+\frac{x_n-\bar{x}}{s_x}\cdot\frac{y_n-\bar{y}}{s_y}\right)$$

で定義される．

例 112 以下のデータについて実際に共分散と相関係数を計算しよう．

番号	1	2	3
x	78	46	26
y	70	40	52

平均値はそれぞれ $\bar{x}=50, \bar{y}=54$ なので，共分散 s_{xy} は

$$\frac{(78-50)(70-54)+(46-50)(40-54)+(26-50)(52-54)}{3}=184$$

となる．標準偏差はそれぞれ $s_x=21.4\cdots, s_y=12.3\cdots$ より，相関係数 $r \fallingdotseq 184/(21.4\times 12.3)=0.696\cdots$ となる．

問 81 以下の英語と数学の試験結果について，共分散と相関係数を計算せよ．

番号	1	2	3	4	5	6	7	8	9	10	11	12	13	14	15
英語	78	46	60	84	46	78	48	26	34	28	44	24	12	10	50
数学	70	40	80	80	20	60	0	50	40	30	30	50	10	10	60

問 82 問 69（P. 119）で与えた心拍数に関するデータの共分散と相関係数を計算せよ．

第 13 講　長さ・面積・体積

両刀論法【コラム：数理論理の基礎 XVI】

恒真式 $((P \lor Q) \land (P \Rightarrow R) \land (Q \Rightarrow S)) \Rightarrow (R \lor S)$ に対応する論理が**両刀論法**（dilemma）である．

例 113　「勉強すると胃が痛くなる．勉強しなければ単位が取れない．結局，胃が痛くなるか，単位が取れないかのどちらかである」は両刀論法による論理的な思考である．少し説明が必要だろう．

「勉強する」を P，「胃が痛くなる」を R，「単位が取れない」を S と置くと，上の命題は $((P \Rightarrow R) \land ((\neg P) \Rightarrow S)) \Rightarrow (R \lor S)$ となり，両刀論法ではないように見える．しかし，命題「勉強するか，もしくは勉強しないかである」$(P \lor (\neg P))$ はいうまでもなく真（恒真）であり，上の文は明らかにこの前提の下での話である．つまり，上の命題は，$((P \lor (\neg P)) \land (P \Rightarrow R) \land ((\neg P) \Rightarrow S)) \Rightarrow (R \lor S)$ に対応すると考えるべきである．

このように，実際の場面では，明らかに正しい前提には言及しないことがあることに注意が必要である．

問 83　論理式 $((P \lor Q) \land (P \Rightarrow R) \land (Q \Rightarrow S)) \Rightarrow (R \lor S)$ が恒真式であることを示せ．

背理法【コラム：数理論理の基礎 XVII】

恒真式
$$((\neg P) \Rightarrow (Q \land (\neg Q))) \Rightarrow P \tag{13.1}$$

に対応する論理を**背理法**（proof by contradiction），もしくは**帰謬法**と呼ぶ．

例 114　「預かったものを返すことが，正義の定義ならば，殺人は正義である．従って，預かったものを返すことが正義の定義ではない」は，背理法による論理的な思考であり，古代ギリシャの哲学者プラトン（Plato, B. C. 427 – 347）によるものである．少し説明を加えよう．

「預かったものを返すことが正義の定義ではない」を P と置き，「殺人は正義である」を Q と置く．文の前半は $(\neg P) \Rightarrow Q$ に見えるが，これは $(\neg P) \Rightarrow (Q \land (\neg Q))$ と解釈すべき部分である．つまり $\neg P$ ならば，「『殺人は正義であり』かつ『（常識的には）殺人は正義ではない』」$(Q \land (\neg Q))$ という矛盾が起き，P を結論づけている．

問 84　論理式 $((\neg P) \Rightarrow (Q \land (\neg Q))) \Rightarrow P$ が恒真式であることを示せ．

問 85　定理「素数が無限に存在すること」および「$\sqrt{2}$ が無理数であること」は背理法を用いて示される代表的な命題である．これらの定理の証明方法を調べ，恒真式 (13.1) の P, Q に対応する命題を明らかにせよ．

第 14 講　座標と角度

　式は図と結びつけられることにより，その理解が深まる．そして，式と図を糊づけする役割を果たす基本が座標であり，さらに，角度とその変換についての知識は，それをより一層強化する．

座　標

原点　ある点の位置を正確に知ろうとした場合，まずどこを基準とするのかを決めなければならない．基準とする場所のとり方により，例えば，大阪は東京を基準とすれば西，福岡を基準にすれば東に位置するように，その位置は変化するからである．この基準とする場所を**原点**（origin）と呼び，通常 O で指定される．

座標　原点だけでは点の正確な位置はわからない．さらに幾つかの**座標軸**（axis of coordinate system）と呼ばれる数直線を考えなければならない．

　原点と座標軸が揃うことで，はじめて点の正確な位置が数の組で表せる．この数の組を**座標**（coordinate）と呼び，原点，座標軸，そして座標軸と座標を対応させるシステム全般を**座標系**（coordinate system）と呼ぶ．点の位置は座標系と座標により初めて正確に決まる．

> **例 115（経緯度）** 地表上の点は，経緯度と呼ばれる座標系によりその位置が表される．この座標系によると，例えば大阪の座標は緯度約 $34°$，経度約 $135°$ である．

　ところで，座標はいくつかの数からなる．例えば，例 115 では経度と緯度の 2 つである．これは，われわれが地表を**面**（surface）と捉えているからである．**線**（line）と捉えた場合，座標を構成する数は 1 つ，**空間**（space）と捉えた場合は 3 つである[*1]．

　また，座標系の取り方は 1 つとは限らない．単に原点の定め方を変えただけでも，それに対応して座標は変化する．原点を同じ所に定めても，さらに座標の読み取り規則が変われば座標系は大幅に変化する．

　図 14.1 は平面に対する異なる座標系の例である．双方とも原点 O に対する点 P の位置は変わらない．しかし，その座標を構成する数は大きく異なる．座標の読み取り規則が全く異なるからである．図 14.1 の左で表される座標系の場合，点 P の座標は横軸をなす数直線上の数 x，

[*1] 座標を構成する数の個数が**次元**（dimension）である．線は 1 次元，面は 2 次元，空間は 3 次元である．

第14講　座標と角度

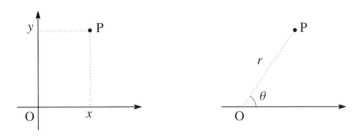

図 14.1　異なる座標系の例

および，縦軸をなす数直線上の点 y を用いて (x, y) と表される[*2]．ただし，点線はそれぞれ縦軸と横軸に平行に引かれる．図 14.1 の右で表される座標系の場合，点 P の座標は原点と点 P の距離 r，横軸，および原点と P を通る点線のなす角度 θ を用いて (r, θ) と表される[*3]．

直交座標系　　直交座標系（rectangular coordinate system）は全ての座標軸が直交している座標系であり，最もよく使われる座標系でもある[*4]．平面の場合，図 14.1 の左で示した座標系が直交座標系である．空間の場合は，図 14.2 の様に，縦，横，高さの値 x, y, z を取り，これらを括弧で括って並べる．このようにしてできる数の組 (x, y, z) が空間の直交座標系による座標である．

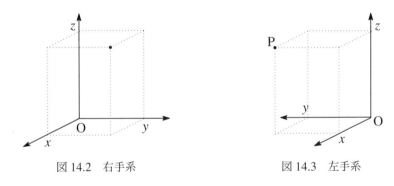

図 14.2　右手系　　　　　　　　　図 14.3　左手系

ところで，空間の場合，直交座標には，図 14.3 のような取り方もある．一般に図 14.2 で示される直交座標系を**右手系**（positive-oriented system），図 14.3 で示される座標系を**左手系**（left-handed coordinate system）と呼ぶ．もちろん，これら 2 つの座標系には本質的な差はない．しかし，一般には空間の直交座標系として右手系が採用される．

[*2] 点 P と座標 (x, y) を同一視し，P $= (x, y)$ と記すことも多い．
[*3] この座標を**極座標**（polar coordinate）と呼ぶ．極座標系では角度の表示は弧度法を用いることが多い．
[*4] デカルト（René Descartes，1596 – 1650）により発明されたことから，その名をとり**デカルト座標**（Cartesian coordinate system）とも呼ばれる．

線分の長さ

線分　線分 (segment) とは 2 つの点に挟まれた，直線の一部分であり，長さを持つ．直交座標系内の線分の長さを，その端点の座標から求めよう．基本は三平方の定理である．

三平方の定理　線分 CA と BC が直交する直角三角形 ABC について，頂点 C から辺 AB への垂線の足を D と置く．このとき，三角形 ABC と ACD, BCD は相似なので，$\frac{AB}{CA} = \frac{CA}{AD}, \frac{AB}{BC} = \frac{BC}{BD}$ である．これらと，AD + DB = AB を組み合わせ，$BC^2 + CA^2 = AB^2$ を得る．この直角三角形の辺の長さの関係が三平方の定理である．

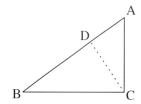

$$BC^2 + CA^2 = AB^2$$

線分の長さ　直交座標上の点 (x_A, y_A) と (x_B, y_B) を端点とする線分の長さは，三平方の定理より以下で与えられる．
$$\sqrt{(x_B - x_A)^2 + (y_B - y_A)^2}.$$

問 86 直交座標系を取る．$A = (x_A, y_A, z_A), B = (x_B, y_B, z_B)$ のとき，線分 AB の長さが
$$\sqrt{(x_B - x_A)^2 + (y_B - y_A)^2 + (z_B - z_A)^2}.$$
となることを示せ．

角度

角度　直線，線分，曲線のいずれか 2 つが交わることによりできる角の大きさを表す量が**角度** (angle) である．

図 14.4 において，θ で表される角度を**優角** (major arc)，ϕ で表される角度を**劣角** (minor arc) と呼ぶ．一般に角度といった場合は，優角が採用されることが多い．また，曲線が交わることによってできる角の角度は，図 14.5 にあるように，その点で曲線に接する 2 本の直線（線分）の間の角度のことである．

第 14 講 座標と角度

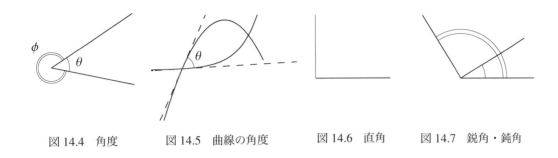

図 14.4 角度　　　図 14.5 曲線の角度　　　図 14.6 直角　　　図 14.7 鋭角・鈍角

直角・鋭角・鈍角　1 周を 4 等分した大きさの角度を**直角**（right angle）と呼ぶ．直角より小さな角を**鋭角**（acute angle）と呼ぶ．直角より大きく，さらに 1 周を 2 等分した大きさの角度より小さな角度が**鈍角**（obtuse angle）である．

平面の成す角　異なる平面 P_A, P_B が交わるとき，P_A に含まれる直線と，P_B に含まれる直線がなす角の内，最も小さなものを，平面の成す角と呼ぶことがある．

度数法　日常的に最もよく使われる角度の単位は**度数**（degree measure）である．これは 1 周を 360 等分して得られる角の大きさを基準としたもので，以下のように表記される．

$$1° \text{（単位）}, \quad 90° \text{（直角）}, \quad 360° \text{（一周）}.$$

度数法は 1 年の日数の概算値 360 が起源だと考えられている．北半球ではある定まった時刻に星を観測したとき，北極星の周りを 1 年かけ他の星々が 1 周する．従って，1° は 1 日あたりの星の回転量だと解釈できる．

弧度法　数学では，角度を，その角度を中心角として持つ半径 1 の扇形の弧の長さで表すことが多い．この角度の単位を**弧度**（radian）と呼ぶ．弧度法で角度を表す場合，単位を付記しない．定義より，1 周を弧度法で表すと，明らかに 2π である．

弧度法は数式と相性がよい．例えば，半径 r，角度 θ の弧の長さ，およびその弧により作られる扇形の面積は，以下のように弧度法により簡潔に表せる．

$$r\theta \text{（弧長）}, \qquad \frac{r^2\theta}{2} \text{（扇形の面積）}.$$

度数と弧度の変換　ϕ を度数法による角度，θ を同じ角を弧度法により表した角度だとする．度数法による角度の表示は，その定義から，明らかに弧度法による角度の表示に比例する．度数と弧度の間には $360 : 2\pi = \phi : \theta$ が成立するので，度数を弧度に変換する式（関数）は

$$\theta = \frac{\pi}{180}\phi$$

である．

勾配　水平方向の移動距離に対して，垂直方向にどれだけ移動するのかの割合を**勾配**（gradient）と呼ぶ．つまり，図 14.8 の角 O の勾配は，

$$\frac{y}{x} \cdot n$$

で計算される（$n = 100$ のときは単位 ％，$n = 1000$ のときは単位 ‰ を用いる）が，$n = 1$ のとき，これは，角 O を原点とする直線 OP の傾きである（図 11.1 参照）．つまり，勾配は実質的に直線の傾きと同じものである．

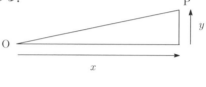

図 14.8　勾配

勾配により表せる角度 θ は，その定義から，$-\frac{\pi}{2}$ ($-90°$) $< \theta <$ $\frac{\pi}{2}$ ($90°$) となることはほとんど明らかである．

三角関数

平面の直交座標と角度を変換する関数について取り上げよう．度数と弧度の変換とは違い，あまりやさしくはない．

平面の直交座標に半径 1 の円を描き（図 14.9 参照），横軸と直線 l に挟まれた部分の角度を θ（弧度法），直線 l と円の交点を座標を (x, y) と置く．また，直線 l の傾きを h と置こう．

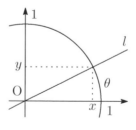

図 14.9　単位円と角度

角度 θ を変化させたとき，角度 θ と x, y, h の関係はそれぞれ図 14.10, 図 14.11, 図 14.12 のグラフで表される．図 14.10 のグラフに対応する関数が**余弦**（cosine）関数，図 14.11 のグラフに対応する関数が**正弦**（sine）関数，図 14.12 のグラフに対応する関数が**正接**（tangent）関

第 14 講　座標と角度

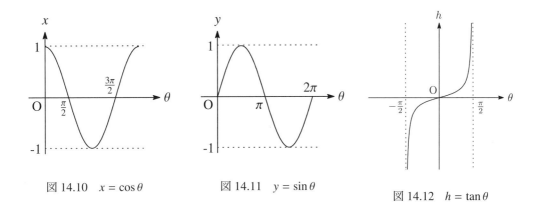

図 14.10　$x = \cos\theta$　　　　図 14.11　$y = \sin\theta$　　　　図 14.12　$h = \tan\theta$

数であり，それぞれ，

$$\cos\theta, \qquad \sin\theta, \qquad \tan\theta$$

のように記す*5．これら 3 つの関数は総称して**三角関数**（trigonometric function）と呼ばれる．つまり，三角関数とは，角度を単位円の座標の情報に変換する関数である．

問 87 三角関数のグラフがそれぞれ，図 14.10，図 14.11，図 14.12 となることを確かめよ．また，以下を示せ．

$$\cos^2\theta + \sin^2\theta = 1, \qquad \tan\theta = \frac{\sin\theta}{\cos\theta}, \qquad 1 + \tan^2\theta = \frac{1}{\cos^2\theta}.$$

余弦定理と面積公式

三角形に関する，三角関数を用いた 2 つの基本的な公式を紹介する．

余弦定理　三角形は，2 辺の長さとその間の角度を指定することで定まる．つまり残りの 1 辺の長さは，2 辺の長さとその間の角度を指定すれば計算できるはずである．2 辺の長さをそれぞれ k, l，その間の角を θ と置く（図 14.13 参照）．このとき，もう 1 辺の長さ x は，

$$x = \sqrt{k^2 + l^2 - 2kl\cos\theta}$$

---

*5 $\cos(\theta)$ などと書いてもよい．ただし，関数 $f(x)$ と三角関数を用いて合成関数を作る場合は，$\tan f(x)$ ではなく，必ず $\cos(f(x))$ のように括弧を省略せずに記す．

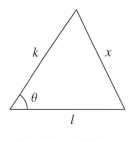

図 14.13　三角形

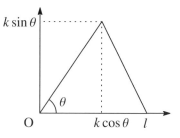

図 14.14　三角形と座標

となる．これが**余弦定理** (law of cosines) である．なぜならば，図 14.14 と三平方の定理より，

$$x^2 = k^2 \sin^2 \theta + (l - k\cos\theta)^2$$

であり，さらに，$\sin^2\theta + \cos^2\theta = 1$ を使って，

$$= k^2(1 - \cos^2\theta) + (l - k\cos\theta)^2 = k^2 + l^2 - 2kl\cos\theta$$

と計算できるからである．

面積公式　図 14.14 より，三角形の面積が

$$\frac{1}{2}kl\sin\theta \tag{14.1}$$

となることはほとんど明らかである．

座標と角度

内積　平面上に直交座標を取り，原点を O とする．$A = (x_A, y_A)$, $B = (x_B, y_B)$ とし，直線 OA と直線 OB の間の角度を θ と置く（図 14.15 参照）．ただし角度は弧度法で考える．この

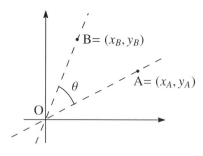

図 14.15　内積と角度

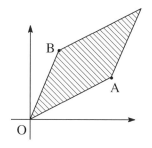

図 14.16　平行四辺形の面積

第 14 講　座標と角度

とき，座標から簡単に計算できる値

$$x_A x_B + y_A y_B \tag{14.2}$$

を A と B の**内積**（inner product）と呼ぶ．

　内積と角度 θ の関係を求めよう．まず，三平方の定理より，

$$\text{OA} = \sqrt{x_A^2 + y_A^2}, \quad \text{OB} = \sqrt{x_B^2 + y_B^2}, \quad \text{AB} = \sqrt{(x_B - x_A)^2 + (y_B - y_A)^2}$$

である．余弦定理より，$\cos\theta = \frac{\text{OB}^2 + \text{OA}^2 - \text{AB}^2}{2 \cdot \text{OA} \cdot \text{OB}}$ が成り立つが，上で求めた OA, OB, AB を分子に代入すると，

$$\cos\theta = \frac{x_A x_B + y_A y_B}{\text{OA} \cdot \text{OB}} = \frac{\text{内積}}{\text{OA} \cdot \text{OB}} \tag{14.3}$$

である．特に，角度 θ が直角ならば $\cos\theta = 0$ なので，A と B の内積は 0 になり，さらに直角以外で内積が 0 になることはない．つまり，直線 OA と OB が直角に交わるかどうかを確かめたければ，A と B の内積が 0 になるかどうかを確かめればよい．

> **問 88** 空間内の 2 点 $A = (x_A, y_A, z_A), B = (x_B, y_B, z_B)$ に対して，内積は
>
> $$x_A x_B + y_A y_B + z_A z_B$$
>
> と定められる．空間の内積についても，式 (14.3) と同様の式が成立することを示せ．

座標と面積　　$A = (x_A, y_A)$ と $B = (x_B, y_B)$ に対して，やはり簡単に計算できる値

$$x_A y_B - x_B y_A \tag{14.4}$$

について考えよう．

　三角形の面積の公式 (14.1) より，図 14.16 の平行四辺形の面積は，

$$\sqrt{x_A^2 + y_A^2}\sqrt{x_B^2 + y_B^2}\sin\theta = \sqrt{(x_A^2 + y_A^2)(x_B^2 + y_B^2)(1 - \cos^2\theta)}$$
$$= \sqrt{(x_A^2 + y_A^2)(x_B^2 + y_B^2) - (x_A x_B + y_A y_B)^2}$$
$$= \sqrt{(x_A y_B - x_B y_A)^2} = x_A y_B - x_B y_A$$

である．ただし，最初の等号は $\cos^2\theta + \sin^2\theta = 1$，次の等号は内積と $\cos\theta$ との関係式 (14.3) を使った．つまり，式 (14.4) は（正負の違いは別にして）図 14.16 の平行四辺形の面積そのものであることがわかる．また，式 (14.4) と角度 θ の間には，式 (14.3) と類似の関係

$$\sin\theta = \frac{x_A y_B - x_B y_A}{\text{OA} \cdot \text{OB}}$$

が成立することもわかる．

演習問題

A103 以下の直交座標を持つ点を描け.

(1) (1, 1)　　(2) (2, 3)　　(3) (−1, 2)　　(4) (−2, 6)　　(5) (−3, 3)

A104 以下の直交座標（右手系）を持つ点を描け.

(1) (0, 0, 0)　　(3) (2, 2, 3)　　(5) (2, −3, −2)　　(7) (2, 0, −3)
(2) (1, 1, 1)　　(4) (−1, 2, 3)　　(6) (0, 0, 4)　　(8) (−3, −2, −1)

A105 以下を求めよ.

(1) 直角三角形の直角を挟む 2 辺の長さがそれぞれ 3, 4 のときの斜辺の長さ
(2) 2 辺の長さが a，残り 1 辺の長さが b の 2 等辺三角形の高さ

A106 以下を求めよ.

(1) 直交座標系内の点 $(2, 3)$ と原点との距離
(2) 直交座標系内の 2 点 $(1, 3), (4, 2)$ を結ぶ線分の長さ
(3) 直交座標系内の点 $(1, 2, 3)$ と原点との距離
(4) 直交座標系内の点 $(-1, -1, -1)$ と原点との距離
(5) 直交座標系内の 2 点 $(2, -3, 5)$ と $(5, -2, 3)$ を結ぶ線分の長さ

A107 以下で示す角度で交わる 2 本の線分を引け.

(1) 鈍角　　(3) 優角が 30°　　(5) 鋭角
(2) 45°　　(4) 直角　　(6) 劣角が 150°

A108 以下の度数法による角度表示を弧度法によるものに直せ.

(1) 0°　　(4) 30°　　(7) 75°　　(10) 150°　　(13) 360°
(2) 1°　　(5) 45°　　(8) 90°　　(11) 180°　　(14) −30°
(3) 15°　　(6) 60°　　(9) 120°　　(12) 270°　　(15) −135°

第14講 座標と角度

A109 以下の弧度法による角度表示を勾配（単位 %）に書き換えよ．

(1) 0   (3) $\pi/4$ (5) $-\pi/6$ (7) $-\pi/3$

(2) $\pi/6$ (4) $\pi/3$ (6) $-\pi/4$ (8) $\pi/12$

A110 A108 で与えたそれぞれの角度に対して，正弦，余弦，正接関数の値を求めよ．

A111 以下に答えよ．

(1) 三角形 ABC について，$AB = 3\sqrt{3}, BC = 2, \angle B = 150°$ のとき，辺 CA の長さを余弦定理を用いて求めよ．また，この三角形の面積を求めよ．

(2) 三角形 ABC について，$AB = 6, BC = 2\sqrt{2}, CA = 4\sqrt{2}$ のとき，角 A の大きさを余弦定理を用いて求めよ．また，この三角形の面積を求めよ．

A112 以下の直交座標を持つ点 A, B の内積を求めよ．

(1) $A = (0, 0), B = (5, 7)$ (3) $A = (1, 4, 3), B = (-2, 5, -1)$

(2) $A = (-1, 1), B = (-1, -1)$ (4) $A = (3, -3, 3), B = (3, -3, 3)$

A113 以下に答えよ．

(1) 直交座標系内の点 $O = (0, 0), A = (2, 3), B = (-2, 4)$ に対して，直線 OA と OB が原点においてなす角について，その正接関数，余弦関数の値を求めよ．また，線分 OA, OB を辺に含む平行四辺形の面積を求めよ．

(2) 直交座標系内の点 $A = (1, 2), B = (-2, 3), C = (1, -2)$ に対して，直線 AB と CA が点 A においてなす角について，その正接関数，余弦関数の値を求めよ．

(3) 直交座標系内の点 $O = (0, 0, 0), A = (1, 1, 1), B = (1, -1, 1)$ に対して，直線 OA と OB が原点においてなす角について，その余弦関数の値を求めよ．

(4) 直交座標系内の点 $A = (1, 2, 1), B = (-1, 1, 1), C = (2, c, -2)$ に対して，直線 AB と BC が直角に交わるとする．c を求めよ．

A114 以下に答えよ．

(1) x 軸と，$y = kx \, (k \geq 0, x \geq 0)$ のグラフの原点における優角を θ と置く．$\tan\theta = 1/4$ に対して，k，および勾配（単位 %）を求めよ．

(2) x 軸と，$y = kx \, (k \geq 0, x \geq 0)$ のグラフの原点における優角を θ と置く．$\cos\theta = 2/3$ のとき，k を求めよ．

(3) 関数 $y = kx \, (k \geq 0)$ のグラフに原点で直角に交わる直線について，この直線をグラフとして持つ関数を求めよ．また，この直線と x 軸の正の部分がなす優角に関する正弦，余弦，正接関数の値を求めよ．

B79 極座標で与えられた以下の点を描け．また，直交座標に変換せよ．

(1) $(0, 0)$ (3) $(3, \pi/2)$ (5) $(1/2, 5\pi/6)$ (7) $(1, 3\pi/2)$
(2) $(1, \pi/4)$ (4) $(2, 2\pi/3)$ (6) $(1/3, \pi)$ (8) $(1, \pi/12)$

B80 以下の等式が成立する理由を説明せよ．ただし，n は任意の整数である．

(1) $\sin(\theta \pm 2n\pi) = \sin\theta$ (3) $\sin(\theta \pm \pi) = -\sin\theta$ (5) $\cos(-\theta) = \cos\theta$
(2) $\cos(\theta \pm \pi) = -\cos\theta$ (4) $\sin(-\theta) = -\sin\theta$
(6) $\sin\left(\theta \pm \dfrac{\pi}{2}\right) = \pm\cos\theta$（複号同順）   (7) $\cos\left(\theta \pm \dfrac{\pi}{2}\right) = \mp\sin\theta$（複号同順）

B81 直交座標系内の原点 O，点 $A = (x_A, y_A)$，$B = (x_B, y_B)$ について，$OA = 3$，$OB = 2$ であり，かつ点 A と B の内積が 4 に等しいとする．$C = (x_A + tx_B, y_A + ty_B)$ に対して，線分 OC の長さが最小となる値 t を求めよ．

B82 **正弦定理**とは，三角形 ABC において，辺 BC，CA，AB の長さをそれぞれ a, b, c，外接円の半径を R と置くと，
$$\frac{a}{\sin A} = \frac{b}{\sin B} = \frac{c}{\sin C} = 2R$$
が成立するという定理である．

(1) 正弦定理を証明せよ．
(2) 角 B, C が鋭角の三角形 ABC について，$a = b\cos C + c\cos B$ が成立することを示せ．また，この等式と正弦定理を用いて，$\sin A = \sin B \cos C + \sin C \cos B$ を示せ．
(3) 角 B が鈍角の三角形 ABC について，上の (2) と同様にして，$\sin A = \sin B \cos C + \sin C \cos B$ を示せ．
(4) B80 と (2)，(3) の等式を用い，以下の**三角関数の加法定理**が成立することを示せ．
$$\sin(B \pm C) = \sin B \cos C \pm \sin C \cos B \text{（複号同順）}$$
$$\cos(B \pm C) = \cos B \cos C \mp \sin C \sin B \text{（複号同順）}$$

(5) 三角関数の加法定理を用いて以下を示せ．
$$\sin(2\theta) = 2\sin\theta\cos\theta \qquad \cos(2\theta) = \cos^2\theta - \sin^2\theta \qquad \textbf{(倍角の公式)}$$

(6) 倍角の公式を用いて以下を示せ．
$$\sin^2\left(\frac{\theta}{2}\right) = \frac{1 - \cos\theta}{2} \qquad \cos^2\left(\frac{\theta}{2}\right) = \frac{1 + \cos\theta}{2} \qquad \textbf{(半角の公式)}$$

(7) 三角関数の和公式と半角の公式を用いて，三角関数表を作成せよ．

第14講　座標と角度

C40 **円周角の定理**を以下の方針に従って証明せよ．

(1) 式 (14.3) を用いて $\cos\psi$ を θ と ϕ の式で表せ．
(2) 式 (14.4) を用いて $\sin\psi$ を θ と ϕ の式で表せ．
(3) 倍角の公式を使い，式を $\sin(\frac{\theta}{2}), \sin(\frac{\phi}{2}), \sin(\frac{\theta+\phi}{2})$ で表せ．
(4) 和積の公式について調べよ．
(5) 和積の公式を用いて $\cos\psi = \cos(\frac{\theta}{2})$ を示せ．
(6) 同様にして $\sin\psi = \sin(\frac{\theta}{2})$ を示せ．
(7) (5)(6) より円周角の定理が成立することがわかる．なぜか．

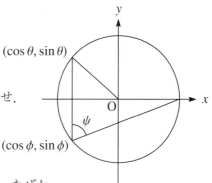

C41 $x = (x_1, x_2, \cdots, x_n), y = (y_1, y_2, \cdots, y_n)$ に対して，x と y の内積を $x_1 y_1 + x_2 y_2 + \cdots + x_n y_n$ で定め，$p(x, y)$ と書くことにする (C8)．また，$(x_1, x_2, \cdots, x_n)$ の平均 $\bar{x}$ に対して，その偏差 $(x_1 - \bar{x}, \cdots, x_n - \bar{x})$ を $x - \bar{x}$ と書き，$y - \bar{y}$ も同様だとする (C9)．以下を示せ．

(1) x の分散が $p(x - \bar{x}, x - \bar{x})/n$ と一致し，結果として標準偏差 s_x が $\sqrt{p(x - \bar{x}, x - \bar{x})/n}$ で与えられることを示せ．

(2) $p(x - \bar{x}, y - \bar{y})/n$ を x と y の**共分散** (covariance) と呼ぶ．y の標準偏差を s_y と置くと，

$$\frac{p(x - \bar{x}, y - \bar{y})}{s_x \cdot s_y} = p(z_x, z_y) \qquad (14.5)$$

が成立することを示せ．ただし，z_x, z_y はそれぞれ x, y を標準化したデータであり，式 (14.5) で計算される値を x と y の**相関係数** (correlation coefficient) と呼ぶ．

(3) $n = 3$ のとき，x と y の標準化係数 $z_x = (\frac{x_1 - \bar{x}}{s_x}, \frac{x_2 - \bar{x}}{s_x}, \frac{x_3 - \bar{x}}{s_x}), z_y = (\frac{y_1 - \bar{y}}{s_y}, \frac{y_2 - \bar{y}}{s_y}, \frac{y_3 - \bar{y}}{s_y})$ を直交座標系内の点と同一視し，原点 O とこれら 2 点が成す角を θ と置く．このとき，

$$3\cos\theta = p(z_x, z_y)$$

が成立することを示せ．

(4) コーシー・シュワルツの不等式（例67）を用いて，

$$-n \leq p(z_x, z_y) \leq n$$

となることを示せ．また，$p(z_x, z_y) = \pm n$ となるのは x と y の偏差がどのような条件を満たす場合かを説明せよ．

相関係数の性質【コラム：記述統計の基礎 XIV】

相関係数の計算については前コラムで解説した．次は相関係数の値がどのように比例関係とかかわるのかについて解説する．

相関係数について成り立つ最も著しい性質は次の定理である．

定理 データ x と y の相関係数を r とする．このとき，

$$-1 \leq r \leq 1$$

であり，さらに $r = \pm 1$ のとき，データ x と y は直線的，つまり，ある定数 a, b について，$y = ax + b$ となる．特に $r = 1$ のとき，傾き $a > 0$ であり，$r = -1$ のとき $a < 0$ である．

この定理を次ページに挙げた実際の相関図と見比べよう．

図 14.17 と図 14.18 は相関係数がそれぞれ ± 1 の場合である．定理の主張する通り，相関係数が 1 のとき，傾きが正の直線上に，-1 のとき，傾きが負の直線上に点が分布する．

次に図 14.20, 図 14.19, 図 14.21 の順に図を見ていこう．相関係数 r の値が，± 1 から 0 に近づくにつれ，直線的な関係がだんだんと崩れていく様子が見て取れる．つまり，相関係数 r が ± 1 に近いとき，データ x の値にほぼ比例してデータ y の値が変化するが，0 に近いときはそうではないことがわかる．ただし，相関係数 r の値が 0 に近いからといって，直ちにデータ x と y が無関係だ，との結論を下すことはできない．

図 14.22 を見てほしい．このときの相関係数ほとんど 0 である．しかし，この相関図に描かれるデータは決して無関係ではない．データは放物線を描く形で分布しており，その形から，ここで描かれているデータに，2 次式の関係があることがうかがえるからである．

相関係数は，データ間に直線的な関係があるか否かを判定するための値であり，それ以外の関係については判定できない．そして，相関係数の値に応じて，次のような言葉遣いがなされることを覚えておくとよい[a]．

$$
\begin{aligned}
0.7 &\leq r \leq 1 : \text{高い正の相関がある．} \\
0.4 &\leq r \leq 0.7 : \text{かなり正の相関がある．} \\
0.2 &\leq r \leq 0.4 : \text{低い正の相関がある．} \\
-0.2 &\leq r \leq 0.2 : \text{ほとんど相関がない．} \\
-0.4 &\leq r \leq -0.2 : \text{低い負の相関がある．} \\
-0.7 &\leq r \leq -0.4 : \text{かなり負の相関がある．} \\
-1 &\leq r \leq -0.7 : \text{高い負の相関がある．}
\end{aligned}
$$

---

[a] 文献によって対応関係が異なる事もある．ここに挙げた対応関係は，旺文社により刊行されている文部科学省検定教科書『数学 B』による．

第 14 講 座標と角度

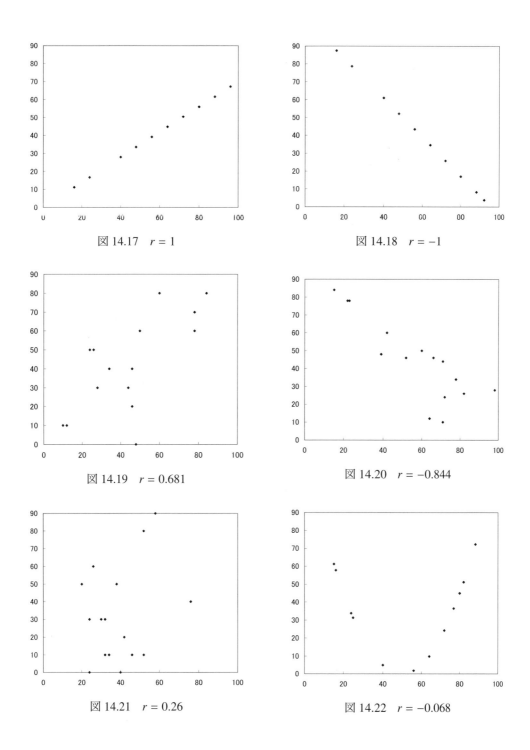

図 14.17　$r = 1$

図 14.18　$r = -1$

図 14.19　$r = 0.681$

図 14.20　$r = -0.844$

図 14.21　$r = 0.26$

図 14.22　$r = -0.068$

同値と論理【コラム：数理論理の基礎 XVIII】

恒真式 $(P \equiv Q) \equiv ((P \Rightarrow Q) \land (Q \Rightarrow P))$ [a]について，少し説明を加えよう．
この論理式が恒真式であることは，3つの論理式

$$(P \equiv Q) \Rightarrow (P \Rightarrow Q) \qquad (14.6)$$

$$(Q \equiv P) \Rightarrow (Q \Rightarrow P) \qquad (14.7)$$

$$((P \Rightarrow Q) \land (Q \Rightarrow P)) \Rightarrow (P \equiv Q) \qquad (14.8)$$

が全て恒真式となることを含んでいる．

例 116 命題「成人している」を P と置き，「飲酒が許される」を Q と置く[b]．「成人している場合に限り飲酒が許される．従って，成人しているならば飲酒が許される」が恒真式 (14.6) に対応する論理的な思考である．

問 89 論理式 $(P \equiv Q) \equiv ((P \Rightarrow Q) \land (Q \Rightarrow P))$，および (14.6)，(14.7)，(14.8) が恒真式となることを示せ．

問 90 例 116 に倣い，恒真式 (14.7) と (14.8) に対応する論理的な思考の例を作れ．

問 91 次の論理式が恒真式であることを示せ．また，これらの式を用いた論理的な思考の例を作れ．

$$(P \land (Q \lor R)) \equiv ((P \land Q) \lor (P \land R)) \qquad \text{（分配法則）}$$

$$(P \lor (Q \land R)) \equiv ((P \lor Q) \land (P \lor R)) \qquad \text{（分配法則）}$$

$$(\lnot(P \land Q)) \equiv ((\lnot P) \lor (\lnot Q)) \qquad \text{（ド・モルガンの法則）}$$

$$(\lnot(P \lor Q)) \equiv ((\lnot P) \land (\lnot Q)) \qquad \text{（ド・モルガンの法則）}$$

$$(P \land P) \equiv P \qquad \text{（冪等法則）}$$

$$(P \land (P \lor Q)) \equiv P \qquad \text{（吸収法則）}$$

$$(P \lor (P \land Q)) \equiv P \qquad \text{（吸収法則）}$$

$$(\lnot(\lnot P)) \equiv P \qquad \text{（二重否定の法則）}$$

$$((P \land Q) \Rightarrow R) \equiv (P \Rightarrow (Q \Rightarrow R)) \qquad \text{（移出律）}$$

$$P \equiv P \qquad \text{（同一律）}$$

$$(P \land ((\lnot P) \lor Q)) \equiv (P \land Q)$$

$$(P \lor ((\lnot P) \land Q)) \equiv (P \lor Q)$$

$$(P \Rightarrow Q) \equiv ((\lnot P) \lor Q)$$

---

[a] 第 7 講コラムの式 (7.1) 参照．
[b] 第 7 講のコラム例 62 参照．

第 14 講　座標と角度

対偶論法【コラム：数理論理の基礎 XIX】

恒真式 (P ⇒ Q) ≡ ((¬Q) ⇒ (¬P)) に対応する論理が**対偶論法**であり，命題 (¬Q) ⇒ (¬P) を命題 P ⇒ Q の**対偶**（contraposition）と呼ぶ．

例 117　「大学生である」を P，「18 歳以上である」を Q と置く．このとき，「大学生ならば 18 歳以上である」(P ⇒ Q) の対偶命題は，「18 歳以上でなければ大学生ではない」((¬Q) ⇒ (¬P)) である．

また，「大学生ならば 18 歳以上である．従って，18 歳以上でなければ大学生ではない」もしくは，「18 歳以上でなければ大学生ではない．従って，大学生ならば 18 歳以上である」は対偶論法による論理的な思考の例である．

問 92　論理式 (P ⇒ Q) ≡ ((¬Q) ⇒ (¬P)) が恒真式であることを示せ．

逆と裏【コラム：数理論理の基礎 XX】

命題 Q ⇒ P を命題 P ⇒ Q の**逆**（converse），命題 (¬P) ⇒ (¬Q) を命題 P ⇒ Q の**裏**（inverse）と呼ぶ．対偶と違い，論理式 (P ⇒ Q) ⇒ (Q ⇒ P) と (P ⇒ Q) ⇒ ((¬P) ⇒ (¬Q)) は恒真式ではない．つまり，論理包含からその逆と裏を結論づける文は論理的ではない．

例 118　命題 P と Q を例 117 と同様に置く．命題 P ⇒ Q の逆命題は「18 歳以上ならば大学生である」となるが，もちろんこの命題は偽である．つまり，「大学生ならば 18 歳以上である．従って，18 歳以上ならば大学生である」は論理的とはいえない．

また，命題 P ⇒ Q の裏命題は「大学生でないならば 18 歳以上ではない」だが，もちろんこの命題も偽である．

問 93　論理式 (P ⇒ Q) ⇒ (Q ⇒ P)，および (P ⇒ Q) ⇒ ((¬P) ⇒ (¬Q)) が恒真式ではないことを示せ．

対偶・逆・裏の関係【コラム：数理論理の基礎 XXI】

対偶・逆・裏の関係は以下の図の通りである．上で説明した通り，対偶への書き換えは論理的だが，逆，裏への書き換えは論理的とはいえないことに注意する必要がある．

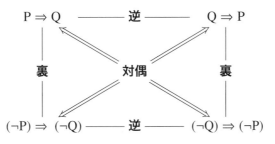

第 15 講　方程式と図形

　未知数が何かを知りたい，という目的で立てられる式が方程式である（第 8 講参照）．このとき，方程式の解は常に 1 つとは限らない．つまり，未知数として様々な値の候補が現れることがある．このような意味で，未知数は変数である．そして，その値を座標内に描くことで，図形が現れることがある．こうして，方程式の理解はその解が描く図形の幾何学と同一視される．座標を経由することで，方程式の問題と，幾何学の問題は相互に移り合うのである．
　では，基本的な図形はどのような方程式と対応するのだろうか．本講はこの問題の初歩を取り扱う．なお，本講では，座標系として直交座標系を採用する．

点の方程式

　最も基本的な図形は点である．では，直線上の点に対応する方程式は何か．
　いま，直線を数直線だと考える．数直線上の点は，何らかの値（定数）である．この値を a と置こう．このとき，a のみを解に持つ方程式は

$$x - a = 0$$

である．これが直線上の点の方程式である．同様に考えて，平面内の点 (a, b) には，連立方程式

$$\begin{cases} x - a = 0 \\ y - b = 0 \end{cases}$$

が対応する．

問 94 空間内の点 (a, b, c) に対応する方程式を立てよ．

直線の方程式

平面直線　定数 a, b, c に対して，方程式

$$ax + by = c \tag{15.1}$$

について考えよう．ただし，$a = b = 0$ ではないとする．

第15講 方程式と図形

$b \neq 0$ のとき，この式は $y = -\frac{a}{b}x + \frac{c}{b}$ と書き換えられることから，その解 (x,y) が平面内に描く図は，傾き $-\frac{a}{b}$，切片 $\frac{c}{b}$ の直線である．$b = 0$ のとき，$ax = c$ なので，$x = \frac{c}{a}$ ならば，y はどんな値でもよい．つまり，方程式の解が平面内に描く図は，$x = \frac{c}{a}$ を通り，y 軸に平行な直線である．逆に，平面内の直線は全て式（15.1）の形で表せることも容易に示せる．ゆえに，方程式（15.1）を**平面直線の方程式**と呼ぶ．

問 95 平面内に描かれた直線が全て方程式（15.1）の形で書けることを示せ．

問 96 a, b, c, p, q を定数とする．方程式 $a(x-p) + b(y-q) = c$ に対応する直線が，方程式（15.1）に対応する直線を x 方向に p，y 方向に q 平行移動したものになることを説明せよ．

空間直線　空間内に描かれる直線を表す方程式は，平面の直線の方程式（15.1）の場合とは異なり，連立方程式で与えられる．

空間内の点 (p, q, r) を通り，原点と点 (a, b, c) を通る直線に平行な空間内の直線を表す**空間直線の方程式**は

$$\frac{x-p}{a} = \frac{y-q}{b} = \frac{z-r}{c} \tag{15.2}$$

である．この連立方程式は次のように構成される．

まず，原点 $(0, 0, 0)$ と点 (a, b, c) を通る直線上の任意の点の x, y, z 座標は，それぞれ定数 a, b, c を何倍かすれば得られるはずである．つまり，この原点を通る直線上の点 (x', y', z') は，適当な値 t を用いて，

$$(x', y', z') = (ta, tb, tc)$$

と書ける．求める直線上の点 (x, y, z) は，原点と (a, b, c) を通る直線を，x 軸方向に p，y 軸方向に q，z 軸方向に r だけ平行移動して得られることから，適当な値 t を用いて，

$$x = x' + p = at + p, \qquad y = y' + q = bt + q, \qquad z = z' + r = ct + q \tag{15.3}$$

と書けるはずである．これらの式を t について解いてまとめることで，式（15.2）を得る．なお，式（15.3）を空間直線の方程式と呼ぶこともある．

平面の方程式

定数 a, b, c に対して，次の方程式の解が空間内に描く図が何かを考えよう．

$$ax + by + cz = 0 \tag{15.4}$$

式 (15.4) は，点 $A = (a,b,c)$ と点 $X = (x,y,z)$ の内積が 0 となること，つまり，原点と点 A を通る直線と，原点と点 X を通る直線が直角に交わることを示している（第 14 講参照）．図 15.1 からすぐわかる通り，方程式 (15.4) を満たす点 X は，原点を通り，直線 OA に垂直に交わる平面上の点に他ならない．

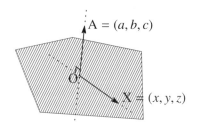

図 15.1　原点を含む平面

空間内に描かれた任意の平面は，適当に平行移動することで，原点を通るようにできるだろう．従って，原点と点 (a,b,c) を通る直線に垂直に交わり，点 (p,q,r) を含む**平面の方程式**は，

$$a(x-p) + b(y-q) + c(z-r) = 0 \tag{15.5}$$

である．なお，平面の方程式 (15.5) を展開し，$d = ap + bq + cr$ と置くことで，

$$ax + by + cz = d \tag{15.6}$$

を得るが，この式を平面の方程式と呼ぶこともある．

問 97 直線の方程式 (15.1) と平面の方程式 (15.6) はよく似た形の式である．なぜか．

円・球の方程式

円・球とは，それぞれ中心となる点からの距離が一定となる点から成る曲線・曲面のことである．中心となる点の直交座標を (c_x, c_y)，半径を r と置くと，三平方の定理より，円を構成する任意の点 (x,y) は

$$(x - c_x)^2 + (y - c_y)^2 = r^2 \tag{15.7}$$

を満たす．また，中心となる点の直交座標を (c_x, c_y, c_z)，半径を r と置くと，問 86 より，球を構成する任意の点 (x,y,z) は

$$(x - c_x)^2 + (y - c_y)^2 + (z - c_z)^2 = r^2 \tag{15.8}$$

を満たす．式 (15.7) は**円の方程式**，式 (15.8) は**球の方程式**と呼ばれる．

第 15 講　方程式と図形

連立方程式と交点

次の連立方程式を考える．ただし，$a_1, a_2, b_1, b_2, c_1, c_2, p_1, p_2$ は定数である．

$$\begin{cases} a_1 x + b_1 y + c_1 z = p_1 \\ a_2 x + b_2 y + c_2 z = p_2 \end{cases}. \tag{15.9}$$

式 (15.6) と見比べると，連立方程式 (15.9) を構成する式はそれぞれ，原点と点 (a_1, b_1, c_1) を通る直線に垂直な平面，および，原点と点 (a_2, b_2, c_2) を通る直線に垂直な平面に対応する．

連立方程式の解は，連立方程式を構成する双方の式を満たす．つまり，連立方程式 (15.9) に対応する図形は，連立方程式を構成するそれぞれの式に対応する平面の交わりであり，図 15.2 より，これは直線となるはずである．

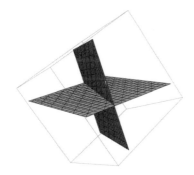 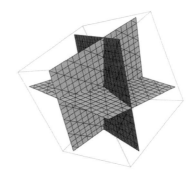

図 15.2　2 平面の交わり　　　図 15.3　3 平面の交わり

ところで，空間内の直線の方程式は式 (15.2) で与えられた．連立方程式 (15.9) と式 (15.2) はどのように対応するのだろうか．

方程式 (15.2) を以下のように 2 つに分けよう．

$$\frac{x-p}{a} = \frac{y-q}{b}, \qquad \frac{y-q}{b} = \frac{z-r}{c}.$$

分母を払い，さらに変数 x, y, z が含まれる項を左辺に，定数のみの項を右辺に移行することで，これら 2 つの式は連立方程式

$$\begin{cases} bx - ay = bp - aq \\ cy - bz = cq - br \end{cases}$$

に等しいことがわかる．これは，式 (15.9) の定数をそれぞれ $a_1 = b, b_1 = -a, c_1 = 0, p_1 = bp - aq, a_2 = 0, b_2 = c, c_2 = -b, p_2 = cq - br$ と置いた場合と等しい．つまり，空間の直線の方程式 (15.2) は本質的には 2 平面の交点を求める連立方程式である．

連立方程式（15.9）にさらに式をつけ加えよう．

$$\begin{cases} a_1 x + b_1 y + c_1 z = p_1 \\ a_2 x + b_2 y + c_2 z = p_2 \\ a_3 x + b_3 y + c_3 z = p_3 \end{cases}. \qquad (15.10)$$

もちろん a_3, b_3, c_3, p_3 は何らかの定数である．一般に 3 枚の平面は 1 点で交わることから（図 15.3 参照），連立方程式（15.10）の解は一般には 1 つしか存在しないことがわかる．

このように，連立方程式は，対応する図形と照らし合わせることで，実際に解かなくても，その解が存在するか否か，そして存在するならばその個数がどうなるのかの情報を引き出すことができる．

> **問 98** 連立方程式（15.10）は，解が 1 つだけ存在する場合以外に，解なし，もしくは，解が無限個存在する場合があり得る．解なし，もしくは，解が無限個となる場合，対応する図がどのようになるのかを説明せよ．

デカルトの精神

前節では，図から，つまり幾何から，方程式についての情報を得た．今度は方程式を用いて幾何学の定理を示そう．幾何学の定理は数多いが，本節では次の定理を取り上げよう．

円と接線の関係　　円の接線は，円の中心，および接点を通る直線と垂直に交わる．

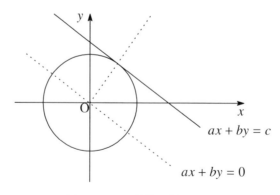

図 15.4　円と接線の関係

証明．円の半径を r とし，円の中心が原点となるように座標を取る．このとき円の方程式は

$$x^2 + y^2 = r^2$$

第 15 講　方程式と図形

である．

　直線 $ax + by = c$ が円に接しているとする．$b = 0$ のとき，この直線は y 軸に平行な直線となり，これが座標 $(\pm r, 0)$ で円に接し，かつ定理を満たすことはほぼ明らかなので，$b \neq 0$ とする．

　このとき，直線の方程式を y について解いた式 $y = -\frac{a}{b}x + \frac{c}{b}$ を円の方程式に代入すると，2次方程式

$$\left(\frac{a^2}{b^2} + 1\right)x^2 - \frac{2ac}{b^2}x + \frac{c^2}{b^2} - r^2 = 0$$

が現れる．いま，円は直線に接しているので，この方程式は重解を持つ．従って，判別式

$$\frac{4\{(a^2 + b^2)r^2 - c^2\}}{b^2} = 0$$

であり，$c = \pm r\sqrt{a^2 + b^2}$ とならなければならないことがわかる．

　$c = \pm r\sqrt{a^2 + b^2}$ のとき，2次方程式の解は，$x = \pm\frac{ar}{\sqrt{a^2+b^2}}$ （複号同順）であり，ゆえに円との接点は直線の方程式に x を代入して，

$$\left(\pm\frac{ar}{\sqrt{a^2+b^2}}, \pm\frac{br}{\sqrt{a^2+b^2}}\right) \quad \text{（複号同順）} \quad (15.11)$$

である．直線 $ax + by = c$ は，原点を通る直線 $ax + by = 0$ と平行であり，点 $(-b, a)$ はこの直線上の点である．点 $(-b, a)$ と点 (15.11) の内積

$$\pm\frac{-b \cdot ar}{\sqrt{a^2+b^2}} \pm \frac{a \cdot br}{\sqrt{a^2+b^2}} = 0 \quad \text{（複号同順）}$$

であることから，直線 $ax + by = 0$ と，円の中心と接点を通る直線が垂直に交わることがわかる．つまり，$b \neq 0$ に対して定理が成立する． （証明終）

　どのように感じられただろうか．確かに計算量はかなり多く，若干複雑に感じられる式を幾つか経由しなければならない．しかし，座標と方程式を使わずに定理を示せ，といわれたとしら，その方法が思い浮かぶだろうか．

　われわれはすでに，基本的な図形の方程式を知っている．また，交点の情報を知るには，対応する連立方程式を解けばよいことも知っており，さらに，角度の情報は内積から得られることも知っている．であれば，この定理を証明しようとしたとき，全く手が出ない，ということは考えにくい．

　このように，幾何学の問題を幾何学的に解くよりも，それを方程式（代数）の問題に書き換えて解いた方がやさしいことがある．歴史上，このことを最初に指摘したのはデカルト（René Descartes, 1596 – 1650）である．図と方程式を同一視することは，デカルトの精神にならった考え方であり，この考え方が中世と近世の数学を分かつ基本的な考え方の一つなのである．

演習問題

A115 以下に答えよ．

(1) 平面内の方程式 $x - a = 0$ に対応する図形はどんな図形か．

(2) 空間内の方程式 $x - a = 0$ に対応する図形はどんな図形か．

A116 平面内において，以下の方程式を図示せよ．

(1) $y - \dfrac{x}{3} - 4 = 0$ (2) $2x + y - 1 = 0$ (3) $\dfrac{x}{2} + y + 2 = 0$

A117 以下に答えよ．

(1) 点 $(1, 3)$ を通り，傾きが 3 の直線の方程式を求めよ．

(2) 2 点 $(2, 3), (5, 8)$ を通る直線の方程式を求め，図示せよ．

(3) 点 $(2, 5)$ と $(1, 3)$ を通る直線に平行な原点を通る直線の方程式を求めよ．

(4) 点 $(2, 1)$ と原点を通る直線に直角に交わる $(1, 0)$ を通る直線の方程式を求めよ．

(5) 点 $(1, 2, 3)$ と原点を通る直線に平行な $(1, 1, 1)$ を通る直線の方程式を求めよ．

(6) 点 $(1, 2, 3)$ と $(5, -3, 2)$ を通る直線に平行な原点を通る直線の方程式を求めよ．

(7) 点 $(1, 0, 1)$ と原点を通る直線に直角な $(2, 5, 5)$ を通る直線の方程式を求めよ．

A118 空間内において，以下の方程式に対応する図形がどのような図形か答えよ．

(1) $x = y = z$ (2) $\dfrac{x}{2} = y - 1 = z$ (3) $\dfrac{x-1}{2} = \dfrac{y}{3} = \dfrac{z-3}{3}$

A119 空間内において，以下の方程式に対応する図形がどのような図形か答えよ．

(1) $\begin{cases} x = 2 \\ y = 3 \\ z = 4 \end{cases}$ (2) $\begin{cases} x = 2t \\ y = 3t \\ z = 4t \end{cases}$ (3) $\begin{cases} x = 2t - 1 \\ y = 3t + 1 \\ z = -t + 3 \end{cases}$

A120 以下に答えよ．

(1) 点 $(1, 1, 1)$ と原点を通る直線に垂直に交わる原点を含む平面の方程式を求めよ．

(2) 平面 $x - y + 2z = 0$ に平行な原点を含む平面の方程式を求めよ．

(3) 点 $(1, -2, 1)$ と原点を通る直線に垂直に交わる点 $(1, 1, 1)$ を含む平面の方程式を求めよ．

(4) 点 $(1, 0, 1)$ と $(2, -1, 2)$ を通る直線に垂直に交わる原点を含む平面の方程式を求めよ．

(5) 点 $(1, 3, -1), (2, 6, -5), (1, 2, 1)$ を含む平面の方程式を求めよ．

第15講 方程式と図形

A121 空間内において，以下の方程式に対応する図形がどのような図形か答えよ．

(1) $y = 0$ (3) $x + y = 3$ (5) $2x + 3y - z = 0$
(2) $y + 2z = 0$ (4) $x + y - z = 0$ (6) $x + 2y - z = 4$
(7) $3(x-2) + 4y + 5(z-1) = 0$ (8) $5(x-2) + 4(y-3) + 3(z-1) = 12$

A122 平面内において，以下の方程式を図示せよ．

(1) $x^2 + y^2 = 9$ (2) $(x-1)^2 + (y+2)^2 = 4$ (3) $x^2 + y^2 + 2x - 4x - 4 = 0$

A123 空間内において，以下の方程式に対応する図形がどのような図形か答えよ．

(1) $(x-1)^2 + (y+2)^2 + (z-3)^2 = 9$ (2) $x^2 + y^2 + z^2 + 2x - 4y + 6z - 18 = 0$

A124 2円 $(x-a)^2 + (y-b)^2 = r^2$ と $(x-c)^2 + (y-d)^2 = s^2$ について，以下の問いに答えよ．

(1) 2つの円の中心間の距離を t とすると，t はどのような式で表されるか．
(2) r, s, t が以下の関係にあるとき，2円がどのような関係にあるか図示せよ．

  (a) $t > r + s$ (c) $|r - s| < t < r + s$ (e) $t < |r - s|$
  (b) $t = r + s$ (d) $t = |r - s|$

A125 空間内において，以下の方程式に対応する図形がどのような図形か答えよ．

(1) $\begin{cases} z = x \\ y = x \end{cases}$ (2) $\begin{cases} 2x + 3y - z = 0 \\ x + 2y - z + 4 = 0 \end{cases}$ (3) $\begin{cases} x^2 + y^2 + z^2 = 9 \\ x + y + z = 1 \end{cases}$

A126 以下に答えよ．

(1) 方程式 $x^2 + y^2 - 2x - 4y = 13$ が描く曲線の概形を描け．
(2) (1) で与えられた曲線に接し，点 $(6, 2)$ を通る直線の方程式を求めよ．

B83 以下の方程式に対応する平面内の図の概形を表計算ソフトを用いて描け．

(1) $2x + 3y^2 + 5 = 0$ (4) $x + \sqrt{y} + 1 = 0$ (7) $z - \sqrt{xy} = 0$
(2) $x^2 + 2y + 4 = 0$ (5) $x^2 + 2xy + y^2 = 0$ (8) $z - \sqrt[3]{xy} = 0$
(3) $x^3 + y + 4 = 0$ (6) $\sqrt{x} + \sqrt{y} = 4$ (9) $z - \sqrt[3]{x^2 y^2} = 0$

B84 点 (x_0, y_0) と直線 $ax + by + c = 0$ との距離を d とすると，
$$d = \frac{|ax_0 + by_0 + c|}{\sqrt{a^2 + b^2}}$$
が成立することを示せ．

B85 点 (x_0, y_0, z_0) と平面 $ax + by + cz + d = 0$ との距離を d とすると，B84 と同様に，
$$d = \frac{|ax_0 + by_0 + cz_0 + d|}{\sqrt{a^2 + b^2 + c^2}}$$
が成立することを示せ．

B86 焦点と呼ばれる 2 点からの距離の和が一定になる点の集まりから作られる曲線を**楕円**（ellipse）と呼ぶ．$f \geq 0$ に対して，平面内の 2 点 $(-f, 0), (f, 0)$ を焦点とし，焦点からの距離の和が r となる楕円上の点を (x, y) と置く．以下に答えよ．

(1) x, y, f, r の間に成り立つ関係式を求めよ．
(2) $a = r/2, b = \sqrt{a^2 - f^2}$ と置き，楕円の方程式の標準型 $\frac{x^2}{a^2} + \frac{y^2}{b^2} = 1$ を導け．
(3) $a = 3, b = 2$ として，(2) で与えた式の概形を描け．

B87 焦点と呼ばれる 2 点からの距離の差が一定になる点の集まりから作られる曲線を**双曲線**（hyperbola）と呼ぶ．$f \geq 0$ に対して，平面内の 2 点 $(-f, 0), (f, 0)$ を焦点とし，焦点からの距離の差が r となる双曲線上の点を (x, y) と置く．以下に答えよ．

(1) x, y, f, r の間に成り立つ関係式を求めよ．
(2) $a = r/2, b = \sqrt{f^2 - a^2}$ と置き，双曲線の方程式の標準型 $\frac{x^2}{a^2} - \frac{y^2}{b^2} = 1$ を導け．
(3) $a = 3, b = 2$ として，(2) で与えた式の概形を描け．

B88 焦点と呼ばれる 2 点からの距離の商が 1 以外の一定の値になる点の集まりは円となる．この円を**アポロニウスの円**と呼ぶ．$f \geq 0$ に対して，平面内の 2 点 $(-f, 0), (f, 0)$ を焦点とし，焦点からの距離の商が $r \neq 1$ となる点を (x, y) と置く．以下に答えよ．

(1) x, y, f, r の間に成り立つ関係式を求めよ．
(2) 関係式より，円の中心と半径を求めよ．

B89 空間内において，以下の方程式で与えられる図形がどのような図形か答えよ．

(1) $x^2 + y^2 = 1$ (2) $x^2 + y^2 = z^2$ (3) $\begin{cases} x^2 + y^2 = z^2 \\ x = 0 \end{cases}$ (4) $\begin{cases} x^2 + y^2 = z^2 \\ x = 1 \end{cases}$

B90 **中点連結定理**によると，三角形 OAB に対して，線分 OA と OB の中点を結ぶ直線は直線 AB と平行である．この定理を以下の方針に従い証明せよ．

第15講　方程式と図形

(1) 平面内で，O = (0, 0), A = (p, 0), B = (q, r) だとする．線分 OA と OB の中点の座標を求めよ．

(2) 直線 AB と，線分 OA と OB の中点を結ぶ直線の傾きを求め，それらが一致することを確かめよ．

B91 中線定理によると，三角形 OAB と線分 AB の中点 M について，$OA^2 + OB^2 = 2(OM^2 + AM^2)$ が成立する．B90 と同様にして中線定理を証明せよ．

C42 円の接線とその接点を通る弦の作る角は，その角の内部にある弧に対する円周角に等しい．これを**接弦定理**と呼ぶ．接弦定理を以下の方針に従い示せ．

(1) 平面内に原点を中心とする半径 1 の円を描く．点 T = (0, −1) においてこの円に接する直線の方程式を求めよ．

(2) 円周上の点 P = (cos x, sin x) について，線分 PT と T における接線の成す角を θ とする．$\cos\theta$ を求めよ．

(3) 点 P と点 T が原点に対して成す角 ϕ について $\cos(\phi/2) = \cos\theta$ が成立することを示し，さらに円周角の定理を用いることで接弦定理を示せ．

C43 円周上に 4 点 A, B, C, D を取り，直線 AB と CD の交点を P と置く．このとき，PA · PB = PC · PD が成立し，これを**方べきの定理**と呼ぶ．方べきの定理を以下の方針に従い示せ．

(1) 平面内に原点を中心とする半径 1 の円を描き，A = (cos α, sin α), B = (cos β, sin β), C = (cos γ, sin γ), D = (cos δ, sin δ) に対して，直線 AB と CD の方程式を求めよ．

(2) 交点 P の座標を求めよ．また，これらの座標を用いて方べきの定理を示せ．

C44 焦点と呼ばれる 2 点からの距離の積が一定の値になる点の集まりから作られる曲線を**カッシーニの卵型曲線**と呼ぶ．平面内の 2 点 (−1, 0), (1, 0) を焦点とし，焦点からの距離の積が r となる点を (x, y) と置く．以下に答えよ．

(1) $(x^2 + y^2)^2 - 2(x^2 - y^2) - (r^2 - 1) = 0$ が成立することを示せ．

(2) 表計算ソフトを用いて $-1.5 \leq x \leq 1.5$, $-1.5 \leq y \leq 1.5$ の範囲で $z = (x^2 + y^2)^2 - 2(x^2 - y^2) + 1$ のグラフを描け．

(3) 表計算ソフトの表示を工夫することで，$z = r^2 = 0.8$ のとき，カッシーニの卵型曲線が実際に卵型の 2 つの曲線となることを観察せよ．

(4) 同様にして，$z = r^2 = 1$ のとき，カッシーニの卵型曲線が 8 の字を描くことを観察せよ．

なお，この曲線は**連珠形**（lemniscate）と呼ばれる．
(5) 同様にして，$z = r^2 = 1.2$ のとき，カッシーニの卵型曲線が中心部が凹んだ1つの輪となることを観察せよ．

C45 **効用**に関する以下の問いに答えよ．

(1) 効用について調べよ．
(2) **無差別曲線**について調べよ．
(3) 商品 X の量を x，商品 Y の量を y，これらの商品から得られる効用を z とする．z, x, y が B83 (7) の関係を満たすとき，$z = 10$ のときの無差別曲線を描け．また，B83 (8), (9) についても同様にせよ．
(4) **予算制約線**について調べよ．
(5) 商品 X の価格を p_x，商品 Y の価格を p_y とする．商品をちょうど (x, y) 購入するのに必要な費用を式で表せ．
(6) $p_x = 1, p_y = 2$ とし，商品 X, Y を購入するのに使える総予算を 100 とする．z, x, y が B83 (7) の関係を満たすとき，購入可能な範囲で効用が最大になる (x_0, y_0) を求めよ．
(7) (6) で求めた (x_0, y_0) により得られる効用を z_0 と置く．値 z_0 に関する無差別曲線が予算制約線に接することを確かめよ．

C46（**生産関数**）ある商品について，その商品の生産量 Y は，生産に投入された機械設備 K と投入された労働者の総労働時間 L で決まり，その関係はある定数 α と β を用いて，$Y = (\alpha L^{-\beta} + (1-\alpha) K^{-\beta})^{-1/\beta}$ により与えられるとする．

(1) 定数 α が $0 < \alpha < 1$ を満たさねばならない理由を述べよ．また，$\alpha \sim 0$ ($\alpha \sim 1$) はどのような生産現場を想定しているだろうか．
(2) $\alpha = \beta = 0.5$ とする．商品を 300 生産するのに必要な総労働時間と機械設備の量の組み合わせを (L, K) 平面に図示せよ．また，機械設備を 5 投入することが決まっているとしたとき，商品を 10 生産するのに必要な総労働時間を求めよ．
(3) 総労働時間と機械設備の 1 単位当たりの価格が等しいとする．商品 300 を最も安く生産するための労働時間と機械設備の組み合わせを (2) で描いた図を用い，説明せよ．
(4) 定数 $\beta \sim 0$ のとき，$Y - (\alpha L^{-\beta} + (1-\alpha) K^{-\beta})^{-1/\beta} = 0$ は $Y - L^\alpha K^{1-\alpha} = 0$ にほぼ等しくなることを各々の式に対応する図を描くことで確かめよ．

第 15 講　方程式と図形

「記述統計の基礎」のまとめ【コラム：記述統計の基礎 XV】

　ここまで本書では各章のコラムとして，「記述統計の基礎」について解説してきた．残念ながら本書で取り上げた範囲はあくまで記述統計の基礎の部分に過ぎず，さらに，実験計画や推計統計については，ここまで全く解説できていない．

　というのも，統計学は学ぶのに多くの時間を要する膨大な知識体系である．まず，実験計画は，自分の専門分野がどこかに応じて，また，何を調べるのかに応じてその計画の立て方が大きく異なることが多く，実際には，それぞれの分野の最新の論文を参考にせざるを得ないことが多い．そして，推計統計は，「推計」せねばならない分，記述統計よりもかなり進んだ数学の知識を求められる．

　実際に推計統計を理論的に学ぼうとすると，多変数の微分積分学と線形代数学を学ぶ必要がある．実は，これらは，工学系や理学系の学生が大学に入ってまず学ぶ数学である．多変数の微分積分学については高木貞治[33]が，線形代数学については，佐武一郎[19]が標準的な教科書だが，工学系や理学系の基礎的な知識であることから，これら以外にもよい教科書は数多い．自分に合った教科書をみつけるとよいだろう．

　推計統計の一般論については，宮川公男[22]がわかりやすい．理論的な枠組みについては，小針晛宏[17]が良書である．ただし，理論だけでは統計を使いこなすことはできない．

　現実には，実際の統計処理は表計算ソフトや統計処理専門ソフトを用いることが多い．というよりも，個人が膨大な計算能力を持つこのようなソフトウェアを利用できるようになったことが，ますます統計を高度化させると同時に，それをありふれたものにしている．このようなソフトウェアを片手に読める本として，本書では，太郎丸博[36]を推奨する．

　最後に，統計手法全般についての重要な注意をしておこう．

　まず，実験計画，すなわち適切なデータの収集は非常に重要である．実験計画がまずい，もしくは不十分な場合，そこから得られるデータを幾ら解析しても何の結論も得られない．データを正しく解析する手法は非常に限られている．つまり，大量のデータが得られたとしても，それを解析する方法が知られていない場合，そこから何の結論も引き出すことはできない．統計はデータ解析の万能薬ではないことを覚えておいてほしい．

　さらに，統計が使われているからといって，そこで述べられている結論がすぐに正しい訳ではない．統計学自体にあやしいところはない．しかし，統計は適切な使い方をしなければ，誤った結論を容易に導きうる道具である．このような統計の危険性については，古典的ではあるが，ダレル・ハフ[13]を一読しておくとよいだろう．

「数理論理の基礎」のまとめ【コラム：数理論理の基礎 XXII】

ここまでの解説をまとめよう．結局，「論理」とは何だろうか．

辞書的には論理とは「思考の妥当性が保証される法則や形式」だった（第 1 講）．「妥当」とは「適切」なことなので，要するに論理とは「正しい考え方の型」のことである．

本書が取り上げたのは，「真か偽かのどちらかの状態しか持たない文」（命題，第 2 講）と，論理演算「または」（論理和，第 3 講）「かつ」（論理積，第 4 講）「ではない」（否定，第 5 講）「ならば」（論理包含，第 6 講）「の場合に限り」（同値，第 7 講）から成る「文」（命題）である．

このような「文」（命題）に対して，「正しい考え方の型」，つまり「論理」とは，「命題に対応する論理式が恒真式である」こと（第 9 講〜第 11 講）であり，論理式が恒真式か否かは，命題の真理値表を論理演算の法則に従って計算すればわかる（第 8 講）．そして，代表的な恒真式として，「正格法」「負格法」「仮言三段論法」「選言三段論法」（第 12 講）「両刀論法」「背理法」（第 13 講）「対偶論法」（第 14 講）があることを見た訳である．

どのように感じられただろうか．本書が取り上げたのは，疑問文さえも含まない非常に限定的な「文」である．そして，このように限定された「文」を正しく運用する方法は，恒真式という公式に正しく命題を代入していくという，まさに数学的な作業である．

われわれが日常的に用いる言葉は豊かで曖昧である．他方，論理的とは，限定された文を正しく演算することである．そこには感情の入る余地はなく，数の計算と同様に，冷徹さと正確さのみが求められる．論理的であるためには，言葉の持つ豊かさと曖昧さを捨て去ると同時に，数学の計算訓練と同様の訓練が必要であることが納得できるだろう．

ここまで各講のコラムとして「論理」を取り上げたが，この少ない項数で取り上げることができたのは初歩的な話題[a]に限られる．また，含まれる練習問題の量も全く足りていない．論理を身につけるには計算訓練と同様の訓練を要する．入門的なものに限るが，何冊かこの方面の入門書を参考文献に載せている．筆者としては，さらにこれらの書籍に進まれ論理を学ばれることを読者に強く推奨して，本コラムを閉じたいと思う[b]．

---

[a] 本書で取り上げることができたのは「命題論理」のほんの一部に過ぎない．

[b] 第 5 講で取り上げたゼノンの詭弁について幾らかの注意しておこう．

ゼノンの詭弁の各段階 ((1), (2), (3), ...) は論理的である．つまり，それぞれの文は正しく，これらを例えば 25 回繰り返して得られる「アキレスが Y 地点に到達したとき，亀はさらに前方の Z 地点にいる．従って，このとき，アキレスは亀に追いついてはいない」は正しい結論である．正しい論理を有限回積み上げ結論を得ることに問題はない．

しかし，ゼノンの詭弁では，無限回論理を積み上げ，無限の時間追いつけないと結論づけている．ここで前提としているのは「無限回時間を加えると無限の時間になる」であり，例 23 より，この命題は偽である．これが問 14 の答えである．

このように無限の概念を含む論理の取り扱いは注意を要する問題であり，これは本書で取り上げた範囲をはるかに超える論理学の題材である．

第 IV 部

基本的な初等関数と複素数

　中世ヨーロッパにおいて，自由人の学ぶべき教養とされた自由七科 (liberal arts) は，言語にかかわる，文法学・修辞学・論理学の 3 学 (trivium) と数学にかかわる，算術・幾何・天文学・音楽の 4 科 (quadrivium) から成る．算術 (arithmetics) には，古代ギリシャの数学者，「代数学の父」と呼ばれるディオファントス (Διόφαντος ὁ Ἀλεξανδρεύς) が著したのが『算術 ("Arithmetica")』であることからも伺えるが，計算技法だけでなく，古典的な意味での代数 (algebra) を学ぶことも含まれていた．

　さて，現代数学の三大分野は，代数学 (algebra)・幾何学 (geometry)・解析学 (analysis) である．代数学は上に述べたように，幾何学は初等幾何の形で，自由七科の一部として，古くから学ぶべきものであった．では，「解析学」はどうだろうか．

　解析学の基本部分は，微分積分学である．

　微分積分学は，17 世紀にニュートン (Sir Isaac Newton, 1642 – 1727) とライプニッツ (Gottfried Wilhelm Leibniz, 1646 – 1716) により独立に生み出され，18 世紀に体系化されたが，これを「関数」の基本概念に基き行った数学者がオイラー (Leonhard Euler, 1707 – 1783) である．オイラーの視点に立つならば，解析学とは，関数の変化を調べる新たな数学である．そして，彼は，『無限解析序説』で，「関数」を，代数的演算から得られるものと，それだけでは得られない何らかの超越的な操作から得られるものに分け考察している．本書もこれにならう．

　ただし，本書は，あえて，解析学の基本である微分積分学には踏み込んでいない．これは，本書が「関数」それ自体に焦点を当てたからである．微分積分学は，関数を調べるための非常に強力な，しかし，習得に大きな手間のかかる道具である．つまり本書は，通常とは逆に，微分積分学の結論として得られる解析的事実を先取りした構成となっている．そのため，さまざまなところで，微分積分が使えないゆえに生ずる無理を押し通している．

　従って，本書で学ばれる読者においては，是非，微分積分学の学習後に，本書のさまざまな結論を再訪して頂きたい．これにより，微分積分が如何に強力な道具であるかが認識されることと思う．

第 16 講　多項式関数

多項式関数とは，その名の通り，多項式として表現される関数のことであり，初等関数の最も基本的な族である．その特徴は，第 7 講で解説した，その関数を表す多項式の次数により大まかに決定できる．第 10 講で，0 次（定数関数）と 1 次の多項式関数の特徴は解説済みであることから，本講は 2 次以上の多項式関数の特徴について解説する．

多項式関数

多項式関数　整数 n に対して，n 次の多項式の形で表現される関数を n **次関数**と呼び，$0, 1, 2, \ldots$ 次関数を全てまとめて**多項式関数** (polynomial function) と呼ぶ．すなわち，n 次関数とは，定数 $a_0 \neq 0, a_1, a_2, \ldots, a_n$ を用いて，

$$f(x) = a_0 x^n + a_1 x^{n-1} + \cdots + a_n$$

と記される関数のことであり，これら全てをまとめて多項式関数と呼ぶ．

2 次関数

グラフ　まず，2 次関数について，その特徴を明らかにしよう．定数 $a \neq 0, b, c$ に対して，$f(x) = ax^2 + bx + c$ と置く．その特徴は，**平方完成** (completing the square) と呼ばれる式変形

$$f(x) = ax^2 + bx + c = a\left(x + \frac{b}{2a}\right)^2 - \frac{b^2 - 4ac}{4a}$$

により明らかとなる．

第 9 講より，関数 $y = f(x)$ は，関数 $y = ax^2$ のグラフを x 方向に $-\frac{b}{2a}$，y 方向に $-\frac{b^2-4ac}{4a}$ 平行移動させたグラフを持つ．そして，$y = ax^2$ は，$a > 0$ のとき，原点を底とする左右対称の急峻な谷形，$a < 0$ のとき，原点を頂点とする左右対称の急峻な山形のグラフとなる．これらにより，2 次関数 $y = f(x)$ のグラフの概形を容易に描ける．

例 119 関数 $f(x) = x^2 - 2x - 1$ のグラフの概形を描こう．関数 $f(x)$ の平方完成は，

$$f(x) = x^2 - 2x - 1 = (x - 1)^2 - 2$$

なので，そのグラフは，関数 $y = x^2$ のグラフを x 方向へ 1，y 方向へ -2 平行移動させた図 16.1 のようなグラフとなる．

第 16 講　多項式関数

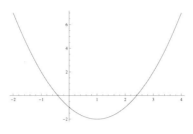

図 16.1　$y = x^2 - 2x - 1$

零点　関数の零点とは，関数の値が零となる値 x，すなわち，2 次関数 $f(x) = ax^2 + bx + c$ ならば，2 次方程式

$$ax^2 + bx + c = a\left(x + \frac{b}{2a}\right)^2 - \frac{b^2 - 4ac}{4a} = 0$$

を満たす x のことである．平方完成させた式より，

$$x = \frac{-b \pm \sqrt{b^2 - 4ac}}{2a} \quad \text{(複号任意)}$$

が解になることは容易にわかり，さらに，関数 $f(x)$ は

$$b^2 - 4ac > 0 \text{ のとき 2 個の零点},$$
$$b^2 - 4ac = 0 \text{ のとき 1 個の零点},$$
$$b^2 - 4ac < 0 \text{ のとき 0 個の零点}$$

を持つこともわかる．2 次関数の零点の個数を判別する値 $b^2 - 4ac$ は**判別式** (discriminant) と呼ばれ，記号 D，もしくは Δ で表されることが多い．

n 次関数

グラフ　残念ながら 3 次以上の多項式関数に対して，2 次関数の平方完成と同様，それだけで関数のグラフの概形を描けるような式変形はない．しかし，n 次関数

$$f(x) = a_0 x^n + a_1 x^{n-1} + \cdots + a_n$$

の値は，値 x の増加に合わせ

$a_0 > 0$	$x \ll 0$	$x \gg 0$	$a_0 < 0$	$x \ll 0$	$x \gg 0$
n が偶数	急減少	急増加	n が偶数	急増加	急減少
n が奇数	急減少	急増加	n が奇数	急増加	急減少

のように変化することはわかる．また，n 次関数 $f(x)$ のグラフの山と谷の合計数は 0 以上 $n-1$ 以下であることもわかる．

問 99 値 x が十分に大きな（小さな）とき，n 次関数のグラフがなぜ急減少，もしくは急増加となるのかを考察せよ．

問 100 n 次関数のグラフの山と谷の合計数がなぜ 0 以上 $n-1$ 以下となるのかを考察せよ．

例 120 関数 $f_1(x) = x^3, f_2(x) = x^2(x+1), f_3(x) = -x(x-1)(x+1)$ のグラフの概形はそれぞれ図 16.2，16.3，16.4 で与えられ，それぞれグラフの山と谷の合計数が 0 個，2 個，2 個の関数である．関数 $f_1(x)$ と $f_2(x)$ の最高次の係数は正の値であり，そのグラフは，$x \gg 0, x \ll 0$ のいずれの場合も急増加である．逆に，関数 $f_3(x)$ の最高次の係数は負であり，そのグラフは $x \gg 0, x \ll 0$ のいずれの場合も急減少である．

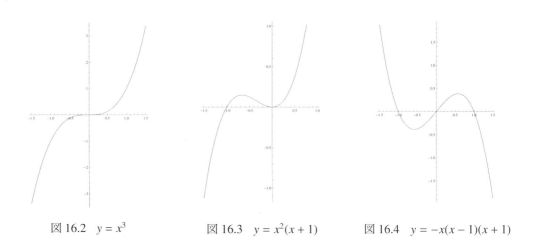

図 16.2　$y = x^3$　　　　図 16.3　$y = x^2(x+1)$　　　　図 16.4　$y = -x(x-1)(x+1)$

問 101 山と谷の個数の合計がそれぞれ 1, 3 個となる 4 次の多項式関数の例を挙げよ．

四則演算と合成　　多項式関数の四則演算，および合成について次の性質は基本的である．

(1) $m > n$ のとき，m 次関数と n 次関数の和，もしくは差は，m 次関数である．
(2) $m = n$ のとき，m 次関数と n 次関数の和，もしくは差は，m 次以下の関数である．
(3) m 次関数と n 次関数の積は，$m+n$ 次関数である．

第 16 講　多項式関数

(4) $m \geq n$ のとき，m 次関数 $f(x)$ と，n 次関数 $g(x)$ に対して，
$$f(x) = g(x)q(x) + r(x)$$
を満たす $m - n$ 次の関数 $q(x)$ と $n - 1$ 次以下の関数 $r(x)$ が 1 組だけ存在する．このとき，多項式 $q(x)$ を**商** (quotient)，多項式 $r(x)$ を**余り** (remainder) と呼ぶ．また，$r(x) = 0$ でかつ $g(x)$ の次数が 1 以上 $m - 1$ 以下のとき，$g(x)$ は $f(x)$ の**因数** (factor) とも呼ばれる．さらに，$f(x)$ は因数を持たないとき，**既約** (irreducible)，因数を持つとき，**可約** (reducible) と呼ばれる．

(5) m 次関数と n 次関数の合成は，mn 次の関数である．

問 102 多項式関数の四則演算と合成に関するこれらの性質がなぜ成立するのかを考察せよ．

零点　n 次の多項式関数の零点は n 個以下しか現れない．

問 103 多項式関数の四則演算と合成に関する性質 (4) を用いて，n 次の多項式関数の零点が n 個以下であることを示せ．

例 121 関数 $f_1(x) = x^3, f_2(x) = x^2(x+1), f_3(x) = -x(x-1)(x+1)$ はそれぞれ 1 個，2 個，3 個の零点を持つ 3 次の多項式関数である．同様に，零点の個数がそれぞれ k ($1 \leq k \leq n$) 個の n 次の多項式関数を作ることができる．

例 122 2 次関数 $f(x) = x^2 + 1$ は零点を持たない．同様に，任意の偶数 n に対して，零点を持たない n 次の多項式関数を作ることができる．しかし，零点を持たない奇数次の多項式関数はない．つまり，奇数次の多項式関数は必ず 1 個以上の零点を持つ．

問 104 零点の個数がそれぞれ $0, 1, 2, 3, 4$ 個となる 4 次の多項式関数の例を挙げよ．

問 105 奇数次の多項式関数が必ず 1 個以上の零点を持つのはなぜか考察せよ．

問 106 多項式関数 $f(x) = x^n - 1$ の零点は，次数 n が偶数のとき $x = 1$，次数 n が奇数のとき $x = \pm 1$ のみであることを示せ．

正のべき関数

定義　定数 k に対して，変数 x の k 乗，すなわち，k べきを求める関数

$$f(x) = x^k$$

を**べき関数** (power function)，もしくは**累乗関数**と呼ぶ．定数 k が自然数のとき，これは $x = 0$ のみを零点に持つ最も単純な k 次の多項式関数である．また，$k = 0$ のとき，$f(x) = 1$ であり，これは定数関数である[*1]．

自然数 n に対して，$k = 1/n$ としよう．第 3 講で

$$f(x) = x^{1/n} = \sqrt[n]{x},$$

すなわち，$1/n$ 乗はべき根ととらえるべきことを解説した．べき根の計算はべき乗の計算の逆であることから，**べき関数 $x^{1/n}$ と多項式関数 x^n は逆関数の関係**（第 10 講参照）にあることがわかる．

任意の正の値 k に対して，べき関数 $f(x) = x^k$ は次の例に従い定めればよい．

例 123　$k = 3.14$ としよう．$k = 3.14 = 3 + 1/10 + 1/25$ であることから，指数法則より

$$f(x) = x^{3.14} = x^3 \cdot x^{1/10} \cdot x^{1/25} = x^3 \cdot \sqrt[10]{x} \cdot \sqrt[25]{x}$$

と定めるのが自然である．また，$k = \pi$（円周率）は，$\pi \simeq 3.14, \pi \simeq 3.141, \pi \simeq 3.1415, \ldots$ のように漸近的に近似できる．従って，$f(x) = x^\pi$ も，

$$f_1(x) = x^{3.14}, \quad f_2(x) = x^{3.141}, \quad f_3(x) = x^{3.1415}, \quad \ldots$$

のようにして漸近的に近似されることで現れる関数だと定義すればよい．

問 107　べき関数 $f(x) = x^{\sqrt{2}}$ を例 123 にならい定義せよ．

グラフ　定数 k の各値について，図 16.5 にべき関数 $f(x) = x^k$ のグラフの概形を与えた．関数 $f(x) = x^k$ と $f(x) = x^{1/k}$ が互いに逆関数の関係にあることから，直線 $y = x$ に対して対称なグラフとなっていることに注意してほしい（第 10 講参照）．

[*1] $f(0) = 0^0$ より，$0^0 = 1$ と定めることがある．しかし，この定義により不都合が生じることも多いことから，本書では第 3 講で述べた通り 0^0 は考えないことにする．つまり，$f(x)$ は $x = 0$ で定義されないとする．

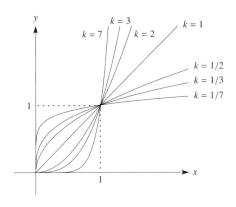

図 16.5　正のべき関数

テイラー展開

変数 x を値 a に十分近い範囲に取り，関数 $f(x)$ を $a_n(x-a)^n$ ($n = 0, 1, 2, \ldots$) の和で近似できたと仮定しよう．すなわち，上手に数列 $a_0, a_1, a_2, \ldots$ を取ることで，

$$f(x) = a_0 + a_1(x-a) + a_2(x-a)^2 + \cdots + a_n(x-a)^n + \ldots \qquad (16.1)$$

のように書けたとする．このように，関数 $f(x)$ を $(x-a)^k$ の多項式の形で近似することを，$x = a$ での**テイラー** (Brook Taylor, 1685 – 1731) **展開** (Taylor expansion) と呼び，$x = 0$ でのテイラー展開を**マクローリン** (Colin Maclaurin, 1698 – 1746) **展開** (Maclaurin expansion) と呼ぶ．テイラー展開の式（16.1）に，$x = a$ を代入することで，$a_0 = f(a)$ がすぐにわかる．

一般に，特定の値 a における関数の様子はよくわかるが，それ以外の値の様子はわからない関数は多い．このような関数のテイラー展開を求めることができたとしよう．

いま，x が a に十分近いことから，$|x-a| < 1$ である．このとき，$(x-a)^n$ は n が大きくなれば，急速に 0 に近くなる．結局，係数 a_n が急速に大きくならない限り，十分大きな n について，$a_{n+1}(x-a)^{n+1} + \cdots$ はほとんど無視できる程度に小さな値となり，関数 $f(x)$ は，x が a に十分近いところで，ほぼ n 次の多項式関数

$$f(a) + a_1(x-a) + a_2(x-a)^2 + \cdots + a_n(x-a)^n$$

と見なしてよいことになる．つまり，関数 $f(x)$ の $x = a$ でのテイラー展開がわかれば，値 a に十分近い x に限るとはいえ，関数の値をほぼ正確に求めることができる．

例 124 べき関数 $f(x) = \sqrt{x}$ は，$x = 1, 4, 9, \ldots$ などであれば，その値を容易に求めることができるが，任意の値 x の場合はニュートン法（例 39 参照）などを用いる必要があり，かなり大変である．ここでは，テイラー展開を用いて $x = 2$ の場合の近似値を計算しよう．

べき関数 $f(x) = \sqrt{x}$ の $x = 1$ でのテイラー展開は

$$\sqrt{x} = 1 + \frac{x-1}{2} - \frac{(x-1)^2}{8} + \frac{(x-1)^3}{16} - \frac{5(x-1)^4}{128} + \frac{7(x-1)^5}{256} - \frac{21(x-1)^6}{1024} + \cdots \quad (16.2)$$

である（第 17 講のコラム「級数の積と一般化された二項定理」参照）．これにより，$n+1$ 次以降の項を無視した多項式関数を $f_n(x)$ と置くと，

$$\sqrt{2} = \frac{1}{f(1/2)} \simeq \frac{1}{f_1(1/2)} = 1.333\ldots,$$

$$\sqrt{2} = \frac{1}{f(1/2)} \simeq \frac{1}{f_3(1/2)} = 1.40659,$$

$$\sqrt{2} = \frac{1}{f(1/2)} \simeq \frac{1}{f_6(1/2)} = 1.41378,$$

$$\sqrt{2} = \frac{1}{f(1/2)} \simeq \frac{1}{f_9(1/2)} = 1.41418,$$

と漸近的に近似される．なお，最後の近似値は，小数点以下 3 桁まで正しい．

では，テイラー展開の係数の列 $a_1, a_2, \ldots$ はどのように求めれば良いのだろうか．これは，普通，微分を用いた汎用的な公式を用いて求めることが多いのだが，本書は微分積分への深入りを避け，この公式を示すことはしない．その代わりに本書では，微分を使わなくても求まるものはその方法を，そうでないものについては例 124 と同様に証明無しでテイラー展開を与えることにする．

例 125（**多項式関数のテイラー展開**） 多項式関数 $f(x) = x^4 + x^3 + x^2 + x + 1$ の $x = 1$ でテイラー展開を計算しよう．$X = x - 1$ と置くと，$x = X + 1$ となる．これを $f(x)$ に代入して，

$$f(X) = (X+1)^4 + (X+1)^3 + (X+1)^2 + (X+1) + 1$$

を得る．この式を展開し，X を $x - 1$ に戻すことで，

$$f(x) = (x-1)^4 + 5(x-1)^3 + 10(x-1)^2 + 10(x-1) + 5$$

となるが，関数 $f(x)$ を $(x-1)^k$ の多項式の形で表せたことから，これが求めるべきものである．

第 16 講　多項式関数

演習問題

A127 次の 2 次関数のグラフは，2 次関数 $y = x^2 - 2x + 1$ のグラフを平行移動したものである．それぞれどのように平行移動したものかを答えよ．

(1) $y = x^2$ 　　　(2) $y = (x-2)^2 + 3$ 　　　(3) $y = x^2 - 6x + 11$

A128 次の 2 次関数のグラフの頂点の座標を求めよ．またグラフの概形を描け．

(1) $y = -x^2 + 1$ 　　　(2) $y = (x-4)^2 + 3$ 　　　(3) $y = -x^2 - 4x + 6$

A129 2 次関数 $y = ax^2 + bx + c$ は，$x \geq 0$ のとき，$y \leq 0$ を満たすとする．このとき，次の値の符号がどのようになるのかを答えよ．

(1) a 　　　(3) c 　　　(5) $a + b + c$
(2) b 　　　(4) $b^2 - 4ac$ 　　　(6) $a - b + c$

A130 2 次関数 $f(x) = ax^2 + bx + c$ についての以下の問に答えよ．

(1) 関数 $f(x)$ のグラフを x 方向に 1，y 方向に -3 平行移動させた曲線をグラフとして持つ関数を求めよ．
(2) 関数 $f(x)$ のグラフと原点に対して対称な曲線をグラフとして持つ関数を求めよ．
(3) 関数 $f(x)$ のグラフと y 軸に対して対称な曲線をグラフとして持つ関数を求めよ．

A131 2 次関数 $f(x) = ax^2 + bx + c$ についての以下の問に答えよ．

(1) 関数 $f(x)$ のグラフが $(1,0), (-2,0), (0,3)$ を含むときの定数 a, b, c の値を求めよ．
(2) 関数 $f(x)$ が $x = 2$ で最大値 3 を持ち，$f(0) = -5$ となるときの定数 a, b, c の値を求めよ．

A132 2 次関数 $f(x) = x^2 + ax + b$ についての以下の問に答えよ．

(1) 関数 $f(x)$ が x 軸に接するとして，定数 a と b の関係を求めよ．
(2) 関数 $f(x)$ が x 軸と 2 点で交わるとき，2 点の間の距離を定数 a と b を用いて表せ．
(3) 関数 $f(x)$ が $y = x$ と $(1,1)$ で接するとして，定数 a, b を求めよ．
(4) 関数 $f(x)$ が x 軸と $x = \alpha, \beta$ で交わるとして，$\alpha^2 + \beta^2, \alpha^3 + \beta^3$ を定数 a, b を用いて表せ．

A133 直角を挟む 2 辺の和が 40 である直角三角形のうち，斜辺の長さが最小となる直角三角形の斜辺の長さを求めよ．

総和・総乗記号

規則性のある複数の和や積を簡潔に表現するために使われる

$$\sum_{i=1}^{n} x_i = x_1 + x_2 + \cdots + x_n, \quad \prod_{i=1}^{n} x_i = x_1 \cdot x_2 \cdots x_n$$

のような記法は，それぞれ**総和** (summation)，**総乗** (product) と呼ばれる．これらが次の性質を持つことはほとんど明らかであろう．

$$\sum_{i=1}^{n}(x_i + y_i) = \sum_{i=1}^{n} x_i + \sum_{i=1}^{n} y_i, \quad \prod_{i=1}^{n}(x_k \cdot y_i) = \prod_{i=1}^{n} x_i \cdot \prod_{i=1}^{n} y_i, \quad (16.3)$$

$$\sum_{i=1}^{n} \lambda x_i = \lambda \sum_{i=1}^{n} x_i, \quad \prod_{i=1}^{n} \lambda x_i = \lambda^n \prod_{i=1}^{n} x_i \quad (16.4)$$

この記法を拡張し，無限の和や積について

$$\sum_{i=1}^{\infty} x_i = x_1 + x_2 + \cdots + x_n + \cdots, \quad \prod_{i=1}^{\infty} x_i = x_1 \cdot x_2 \cdots x_n \cdots$$

のように記すことも多いが，有限の和・積と同様の，式 (16.3)，もしくは (16.4) のような性質は必ずしも成立はしない．しかし，本書はこの点については深入りを避ける．

A134 総和記号を用いて書き直せ．ただし，n は自然数とする．

(1) $f(x) = x^3 + x^2 + x + 1$
(2) $g(x) = x^4 - x^3 + x^2 - x + 1$
(3) $h(x) = x^n + 2x^{n-1} + \cdots + (n+1)$
(4) $r(x) = (x+1)^n = x^n + nx^{n-1} + \cdots + 1$
(5) 式 (16.1)
(6) 式 (16.2)

A135 総乗記号を用いて書き直せ．ただし，n は自然数とする．

(1) $f(x) = x \cdot x^2 \cdots x^n$
(2) $g(x) = (x-1)(x-2) \cdots (x-n+1)$
(3) $h(x) = 1 \cdot x^2 \cdot x^4 \cdots x^{2n}$
(4) $r(x) = (nx) \cdot ((n-1)x^3) \cdots (1 \cdot x^{2n-1})$
(5) $s(x) = (x+2)(x^2-4)(x^3+6) \cdots$
(6) $t(x) = x(-x^2)(x^3)(-x^4) \cdots$

A136 以下の問に答えよ．

(1) $x \leq -1$, $y \geq 1$, $3x + 2y = 5$ のとき，xy の最大値と最小値を求めよ．
(2) $y = (x^2 + 4x + 3)(x^2 + 4x - 3) - 3x^2 + 4x + 1$ の最大値と最小値を求めよ．
(3) $z = x^2 + y^2 + 2x - 6y + 1$ の最小値を求めよ．

第 16 講　多項式関数

A137 定数 a について，不等式 $x^2 - (2a + a^2)x + a^3 > 0$ を解け．

A138 以下の多項式関数のグラフの概形を描け．

(1) $f(x) = x^3 + x^2 + x + 1$ 　　(2) $g(x) = -x^3 + x^2 - x + 1$ 　　(3) $h(x) = x^4 - 2x^2 + 1$

A139 多項式関数 $f(x) = -x + 1, g(x) = x^2 + 2x + 1, h(x) = -x^3 + 3x + 1$ について，和・差・積・商・余りと合成を求めよ．

A140 次数を求めよ．ただし，m, n は自然数とする．

(1) $f(x) = (-x^2 + 3x + 1)^m$
(2) $g(x) = (3x + 6)^m + (x^3 + x + 1)^{2n}$
(3) $h(x) = x^m + x + 1 - (x + 1)^m$
(4) $p(x) = f(g(x))$
(5) $q(x) = f(g(h(x)))$

A141 実数の範囲で既約かどうかを調べよ．

(1) $f(x) = x^2 + x + 1$
(2) $g(x) = x^3 + x^2 + x + 1$
(3) $h(x) = x^4 + x^3 + x^2 + x + 1$
(4) $p(x) = x^2 + 1$
(5) $q(x) = x^4 + 1$
(6) $r(x) = x^6 + 1$

A142 実数の範囲で零点を求めよ．ただし，m, n は自然数とする．

(1) $f(x) = x^2 - 2x + 1$
(2) $g(x) = x^3 + 3x^2 - x - 3$
(3) $h(x) = x^{10} - 1$
(4) $p(x) = x^5 - 5x^4 + 10x^3 - 10x + 5x - 1$
(5) $q(x) = x^6 - 14x^4 + 49x - 36$
(6) $r(x) = x^m - x^n$

A143 以下の関数のグラフの概形を描け．

(1) $f(x) = \sqrt{x - 1}$
(2) $g(x) = \sqrt{1 - x}$
(3) $h(x) = \sqrt[3]{x^2 - 1}$
(4) $p(x) = \sqrt[3]{x^3}$
(5) $q(x) = \sqrt[4]{(x - 1)^2}$
(6) $r(x) = (x - 2)^{3/2}$
(7) $s(x) = x + \sqrt{x}$
(8) $t(x) = \sqrt{x} + \sqrt{x - 1}$
(9) $u(x) = \sqrt{-x + 2} + \sqrt{x}$

A144 以下の関数の逆関数を求めよ．また，そのグラフを描け．

(1) $f(x) = (x - 1)^2$
(2) $g(x) = -x^2 + 2x - 1$
(3) $h(x) = \sqrt{x - 3}$
(4) $p(x) = x^3 - 3x^2 + 3x - 1$
(5) $q(x) = \sqrt[3]{1 - x}$
(6) $r(x) = (x - 2)^{3/2}$

A145 以下の関数のマクローリン展開を求めよ．ただし，m は自然数とする．

(1) $f(x) = (x-1)^2$

(2) $g(x) = -(x-1)(x+1)(x-2)(x+3)$

(3) $h(x) = (x^3 - 3x^2 + 3x - 1)/(x-1)$

(4) $p(x) = (x^4 - 4x^2 + 4)\big/(x - \sqrt{2}) + (x-1)^2$

(5) $q(x) = (x-1)^m$

(6) $r(x) = (2-x)^m$

A146 以下の関数の $x = 1, -1, 2$ におけるテイラー展開を求めよ．ただし，m は自然数とする．

(1) $f(x) = x^2$

(2) $g(x) = x^2 + x + 1$

(3) $h(x) = x^4 - 1$

(4) $p(x) = (x-3)(x-2)(x-1)$

(5) $q(x) = x^m$

(6) $r(x) = (1-x)^m$

終結式

多項式関数 $f(x), g(x)$ が

$$f(x) = a\prod_{i=1}^{m}(x-\alpha_i) = a(x-\alpha_1)(x-\alpha_2)\cdots(x-\alpha_m),$$

$$g(x) = b\prod_{j=1}^{n}(x-\beta_j) = b(x-\beta_1)(x-\beta_2)\cdots(x-\beta_n)$$

と 1 次式の積に因数分解できたとする．このとき，$f(x)$ と $g(x)$ の**終結式** (resultant) とは，

$$a^n b^m \prod_{i=1}^{m}\prod_{j=1}^{n}(\alpha_i - \beta_j)$$

のことであり，一般に $\mathrm{Res}(f, g)$ のように記される．

終結式は，その定義から，明らかに，

$$f(x) = 0 \text{ と } g(x) = 0 \text{ が共通の零点を持つ} \iff \mathrm{Res}(f, g) = 0$$

である．また，特に，多項式関数 $f(x)$ に対して，終結式 $\mathrm{Res}(f, f')$ を $f(x)$ の**判別式** (discriminant) と呼ぶ．ただし，

$$f'(x) = a\sum_{k=1}^{m}\prod_{i\neq k}(x-\alpha_i) \qquad (16.5)$$

である．終結式は，$f(x)$ と $g(x)$ の展開式の係数を用いて書けることが知られており，これから，特に判別式は，$f(x)$ の展開式の係数で書けることがわかる．

第 16 講　多項式関数

B92 有理数係数の多項式関数 $f(x)$ と $g(x)$ の四則演算と合成により得られる多項式関数が有理数係数であることを示せ．

B93 多項式関数 $f(x)$ と $g(x)$ には共通の因数が現れないとする．このとき，$f(x)p(x) + g(x)q(x) = 1$ を満たす多項式関数 $p(x)$ と $q(x)$ が存在することを示せ．

B94 2次関数 $f(x) = ax^2 + bx + c = a(x-\alpha)(x-\beta)$ と 1次関数 $g(x) = 2ax + b = 2a(x-\gamma)$ について以下を示せ．

(1) $a = 1, \alpha = 2, \beta = 3$ についての終結式の値を求めよ．

(2) 任意の α, β, γ についての終結式を定数 a, b, c を用いて表せ．

(3) $g(x) = f'(x)$ であることを示せ．ただし，式 (16.5) で $f'(x)$ を定める．

B95 3次関数 $f(x) = ax^3 + bx^2 + cx + d = a(x-\alpha)(x-\beta)(x-\gamma)$ と 2次関数 $g(x) = 3ax^2 + 2bx + c = 3a(x-\delta)(x-\epsilon)$ について以下を示せ．

(1) $a = 1, \alpha = 2, \beta = 3, \gamma = 4$ について終結式の値を求めよ．

(2) 任意の α, β, γ についての終結式を定数 a, b, c, d を用いて表せ（演習問題 C24 参照）．

(3) $g(x) = f'(x)$ を示せ．ただし，式 (16.5) で $f'(x)$ を定める．

C47（**対称式と基本対称式**）　変数を入れ替えても変化しない多変数の多項式[*2]を **対称式** (symmetric polynomial)，もしくは対称多項式と呼ぶ．対称式に関する以下の問に答えよ．

(1) 変数 t_1, t_2 の多項式 $t_1 + t_2, t_1 t_2, 1 + t_1 + t_2, t_1^2 + t_2^2$ のうち，対称式であるものを選べ．

(2) 多項式関数 $f(x) = (x - t_1)(x - t_2) \ldots (x - t_n)$ を展開したとき，x^k ($k = 1, 2, \ldots$) の係数は，$t_1, t_2, \ldots, t_n$ の対称式だが，これらを，**基本対称式** (elementary symmetric polynomial) と呼ぶ．2, 3, 4次の多項式関数 $f(x)$ から作られる基本対称式を全て答えよ．

(3) 全ての対称式は，基本対称式の和・差・積・定数倍の組み合わせで表せることを示せ．

C48 終結式について以下を示せ．

(1) 多項式関数 $f(x) = a_0 x^n + a_1 x^{n-1} + \cdots + a_n$ に対して，多項式関数 $g(x)$ を $f(x)$ の導関数で定める．$g(x) = f'(x)$ を示せ．ただし，$f'(x)$ を式 (16.5) で定める．

(2) 終結式 $\mathrm{Res}(f, g)$ が，多項式関数 $f(x), g(x)$ の展開式の係数で書けることを示せ．

[*2] どの変数に着目しても多項式関数となるもののこと．

第 17 講　有理関数

　有理関数とは，多項式関数の比で表現される関数のことであり，多項式関数の族を含むより広い関数の族である．有理関数の取り扱いの解説は，反比例を除き，少なくとも中等教育まで，あまりまとまったものは見当たらないが，いくつかの典型的なものがある．本講はこれを解説する．

有理関数

有理関数　多項式関数の比で表現される関数，すなわち，多項式関数 $p(x)$ と $q(x)$ を用いて，

$$f(x) = \frac{p(x)}{q(x)} \qquad (17.1)$$

と書くことのできる関数 $f(x)$ を**有理関数** (rational function) と呼ぶ．もちろん，$q(x) \not\equiv 0$ とする．定義からすぐにわかる通り，多項式関数は有理関数の一種である．

零点と特異点　有理関数 $f(x)$ が多項式関数 $p(x)$ と $q(x)$ の比 $p(x)/q(x)$ で与えられ，さらに $p(x)$ と $q(x)$ が同じ因数を持たないとしよう．このとき，分数の場合と同様に，関数 $f(x)$ は**既約** (irreducible) と呼ばれる．関数 $p(x)$ と $q(x)$ は，共に有限個の零点を持つが，既約性より，分子の多項式関数 $p(x)$ の零点が有理関数 $f(x)$ の零点となることはほぼ明らかである．また，一般には，分母の多項式関数 $q(x)$ の零点で，有理関数 $f(x)$ は定義されない．零で割ることは許されないからである．このような点は，有理関数 $f(x)$ の**特異点** (singular point) と呼ばれる．

四則演算と合成　ほぼ明らかなことであるが，有理関数どうしを加減乗除したものは有理関数であり，有理関数どうしの合成も有理関数である．これを，「有理関数は四則演算と合成について**閉じている** (closed)」と表現することがある．

有理関数の表現

　有理関数の詳細を調べるために行う式変形の典型例を以下に示そう．

既約分数表示と因数分解　一般に，有理関数は，既約分数の形で，さらに可能な場合は，因数分解した形で表すことが多い．これにより，有理関数の零点，特異点の位置だけでなく，変数の絶対値が無限に大きな場合の関数の挙動もわかる．既約分数表示と因数分解は，有理関

第 17 講　有理関数

数をより低い次数の多項式の積のみで表そうとする考え方に対応していることに注意してほしい．

例 126 関数 $f(x)$ を $g(x) = 2x/(x^2 - 1)$ と $h(x) = 1/(x - 1)$ の差で定める．関数 $g(x)$ と $h(x)$ は有理関数なので，その差 $f(x)$ も有理関数である．関数 $g(x), h(x)$ は共に既約分数の形で与えられており，その零点と特異点はそれぞれ，

	零点	特異点
$g(x)$	$x = 0$	$x = \pm 1$
$h(x)$	なし	$x = 1$

である．

関数 $g(x)$ の特異点，および $f(x) = g(x) - h(x)$ より，関数 $f(x)$ の特異点は $x = \pm 1$ だと結論付けたくなるが，

$$f(x) = \frac{2x}{x^2 - 1} - \frac{1}{x - 1} = \frac{x - 1}{x^2 - 1} = \frac{1}{x + 1}$$

となることから，$f(x)$ の特異点は $x = -1$ のみである．このように，既約分数の比の形で表現しなければ零点，特異点が正確にわからないこともある．

また，既約な表示から，$f(x), g(x), h(x)$ は $x \to \infty$ のとき，正の方向から x 軸に漸近すること，$x \to -\infty$ のとき，$f(x), g(x), h(x)$ は負の方向から x 軸に漸近することも容易にわかる．

商と余りによる表示　有理関数を構成する分子の多項式関数の次数が分母の多項式関数の次数以上とする．このとき，有理関数をそれらの商と余りで表示することが多い[*1]．すなわち，$f(x) = p(x)/q(x)$ としたとき，第 16 講，n 次関数の四則演算と合成 (4) より，

$$p(x) = g(x)q(x) + r(x)$$

を満たす多項式 $g(x)$ と，次数が $q(x)$ のものより小さな多項式 $r(x)$ をただ 1 通り見つけることができ，これを用いて，有理関数 $f(x)$ を

$$f(x) = \frac{p(x)}{q(x)} = \frac{r(x)}{q(x)} + g(x)$$

のように表すことができる．この表示は，次に解説する部分分数分解の前段階として行われることが多いことにも注意が必要である．

[*1] 高等学校の参考書などでは，これを「分数式は富士の山」のように説明していることがある．

例 127 関数 $f(x) = (x^2+1)/x$ について，この関数が零点を持たないこと，原点が特異点であることはすぐにわかる．さらに，

$$f(x) = \frac{x^2+1}{x} = \frac{1}{x} + x$$

となること，および，$y = 1/x$ と $y = x$ のグラフの形状を考慮すると，この関数のグラフは右図 17.1 のような $y = x$ に漸近する曲線となる．

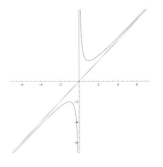

図 17.1 $y = \frac{1}{x} + x$

部分分数分解による表示 商と余りによる表示とは逆に，有理関数を構成する分子の多項式関数の次数が分母の多項式関数の次数よりも小さいとする．このような有理関数に対して，通分の逆操作を行うことを**部分分数分解**と呼ぶ（例 22 参照）．

$$\frac{px+q}{(ax+b)(cx+d)} = \frac{A}{ax+b} + \frac{B}{cx+d},$$
$$\frac{px+q}{(ax+b)^2} = \frac{A}{(ax+b)} + \frac{B}{(ax+b)^2},$$
$$\frac{px^2+qx+r}{(ax+b)(cx^2+dx+e)} = \frac{A}{ax+b} + \frac{Bx+C}{cx^2+dx+e}.$$

ここで，定数 a, b, c, d, e, p, q, r はあらかじめ与えられており，これらの値から，何らかの方法で定数 A, B, C を定めることで部分分数分解を実行する．すなわち，部分分数分解とは，有理関数を，より単純な有理関数の和で表そうとする考え方である．商と余りによる表示と部分分数分解は和を使って，既約分数表示と因数分解は積を使って有理関数をより単純なものに分解する作業であるという意味で，対となるものであると考えることができる．

例 128 例 126 で与えた関数 $f(x)$ は部分分数分解を用いて，

$$f(x) = \frac{2x}{(x-1)(x+1)} - \frac{1}{x-1} = \left(\frac{1}{x-1} + \frac{1}{x+1}\right) - \frac{1}{x-1} = \frac{1}{x+1}$$

となる．このように，分母が全て既約な有理関数の和となるまで部分分数分解を行うことで，特異点の位置を完全に決定することができる．

例 129 有理関数 $f(x) = 4/(x^4+1)$ の分母は一見，既約な多項式であり，これ以上部分分数分解できないように見える．しかし，実際には，$x^4+1 = (x^2 - \sqrt{2}x + 1)(x^2 + \sqrt{2}x + 1)$ よ

第 17 講　有理関数

り，分母が 2 次の既約多項式となる有理関数の和

$$\frac{4}{x^4+1} = \frac{\sqrt{2}x+2}{x^2+\sqrt{2}x+1} - \frac{\sqrt{2}x-2}{x^2-\sqrt{2}x+1}$$

に分解できる．実は，理論的には，分母が 3 次以上の多項式となる有理関数は，分母が 2 次以下，分子が 1 次以下の既約な有理関数と多項式関数の和に分解できることが知られている（演習問題 B114 参照）．

グラフ

有理関数のグラフの概形は，前節で説明した商と余りによる表示と部分分数分解により描きやすくなる．以下，これを幾つかの実例で示そう．

例 130　関数 $f(x) = 1/(x-1)$ と $g(x) = -1/(x-1)$ のグラフを図 17.2 に，関数 $r(x) = 1/(x^2+1)$ と $s(x) = x/(x^2+1)$ のグラフを図 17.3 に示す．

関数 $f(x)$ は，反比例のグラフ（図 11.2 参照）を右に 1 平行移動，$g(x)$ はそれを $x = 1$ の軸で反転させたグラフとなる．また，関数 $r(x)$ は，原点で最大，正と負の無限大で x 軸に漸近するグラフとなるが，これは，x^2+1 が原点で最小，正と負の無限大で限りなく大きくなることに対応する．このように，有理関数のグラフは，特異点を通る縦軸にどのように漸近するのか，また，正と負の無限大で何に漸近するのかを考慮して描かねばならない．

なお，$s(x)$ のように，分子の次数が分母の次数より小さな既約な多項式の比で表される有

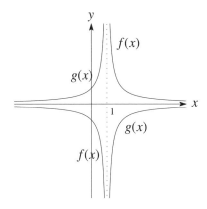

図 17.2　$f(x) = \frac{1}{x-1}, g(x) = -\frac{1}{x-1}$

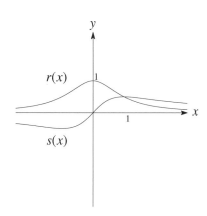

図 17.3　$r(x) = \frac{1}{x^2+1}$, $s(x) = \frac{x}{x^2+1}$

理関数は，正と負の無限大で x 軸に漸近するグラフとなる．

例 131 有理関数 $f(x) = (x^4 - 5x^2 + 2x + 4)/(x^2 - 1)$ のグラフを描こう．商と余りを求め，部分分数分解することにより，

$$f(x) = \frac{2x}{x^2 - 1} + x^2 - 4 = \frac{1}{x - 1} + \frac{1}{x + 1} + x^2 - 4$$

がわかる．まず，$y = 1/(x - 1) + 1/(x + 1)$ のグラフは，$y = 1/(x - 1)$ と $y = 1/(x + 1)$ の和であることから図 17.4 となる．関数 $f(x)$ のグラフは，これに $y = x^2 - 4$ を加えたものとなるので，図 17.5 のような形が現れる．同様に，一般の有理関数についても，商として現れる多項式関数のグラフに正と負の無限大で漸近し，さらに，部分分数分解で特定できる特異点を通る縦軸に漸近するグラフとなることがわかる．

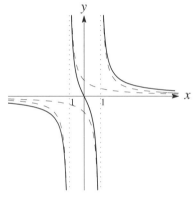

図 17.4　$y = \frac{1}{x-1} + \frac{1}{x+1}$

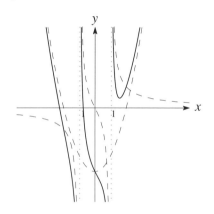

図 17.5　$y = \frac{x^4 - 5x^2 + 2x + 4}{x^2 - 1}$

負のべき関数

定数 k が負の各値について，べき関数 $f(x) = x^k$ のグラフの概形を図 17.6 に与えよう．正のべき関数のときと同様に，関数 $f(x) = x^k$ と $f(x) = x^{1/k}$ が互いに逆関数の関係にあることから，直線 $y = x$ に対して対称なグラフとなっていることに注意してほしい．

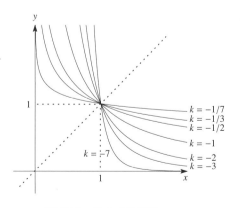

図 17.6　負のべき関数

テイラー展開

初項 a, 公比 r の等比数列 $Q(n)$ の一般項（第 n 項）は, $Q(n) = ar^{n-1}$ であり（問題 56 参照）, その初項から第 n 項までの和 $S(n)$ は,

$$S(n) = a + ar + ar^2 + \cdots + ar^{n-1} = \frac{a(1-r^n)}{1-r}$$

である（演習問題 B60 参照）.

これは単に, 展開 $(1-r)(1+r+r^2+\cdots+r^{n-1}) = 1-r^n$ の両辺に定数 a を掛けたものの書き換えに過ぎないが, 公比 r を x に置き換え, $a = 1$, $x < 1$, $n \to \infty$ とすると, 有理関数 $1/(1-x)$ のマクローリン展開

$$\frac{1}{1-x} = 1 + x + x^2 + \cdots + x^n + \cdots \qquad (17.2)$$

が現れる[*2]. その他の有理関数のテイラー展開も, この等式 (17.2) を利用して求めることができる.

例 132 反比例を与える有理関数 $f(x) = 1/x$ の $x = 1$ でのテイラー展開は,

$$f(x) = \frac{1}{x} = \frac{1}{1-(1-x)} = 1 - (x-1) + (x-1)^2 - \cdots + (-1)^n (x-1)^n + \cdots$$

である. この式は, 有理関数 $1/x$ の $0 < x < 2$ の範囲の多項式関数による近似を与える. 関数 $f(x)$ の $x = 2$ でのテイラー展開も,

$$f(x) = \frac{1}{x} = \frac{1}{2} \frac{1}{1 - \frac{1}{2}(2-x)} = \frac{1}{2} - \frac{1}{2^2}(x-2) + \cdots + (-1)^n \frac{1}{2^{n+1}}(x-2)^n + \cdots$$

のように少し計算を工夫することで得られる. なお, この式は, $|(2-x)/2| < 1$ の範囲, すなわち, 有理関数 $1/x$ の $0 < x < 4$ の範囲の多項式関数による近似を与えており, 前のものと比べ, 意味を持つ範囲が拡張されていることに注意を要する.

問 108 有理関数 $f(x) = 1/(1-x^2)$ の $x = k$ ($k \neq \pm 1$) におけるテイラー展開を求め, その展開が意味を持つ範囲が, テイラー展開を行う点を中心とする, そこから最も近い特異点までの距離の範囲内であることを確かめよ.

[*2] 第 4 講で解説した「小数から分数への書き換え」「l 進数表示」は, このマクローリン展開と本質的に同じことをしている. また, 第 5 講の例 23 では, そのままの形でこのマクローリン展開を用いている.

演習問題

A147 次の有理関数の零点と特異点を求めよ．ただし，n は自然数とする．

(1) $f(x) = \dfrac{1}{x-1}$
(2) $g(x) = \dfrac{x^2+1}{x^2-1}$
(3) $h(x) = \dfrac{x-1}{x^3+2x^2-x-2}$

(4) $r(x) = \dfrac{(x-1)/(x+2)}{(x+3)/(x-4)}$
(5) $s(x) = g(f(x))$

(6) $t(x) = \dfrac{x-1}{x^2-1} - \dfrac{1}{x^2+2x+1}$

(7) $u(x) = \dfrac{1}{x(x+1)} + \dfrac{1}{(x+1)(x+2)} + \cdots + \dfrac{1}{(x+n-1)(x+n)}$

(8) $v(x) = \dfrac{1}{x(x+1)(x+2)} + \dfrac{1}{(x+1)(x+2)(x+3)} + \cdots + \dfrac{1}{(x+n-2)(x+n-1)(x+n)}$

A148 次の有理関数を商と余りで表示せよ．ただし，n は自然数とする．

(1) $f(x) = \dfrac{x^2+2x+1}{x-1}$
(2) $g(x) = \dfrac{x^3+2x+1}{x^2-1}$
(3) $h(x) = \dfrac{x^4}{x^3+2x^2-2}$

(4) $r(x) = \dfrac{(x-1)^5}{(x+1)^3}$
(5) $s(x) = \dfrac{(x+1)^n}{x^2}$

A149 次の有理関数を部分分数分解せよ．

(1) $f(x) = \dfrac{2x}{(x-1)(x+1)}$
(2) $g(x) = \dfrac{4x+8}{x^2-2x-3}$
(3) $h(x) = \dfrac{4x-8}{x^4-1}$

(4) $r(x) = \dfrac{4}{(x+1)(x+2)(x+3)^2}$
(5) $s(x) = \dfrac{1}{x^3(x+1)}$
(6) $t(x) = \dfrac{1}{(x-1)^3}$

A150 次の関数のグラフの概形を描け．

(1) $f(x) = \dfrac{1}{x-1}$
(2) $g(x) = \dfrac{1}{1-x} + 3$
(3) $h(x) = \dfrac{x^2-1}{x}$

(4) $r(x) = \dfrac{1}{x^2+1}$
(5) $s(x) = \dfrac{1}{x(x+1)(x+2)}$
(6) $t(x) = \dfrac{x^2+1}{x(x+1)}$

A151 次の関数の逆関数を求めよ．

(1) $f(x) = \sqrt{\dfrac{x}{x-1}}$
(2) $g(x) = \sqrt{\dfrac{1}{x^2+1}} + 1$
(3) $h(x) = \sqrt[3]{1+\sqrt{\dfrac{x^2}{x+1}}}$

A152 合成関数 $f(g(x)), g(f(x))$ を求めよ．ただし，関数 $f(x), g(x)$ は演習問題 A151 で与えたものを用いよ．

第 17 講　有理関数

級数の積と一般化された二項定理

本書では，以後，マクローリン展開の形で関数を取り扱うことが多いため，その積の計算方法を，関数 $f(x) = \sqrt{1-x}$ を例にとり解説をしておこう．

関数 $\sqrt{x}$ の $x = 1$ のテイラー展開を例 124（P. 178）において式（16.2）として与えた．式（16.2）の x を $1 - x$ に置き換えた式は

$$f(x) = \sqrt{1-x} = 1 - \frac{x}{2} - \frac{x^2}{8} - \frac{x^3}{16} - \frac{5x^4}{128} - \frac{7x^5}{256} - \frac{21x^6}{1024} - \cdots$$

だが，これは次のような計算で求めることができる．

$f(x) = a_0 + a_1 x + a_2 x^2 + \ldots$ と置く．$f(x)^2 = 1 - x$ なので，

$$1 - x = (a_0 + a_1 x + \cdots + a_n x^n + \cdots)^2$$

	a_0	$a_1 x$	$a_2 x^2$	$a_3 x^3$	$a_4 x^4$	$a_5 x^5$	$\cdots$
a_0	a_0^2	$a_0 a_1 x$	$a_0 a_2 x^2$	$a_0 a_3 x^3$	$a_0 a_4 x^4$	$a_0 a_5 x^5$	$\cdots$
$a_1 x$	$a_0 a_1 x$	$a_1^2 x^2$	$a_1 a_2 x^3$	$a_1 a_3 x^4$	$a_1 a_4 x^5$	$a_1 a_5 x^6$	$\cdots$
$a_2 x^2$	$a_0 a_2 x^2$	$a_1 a_2 x^3$	$a_2^2 x^4$	$a_2 a_3 x^5$	$a_2 a_4 x^6$	$a_2 a_5 x^7$	$\cdots$
$a_3 x^3$	$a_0 a_3 x^3$	$a_1 a_3 x^4$	$a_2 a_3 x^5$	$a_3^2 x^6$	$a_3 a_4 x^7$	$a_3 a_5 x^8$	$\cdots$
$a_4 x^4$	$a_0 a_4 x^4$	$a_1 a_4 x^5$	$a_2 a_4 x^6$	$a_3 a_4 x^7$	$a_4^2 x^8$	$a_4 a_5 x^9$	$\cdots$
$\vdots$	$\vdots$	$\vdots$	$\vdots$	$\vdots$	$\vdots$	$\vdots$	$\ddots$

の 1 行目と 1 列目を除いた和

$$= a_0^2 + 2a_0 a_1 x + (a_1^2 + 2a_0 a_2)x^2 + 2(a_0 a_3 + a_1 a_2)x^3 + (a_2^2 + 2a_0 a_4 + 2a_1 a_3)x^4 + \cdots$$

である．従って，原理的には，x^k の係数を比較して，

$$a_0^2 = 1, \quad 2a_0 a_1 = -1, \quad a_1^2 + 2a_0 a_2 = 0, \quad 2(a_0 a_3 + a_1 a_2) = 0, \quad \ldots$$

という漸化式の列を解くことで係数を求めることができる．ただし，この手法で一般項 a_n を求めることは難しい．

実は，微分を用いた公式を用いると，任意の定数 α に対して，次のようにマクローリン展開できることを示せるのだが，この式は**一般化された二項定理**と呼ばれている．

$$(1+x)^\alpha = \binom{\alpha}{0} + \binom{\alpha}{1} x + \cdots + \binom{\alpha}{n} x^n + \cdots = \sum_{k=0}^\infty \binom{\alpha}{k} x^k = \sum_{k=0}^\infty \frac{(\alpha)_k}{k!} x^k. \quad (17.3)$$

ここで，$\binom{\alpha}{k} = \alpha(\alpha-1)\cdots(\alpha-k+1)/k! = (\alpha)_k/k!$ は**一般化された二項係数**と呼ばれ，α が正の整数の場合，$\binom{\alpha}{k} = {}_\alpha C_k$ である（例 53 参照）．また，$(\alpha)_k = \alpha(\alpha-1)\cdots(\alpha-k+1)$ は**ポッホハマー**(Leo August Pochhammer, 1841 – 1920) **記号** (Pochhammer symbol) と呼ばれている．

A153 次の関数のグラフの概形を描け.

(1) $f(x) = \sqrt{\dfrac{1}{x-1}}$ 　　(2) $g(x) = \sqrt{\dfrac{1}{x^2+1}} + 1$ 　　(3) $h(x) = \sqrt{\dfrac{x}{x+1}} + x$

A154 次の関数のマクローリン展開を求めよ.

(1) $f(x) = \dfrac{1}{x+2}$ 　　(2) $g(x) = \dfrac{1+x}{1-x}$ 　　(3) $h(x) = \dfrac{1}{1-x+x^2}$

(4) $g(x) = \dfrac{1+x+x^2}{1-x}$ 　　(5) $r(x) = \dfrac{3}{(x-2)(x+1)}$

A155 次の関数のマクローリン展開を 3 次の項まで求めよ.

(1) $f(x) = \sqrt{\dfrac{1}{1-x}}$ 　　(2) $g(x) = \sqrt{\dfrac{1+x}{1-x}}$ 　　(3) $h(x) = \sqrt{\dfrac{1}{1-x^2}}$

B96 整数係数の多項式は，和・差・積・合成について閉じているが，商について閉じていないことを示せ.

B97 一般化された二項定理で与えられた式 (17.3) を基に，以下のマクローリン展開を与えよ.

(1) $f(x) = \sqrt{1-x}$ 　　(2) $g(x) = \dfrac{1}{\sqrt{1-x}}$ 　　(3) $h(x) = \sqrt[3]{1-x}$

B98 長さ 4 のジグザグ順列を全て挙げよ. また，ジグザグ数の最初の 30 項を求めよ.

C49 微分積分学のテイラーの定理について調べよ. また，その定理を用いて，一般化された二項定理の式 (17.3) を示せ.

C50 整数 $n \geq k \geq 0$ に対して，漸化式

$$E(0,0) = 1, E(n,0) = 0 \; (n > 0), E(n,k) = E(n, k-1) + E(n-1, n-k)$$

で数列 $E(n,k)$ を定める. 以下の問いに答えよ.

(1) $E(2,1), E(2,2), E(3,1), E(3,2), E(3,3), E(4,1), E(4,2), E(4,3), E(4,4)$ を求めよ.
(2) 数列 $a(n)$ を，$a(n) = E(n,n)$ で定める. 数列 $a(n)$ の最初の 30 項を求めよ.

第17講 有理関数

ジグザグ数

ここでは，次講以降の話題と密接に関係するジグザグ数を紹介しよう．

長さが n の**ジグザグ数列** (alternating permutation) を，n までの全ての自然数を1回ずつ使い，その大きさが交互に入れ替わる数列と定義する．つまり，数列 $c_1, c_2, \ldots, c_n$ が

(A) $\quad c_1 > c_2 < c_3 > c_4 < c_5 > c_6 < \ldots,$

(B) $\quad c_1 < c_2 > c_3 < c_4 > c_5 < c_6 > \ldots$

のいずれかを満たし，かつ，n までの自然数を数列の値として1回だけ取るとき，長さ n のジグザグ数列と呼ぶ．

長さが n ジグザグ数列の総数を d_n，(A) 型のジグザグ数列の総数を a_n としよう．$n = 1, 2, 3$ に対して，

n	d_n	a_n	alternating permutation
1	1	1	{1}
2	2	1	{1, 2}, {2, 1}
3	4	2	{1, 3, 2, 4}, {1, 4, 2, 3}, {4, 2, 3, 1}, {4, 1, 3, 2}

である．$n \geq 2$ のとき，ジグザグ数列 $c_1, c_2, \ldots, c_n$ に対して，$n+1-c_1, n+1-c_2, \ldots, n+1-c_n$ を対応させることで，(A) 型の数列と (B) 型の数列は移り合う．従って，$d_n = 2a_n$ である．

長さ $n+1$ のジグザグ数列 $c_1, c_2, \ldots, c_{n+1}$ で，ちょうど $k+1$ 番目の位置に，数 $n+1$ があるものを作ろう．数 $n+1$ の前に並ぶ k 個の数の選び方は ${}_nC_k$ であり，数 $n+1$ は並べる最大の数であることから，$c_1 \ldots c_{k-1} > c_k < n+1 > c_{k+2} < c_{k+3} \ldots c_{n+1}$ であり，k に応じて，(A) 型か (B) 型かが決まる．また，$c_1, c_2, \ldots, c_k$ も $c_{k+2}, c_{k+3}, \ldots, c_{n+1}$ もジグザグになっていることから，その並べ方の総数はそれぞれ a_k と a_{n-k} である．従って，$k+1$ 番目に数 $n+1$ があるジグザグ数列の総数は，${}_nC_k a_k a_{n-k}$ 個であり，k として，$0 \leq k \leq n$ の選択肢があることから，長さ $n+1$ のジグザグ数列の総数は，$n \geq 2$ のとき，

$$d_{n+1} = 2a_{n+1} = \sum_{k=1}^{n} {}_nC_k a_k a_{n-k}$$

であることがわかる．

このようにして得られた数列 $a_1 = 1, a_2 = 1, a_3 = 2, a_4 = 5, \ldots$ が**ジグザグ数** (Euler zigzag number) である．また，ジグザグ数の奇数番目を零に置き換えて得られる数列 $0, 1, 0, 5, \ldots$ は**オイラー数** (Euler number)，偶数番目を零に置き換えて得られる数列 $1, 0, 2, 0, \ldots$ は**正接数** (tangent number) と呼ばれている．これらの値は，次講以降，典型的な初等関数のマクローリン展開の係数として現れる．

第18講　指数関数・対数関数

　指数関数とは，第3講で解説した指数法則を満たす関数のことであり，対数関数とはその逆関数である．通常，指数関数は，x を変数，a を定数として，a^x の形で導入されるが，この場合，ネイピアの数 e や，無理数，例えば，円周率 π に対して a^π とは何かがよくわからないままになってしまうことが多い．本講では，これを避けるため，指数関数をマクローリン展開の形で導入する．

自然指数関数

指数関数　　第3講で，定数 a と有理数 r, s に対して，指数 a^r と a^s の積が計算法則

$$a^r \cdot a^s = a^{r+s}. \tag{18.1}$$

を満たすことを指数法則と呼んだ．この性質は，$f(x) = a^x$ と置くことで，

$$f(r) \cdot f(s) = f(r+s)$$

と書ける．つまり，関数の積が和の関数値に変換されることが指数法則である．

　第3講では，指数法則を有理数の指数に限定して解説したが，本講はこれを，無理数を含む任意の数に拡張する．すなわち，無理数を含む任意の数 x, y に対して，式（18.1）と同様の

$$f(x) \cdot f(y) = f(x+y) \tag{18.2}$$

を満たす関数 $f(x) \not\equiv 0$ を**指数関数** (exponential function)，指数関数を定める性質（18.2）を**指数法則** (law of exponents) と定義するのである．

マクローリン展開　　マクローリン展開された関数 $f(x) = a_0 + a_1 x + a_2 x^2 + \cdots + a_n x^n + \cdots$ が指数法則を満たすとしよう．積 $f(x) \cdot f(y)$ を展開して，変数 x, y について次数が等しい項ごとにまとめると，

$$\begin{aligned}
f(x) \cdot f(y) = {} & a_0^2 + a_0 a_1 (x+y) + (a_2 a_0 x^2 + a_1^2 xy + a_0 a_2 y^2) \\
& + (a_3 a_0 x^3 + a_2^2 a_1 x^2 y + a_2 a_1^2 xy^2 + a_0 a_3 y^3) \\
& + (a_4 a_0 x^4 + a_3^3 a_1 x^3 y + a_2^2 x^2 y^2 + a_1 a_3^3 xy^3 + a_0 a_4 y^4) + \cdots
\end{aligned}$$

第 18 講　指数関数・対数関数

のようになる．これに対して

$$f(x+y) = a_0 + a_1(x+y) + a_2(x+y)^2 + a_3(x+y)^3 + a_4(x+y)^4 + \cdots$$
$$= a_0 + a_1(x+y) + a_2(x^2+2xy+y^2) + a_3(x^3+3x^2y+3xy^2+y^3)$$
$$+ a_4(x^4+4x^3y+6x^2y^2+4xy^3+y^4) + \cdots$$

であり，指数法則より，これらは任意の x, y に対して等しくならなければならないので，$x^p y^q$ の係数を比較して，

$$a_0 = a_0^2,$$
$$a_1 = a_0 a_1,$$
$$a_2 = a_0 a_2 = \frac{1}{2} a_1^2,$$
$$a_3 = a_0 a_3 = \frac{1}{3} a_1 a_2,$$
$$a_4 = a_0 a_4 = \frac{1}{4} a_1 a_3 = \frac{1}{6} a_2^2,$$
$$\vdots$$

を得る．この a_k ($k = 0, 1, 2, \ldots$) に関する連立方程式は簡単に解けて，任意の 0 以上の整数 n について，$a_n = 0$，もしくは $a_0 = 1$, $a_n = a_1^n/n!$ を満たさねばならないことがわかる．

係数 $a_n = 0$ のときは，$f(x) \equiv 0$ となることから，この場合は除外され，結局，指数関数は，定数 $\alpha = a_1$ だけの不定性を持つ，

$$f(x) = 1 + \frac{\alpha}{1!}x + \frac{\alpha^2}{2!}x^2 + \cdots + \frac{\alpha^n}{n!}x^n + \cdots \qquad (18.3)$$

のようなマクローリン展開で表されることになる．この関数を $f_\alpha(x)$ と書くことにしよう．

自然指数関数とネイピア数　式 (18.3) より，$f_\alpha(x) = f_1(\alpha x)$ であることから，本質的に重要なのは $\alpha = 1$ の場合である．一般に，この関数は

$$\exp(x) = f_1(x) = 1 + \frac{1}{1!}x + \frac{1}{2!}x^2 + \cdots + \frac{1}{n!}x^n + \cdots \qquad (18.4)$$

のように記され，**自然指数関数** (natural exponential function)，もしくは単に指数関数と呼ばれる．また，この関数の $x = 1$ での値は**ネイピアの数** (Napier's constant) と呼ばれ，一般に e で表される．ただし，$\alpha = 0$ の場合は，$f_0(x) \equiv 1$ となり定数関数となることから，指数関数とは呼ばれないことに注意してほしい．

自然指数関数の性質　　ネイピアの数と関数 $\exp(x)$ に対して，次の性質は基本的である．

(1) ネイピアの数は $e \approx 2.71$ かつ無理数である（第 5 講例 26 参照）．また，マクローリン展開の式（18.4）は任意の x に対して意味を持つ[*1]．

(2) $\exp(x) > 0$ である．特に $\exp(x)$ は零点を持たない．これは，まず，$x > 0$ に対して $\exp(x) > 0$ は式（18.4）より明らかなこと，次に指数法則より，

$$\exp(x) \cdot \exp(-x) = \exp(x - x) = \exp(0) = 1,$$

つまり，$\exp(-x) = 1/\exp(x)$ が導かれることによる．

(3) $f(x)$ を多項式関数とする．このとき，十分大きな x に対して常に $\exp(x) > f(x)$ となる．これは，$f(x) = a_0 + a_1 x + \cdots + a_n x^n$ に対して，$x \gg 0$ ならば，

$$\exp(x) - f(x) > 1 - a_0 + \left(\frac{1}{1!} - a_1\right) x + \cdots + \left(\frac{1}{n!} - a_n\right) x^n + \frac{1}{(n+1)!} x^{n+1} > 0$$

になるからである．つまり，指数関数 $\exp(x)$ は，x が大きくなるに従い，任意の多項式関数を上回る勢いで急速に大きな値となる．

(4) 自然数 m, n に対して，$\exp(x)$ が指数関数であることから，

$$\exp(m) = \exp(\overbrace{1 + 1 + \cdots + 1}^{m\,回}) = \overbrace{\exp(1) \cdot \exp(1) \cdots \exp(1)}^{m\,回} = e^m,$$

である．また，同様の理由で，

$$\exp(1/n)^n = \overbrace{\exp(1/n) \cdot \exp(1/n) \cdots \exp(1/n)}^{n\,回} = \exp(\overbrace{1/n + \cdots + 1/n}^{n\,回}) = \exp(1) = e$$

かつ，$\exp(x) > 0$ より，$\exp(1/n) = \sqrt[n]{e}$ となる．従って，任意の有理数 r に対して，$e^r = \exp(r)$ となることがわかる．すなわち，$\exp(x)$ は，値 x が有理数のとき，ネイピアの数のべき乗・根と一致する．

性質 (4) より，指数関数 $\exp(x)$ は，より簡略に

$$\exp(x) = e^x$$

のように書かれることが多い．また，性質 (1)〜(3) より，$\exp(x) = e^x$ のグラフは図 18.1 左上の曲線で示される概形を持つ．

[*1] この性質の解説は，本論からかなり逸脱するため，本書では省略する（後に出てくる幾つかの多項式近似についても同様である）．なお，ネイピアの数が有限値となることは演習問題 C14 と C15 が参考になる．

第 18 講　指数関数・対数関数

自然対数関数

対数関数　　指数関数の逆関数を **対数関数** (logarithmic function) と呼ぶ．指数関数が定数分の不定性を持つことから，対数関数も定数分の不定性を持つ．特に，指数関数 $\exp(x)$ の逆関数を

$$\log x$$

もしくは

$$\ln(x)$$

と記し，**自然対数** (natural logarithm)，もしくは単に対数関数と呼ぶ．

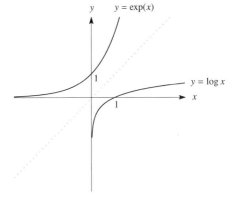

図 18.1　$y = \exp(x)$ と $y = \log x$

自然対数関数の性質　　対数関数について，次の性質は基本的である．

(1) 対数関数は関数の和が積の関数値に変換される関数である．すなわち，対数関数 $l(x)$ に対して，

$$l(x) + l(y) = l(x \cdot y),$$
$$l(x) - l(y) = l(x/y)$$

が成立する．

(2) $\exp(x)$ と $\log x$ について，$\exp(\log x) = x$，$\log(\exp(x)) = x$ が成立する．
(3) 対数関数は $x > 0$ でのみ定義され，$x = 1$ でのみ零点を持つ．
(4) n を自然数とする．このとき，十分大きな x に対して常に $\sqrt[n]{x} > \log(x)$ となる．
(5) $\log x$ のグラフは図 18.1 右下の曲線で示される概形を持つ．

問 109　対数関数が指数関数の逆関数であることを用い，上の性質 (1)〜(5) が成立することを説明せよ．

テイラー展開　　自然対数関数 $\log x$ の $x = 1$ でのテイラー展開は

$$\log x = (x-1) - \frac{1}{2}(x-1)^2 + \cdots + (-1)^{n-1}\frac{1}{n}(x-1)^n + \cdots \qquad (18.5)$$

であり，この式は $0 < x < 2$ の範囲で意味を持つ．この展開式が正しいことは，展開式として $\log(\exp(x)) = x$ が成立することを直接計算で示せばよい[*2]．また，第21講のコラムに円周等分多項式を用いた導出方法が示されている．

指数関数（再定義）

さて，ここで，もう一度，指数関数 $\exp(x)$ のグラフを観察しよう（図 18.1）．

自然指数関数は，負の無限大で x 軸に漸近し，正の無限大で無限に大きくなる増加し続ける関数であることから，任意の正の値 a に対して，$a = \exp(b)$ となる値 b が1つだけ見つかる．

自然対数関数の定義から，これは $b = \log a$ と同じことだが，さらに，指数関数の性質 (4) と同様の考察を行うことで，有理数 r に対して，

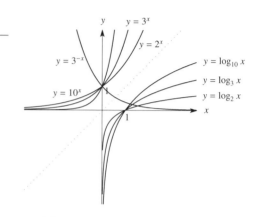

図 18.2　$y = a^x$ と $y = \log_a x$

$$a^r = \exp(b)^r = \exp(br) = \exp(r \log a) = f_{\log a}(r) \tag{18.6}$$

が示せる．

さて，ここで，式 (18.6) を有理数 r だけでなく，全ての数 x で成り立つ式だと無理矢理考えることにする．つまり，**無理数 x に対して，無理数べき a^x を**，値

$$f_{\log a}(x) = \exp(x \log a) = 1 + \frac{\log a}{1} x + \frac{(\log a)^2}{2!} x^2 + \cdots + \frac{(\log a)^n}{n!} x^n + \cdots$$

のことだと考える（定義する）ことにしよう．この定義にはもはや，元々のべきと同様の，同じ数の積を何度も取るという意味はない．しかし，$a^x = f_{\log a}(x)$ なのだから（そう定めたのだから），a^x を指数関数と呼ぶことに問題はない．そして，そのグラフが，全ての数 x に対して描かれることも明らかである．なお，これが，図 18.2 左上の様な概形となることも，自然指数関数 $\exp(x)$ の場合と同様の考察で示せることを注意しておこう．

対数関数（再定義）

対数関数　正の数 a に対して，指数関数 $a^x = \exp(x \log a)$ の逆関数を $\log_a x$ と記し，これにより得られる値を，a を **底** (base) とする x の **対数** (logarithm) と呼ぶ．また，このとき，値 x

---

[*2] ただし，実際に示そうとすると，二項係数 $_nC_k$ やスターリング数について幾つかの関係式が必要となる．詳細は荒川・金子・伊吹山 [31] を参照して欲しい．

第 18 講　指数関数・対数関数

は**真数** (antilogarithm) と呼ばれる．定義より，$\log_a x$ が対数関数であること，そして，
$$\log_a x = \frac{\log x}{\log a} \qquad (18.7)$$
となることはすぐにわかる．また，任意の値 w に対して，対数関数の性質（2）を用いて，
$$\log_a x^w = \frac{\log x^w}{\log a} = \frac{\log(\exp((\log x)w))}{\log a} = w \cdot \frac{\log x}{\log a} = w \cdot \log_a x$$
となること，そして，そのグラフの概形が図 18.2 右下の曲線となることもわかる．

2 進対数　$\log_2 x$ で得られる値を **2 進対数** (binary logarithm) と呼ぶ．国際規格[*3] では $\mathrm{lb}(x)$ が表記として定められている．第 4 講で数の「l 進数表示」について紹介したが，特に 2 進数表示は 2 進対数を用いて次のように実行できる．

例 133　10 進数 72 を 2 進数表示する（例 15 参照）．これは，次の 2 進対数の値の整数部分に着目すれば良い．
$$\mathrm{lb}(72) = \boxed{6} + 0.1609925\ldots,$$
$$\mathrm{lb}(72 - 2^{\boxed{6}}) = \mathrm{lb}(8) = \boxed{3}.$$
この計算結果より，72 の 2 進数表示は，6 桁目と 3 桁目が 1，その他の桁が 0 の 1001000 であることがわかる．

常用対数　$\log_{10} x$ で得られる値を**常用対数** (common logarithm) と呼び，$\mathrm{Log}\, x$ と記されることがある．国際規格では $\mathrm{lg}(x)$ が表記として定められている．常用対数は，与えられた数が何桁かを知る目的で使われることが多いが，これは，われわれが日常的に数を 10 進数表示するからである．すなわち，常用対数の値は，天文学や工学などで使われる非常に大きな値や非常に小さな値を表す科学表記（第 4 講参照）と本質的に同じものである．常用対数の整数部分は**指標** (characteristic)，もしくは**標数**，小数部分は**仮数** (mantissa) と呼ばれる．

例 134　$2^{100} \simeq 1.26765 \times 10^{30}$ である．これは，$\mathrm{lg}(2^{100}) \simeq 30.103$ より，$2^{100} \simeq 10^{30.103} = 10^{0.103} \times 10^{30} \simeq 1.26765 \times 10^{30}$ と求めることができる．なお，2^{100} の固定小数点表示は
$$1267650600228229401496703205376$$
であることを注意しておく．また，2^{100} の指標（標数）は 30，仮数は 0.103 である．

[*3] ISO 31-11.

底の変換公式　式（18.7）より，対数関数は底の書き換えについて

$$\frac{\log_b x}{\log_b a} = \log_a x$$

を満たすことを見るのはやさしい．この等式は一般に**底の変換公式** (change of base formula) と呼ばれる．

対数グラフ　x, y 軸のどちらかの目盛を対数値としたものを**片対数グラフ** (semi-log plot)，両方の軸の目盛を対数値としたものを**両対数グラフ** (log-log plot) と呼ぶ．

多項式関数 $f(x) = ax^n$ は，

$$\log_q f(x) = \log_q(ax^k) = k \log_q x + \log_q a$$

より，両対数グラフ上，傾き k，切片 $\log_q a$ の直線として，指数関数 $f(x) = p^{ax+b}$ は，

$$\log_q f(x) = \log_q(p^{ax+b}) = (a \log_q p)x + b \log_q p$$

より，縦軸を対数目盛とした片対数グラフ上，傾き $a \log_p q$，切片 $b \log_p q$ の直線として表される．従って，両対数グラフは，多項式関数的な変化，片対数グラフは，指数関数的な変化を追いかけるのに向いており，実際にこの目的で利用されている．

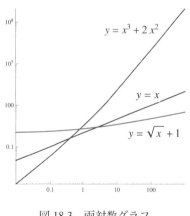

図 18.3　両対数グラフ

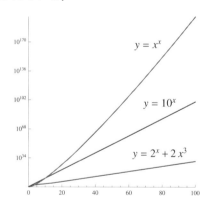

図 18.4　片対数グラフ

レベル表現　ある物質の物理的な性質・状態を表現する量（物理量）と同じ物質の基準となる量の比の対数を物理量の**レベル表現** (logarithmic quantities) と呼び，値の後に「B」「dB」もしくは「Np」を付けて表す．すなわち，基準となる物理量 p_0 に対し，物理量 p のレベル表記は，

$$a \log \frac{p}{p_0} = a(\log p - \log p_0)$$

第 18 講　指数関数・対数関数

で与えられ，$a = 1/\log 10$，すなわち，常用対数に関する比の対数のときは単位「B」，$a = 10/\log 10$ のときは単位「dB」，$a = 1$ のときは単位「Np」を付け値を表現する．ここで，単位「B」は**ベル** (bel)[*4]，単位「dB」は**デシベル** (decibel)[*5]，単位「Np」は**ネイピア** (neper)[*6] と読む．

　レベル表記は，その定義から，基準となる量を 0 とし，そこから，目的の量が何桁離れているのかを示す表現方法であり，特に電気，音響の現場で利用される表現である．

例 135　人間の持つ聴覚・視覚などの感覚は，近似的に刺激の強さ x の対数に比例する．これは，ドイツの物理学者であるフェヒナー (Gustav Theodor Fechner, 1801 – 1887) によるものであり，フェヒナーの法則と呼ばれている．この法則から，音の強さ I_1 のレベルを，健康的な一般人が聞き取れる最小の音の強さである $I_0 = 10^{-12} \mathrm{W/m^2}$ を基準としたレベル表現

$$L_I = 10 \log_{10} \frac{I_1}{I_0} \text{ (dB)}$$

で与える．また，音圧 p_A の音に対する音圧レベルを，音圧 $p_0 = 20\,(\mu\mathrm{Pa})$ を基準とした

$$L_p = 10 \log_{10} \frac{p_A^2}{p_0^2} = 20 \log_{10} \frac{p_A}{p_0} \text{ (dB)}$$

で与える．音圧レベルの計算は，単位「デシベル」を用いるべきではない値に見えるが，これは，音の強さが音圧の 2 乗に比例することによるものである．つまり，音の強さのレベルと音圧レベルは基本的に同じものを表すと考えてよい．

演習問題

A156 関数 $\exp(x)$，およびそのマクローリン展開式を 10 次の項までで打ち切った

$$f(x) = 1 + \frac{1}{1!}x + \frac{1}{2!}x^2 + \cdots + \frac{1}{10!}x^{10}$$

について以下の問に答えよ．

(1) $\exp(0)$ を求めよ．

[*4] 電話の発明者アレクサンダー・グラハム・ベル (Alexander Graham Bell, 1847 – 1922) に由来する．
[*5] デシ (deci) は SI 国際単位系で基準となる量の 1/10 倍の量であることを示す．
[*6] 対数の発明者ジョン・ネイピアに由来する．ネイピア数と同様である．

(2) $x = 1/3, 1/2, 1, 2, 3$ に対して，$f(x)$ の近似値を求め，

$$f(1/3) \simeq \sqrt[3]{f(1)}, \qquad f(1/2) \simeq \sqrt{f(1)},$$
$$f(2) \simeq f(1)^2, \qquad f(3) \simeq f(1)^3$$

を確かめよ．

(3) $f(-1) \simeq 1/f(1)$ となることを確かめよ．

(4) $\exp(\sqrt{2})$, および $\exp(\pi)$ の近似値を $f(x)$ を用いて求めよ．

A157 以下の関数のグラフの概形を描け．

(1) $f(x) = \exp(x)$ (2) $g(x) = \exp(-x)$ (3) $h(x) = \exp(x+2)$
(4) $r(x) = \exp(x^2)$ (5) $s(x) = \exp(x^2 - 2x + 1)$ (6) $t(x) = \exp(x) - x$

A158 一般に，関数 $f(x), g(x)$ の合成関数について，必ずしも $f(g(x)) = g(f(x))$ が正しいとは限らない（例 87 参照）．しかし，$f(g(x)) = x$ ならば，必ず $g(f(x)) = f(g(x)) = x$ が成り立つ．これを示せ．

A159 関数 $\log x$, およびその $x = 1$ でのテイラー展開式を 10 次の項までで打ち切った

$$f(x) = (x - 1) - \frac{1}{2}(x - 1)^2 + \cdots - \frac{1}{10}(x - 1)^{10} \qquad (18.8)$$

について以下の問に答えよ．

(1) $\log 1$ を求めよ．

(2) $x = 1/6, 1/4, 1/3, 1/2$ に対して，$f(x)$ の近似値を求め，

$$f(1/6) \simeq f(1/3) + f(1/2), \qquad f(1/4) \simeq 2f(1/2)$$

を確かめよ．

(3) $\log 3 = 2\log(\sqrt{3}) \simeq 2f(\sqrt{3}) \neq f(3)$ を確かめよ．また，これがなぜかを答えよ．

(4) $\log 3 \simeq -f(1/3)$ を確かめよ．また，これがなぜかを答えよ．

A160 以下の関数のグラフの概形を描け．

(1) $f(x) = \log x$ (2) $g(x) = \log(-x)$ (3) $h(x) = \log(x+2)$
(4) $r(x) = \log(x^2)$ (5) $s(x) = \log(x^2 - 2x + 1)$ (6) $t(x) = \log(x) - x$
(7) $u(x) = \log(\exp(x))$ (8) $v(x) = \exp(\log x)$

A161 総和記号を用いて，関数 $\exp(x)$, および $\log(1 - x)$ のマクローリン展開式を記述せよ．

第 18 講　指数関数・対数関数

A162 $\log(\exp(x)) = \log(1 - (1 - \exp(x))) = x$ となることを，マクローリン展開式を用いて 3 次の項まで計算することで観察せよ．

A163 次の関数の逆関数を求めよ．

(1) $f(x) = \exp(x)$ 　　(2) $g(x) = \exp(2x+1) - 4$ 　　(3) $h(x) = 2e \exp(x^2) \exp(2x)$

(4) $r(x) = 3e \dfrac{\exp(x^2)}{\exp(2x)} + 1$ 　　(5) $s(x) = \exp(\sqrt{\exp(x) + 1} + 1)$ 　　(6) $t(x) = \exp(\exp(x/5 + 1))$

A164 次の関数の逆関数を求めよ．

(1) $f(x) = \log x$ 　　(2) $g(x) = \log(x-1) + \log(x+1)$ 　　(3) $h(x) = \sqrt[3]{\log\left(\dfrac{1+x}{1-x}\right) + 1}$

(4) $r(x) = \log\left(\dfrac{3\log x + 1}{\log x}\right)$ 　　(5) $s(x) = \log\left(\dfrac{\log x}{3}\right)$ 　　(6) $t(x) = (\log x)^2 + \log x^2$

A165 以下の問に答えよ．

(1) 無理数を含む任意の値 x について，関数 $f(x) = 2^x$ を定義せよ．
(2) 定義に従い，$2^{\sqrt{2}}$ の近似値を求めよ．
(3) $3^\pi > 2^\pi$ が成立することを定義から示せ．
(4) 無理数を含む任意の値 x, y について，$2^{x+y} = 2^x \cdot 2^y$ となることを，定義，および指数関数 $\exp(x)$ の性質から示せ．
(5) $2^\pi \cdot 3^\pi = (2 \cdot 3)^\pi = 6^\pi$ となることを定義，および指数関数 $\exp(x)$ と対数関数 $\log x$ の性質から示せ．

A166 以下の関数のグラフの概形を描け．

(1) $f(x) = 2^x$ 　　(2) $g(x) = 2^{-x} + 1$ 　　(3) $h(x) = 2^{(x-1)^2}$

(4) $r(x) = 2^x - x$ 　　(5) $s(x) = \dfrac{2^x + 3^x}{2}$ 　　(6) $t(x) = \dfrac{2^x - 1}{5^x}$

A167 $x > 0$ について定義できる $f(x) = x^x$ について，

$$0 < x^x < \exp(x) \quad (x < e),$$
$$\exp(x) < x^x < \exp(x^2) \quad (x > e)$$

となることを示せ．

A168 以下の問いに答えよ．

(1) 無理数を含む任意の正の数 x, y について，$\mathrm{lb}(xy) = \mathrm{lb}(x) + \mathrm{lb}(y)$，および $\mathrm{lb}(x/y) = \mathrm{lb}(x) - \mathrm{lb}(y)$ が成立することを対数関数 $\log x$ の性質を用いて示せ．

(2) 任意の正の整数 n に対して，$\mathrm{lb}(\sqrt[n]{x}) = \mathrm{lb}(x)/n$ を（1）の性質を用いて示せ．

(3) 指数関数 $\exp(x)$ と対数関数 $\ln(x)$ の性質を用いて，$\mathrm{lb}(x^\pi) = \pi\,\mathrm{lb}(x)$ を示せ．

A169 以下の関数のグラフの概形を描け．

(1) $f(x) = \mathrm{lb}(x)$ (2) $g(x) = \mathrm{lg}(x)$ (3) $h(x) = \mathrm{lb}(x-1) + 2$

(4) $r(x) = \mathrm{lb}(x) - x$ (5) $s(x) = \mathrm{lb}(\exp(x^2))$ (6) $t(x) = \dfrac{\mathrm{lg}(x)}{\mathrm{lb}(x)}$

A170 以下の方程式を解け．

(1) $\mathrm{lg}(2x+1) = \mathrm{lg}(3-4x)$ (2) $\mathrm{lb}(x^8) - \mathrm{lb}(x)^2 = 16$ (3) $\mathrm{lb}(2x-1) = 1 - 2\mathrm{lb}(x+1)$

(4) $\log_{\frac{1}{5}}(2x-1) = \log_5(2-x)$ (5) $9\mathrm{lg}(x) - 5\log_x 10 = 4$

A171 以下の10進数表示された値を2進数表示せよ．

(1) 82   (2) 0.25   (3) 58.125

A172 以下の数を科学表記せよ．ただし，$\mathrm{lg}(2) \simeq 0.30103, \mathrm{lg}(3) \simeq 0.477121$ とせよ．

(1) 2^{100} (2) 3^{100} (3) $(\sqrt[3]{6})^{100}$

A173 以下の数を科学表記せよ．ただし，$\mathrm{lg}(2) \simeq 0.30103, \mathrm{lg}(3) \simeq 0.477121$ とせよ．

(1) 2^{-100} (2) 3^{-100} (3) $(\sqrt[3]{6})^{-100}$

A174 以下に対応する両対数グラフの概形を描け．

(1) 落体の法則（例14参照）によると，ある高さで静止している物体を自由落下させたとき，経過時間 t と落下距離 h は
$$h = \frac{1}{2}gt^2$$
となる．ここで g は重力加速度である．

(2) ケプラー (Johannes Kepler, 1571 – 1630) は，惑星の公転周期の2乗は，軌道の長半径の3乗に比例することを発見した．この法則を**調和の法則** (harmonic law) と呼ぶ．

A175 以下に対応する片対数グラフの概形を描け．

(1) 米インテル社の創業者の1人であるムーア (Gordon Earle. Moore, 1929 –) は，1965年の論文で，大規模集積回路上のトランジスタ数が「1.5年ごとに倍になる」であろうと予測した．

(2) 直流電源 (V) に抵抗 (R) とコンデンサ (C) が直列に接続された RC 直列回路に流れる電流 (I) の時間 (t) 変化は
$$I = \frac{V}{R} \exp\left(-\frac{1}{RC}t\right)$$
で表される．

(3) 水中に置かれた高温の個体が時間 (t) ごとに冷却される様子は，個体の表面積 S，個体の温度 T，水の温度 T_m，初期の個体の温度 T_0，熱伝導率 α，物体の熱容量 C を用いて，
$$T = (T_0 - T_m) \exp\left(-\frac{\alpha S}{C}t\right) + T_m$$
となる．この法則は**ニュートン冷却の法則**と呼ばれている．

A176 以下の問いに答えよ．

(1) 音の強さのレベルが，90(dB) と 40(dB) の音について，音の強さの比を求めよ．
(2) 音圧のレベルが，90(dB) と 40(dB) の音について，音圧の比を求めよ．
(3) 音の強さのレベル 50(dB) の単位をベルに直せ．
(4) 音圧のレベル 120(dB) の単位をネイピアに直せ．

B99 定数 α, σ に対して，関数 $f(x)$ を
$$f(x) = \frac{1}{\sqrt{2\pi}\sigma} e^{-\frac{(x-\alpha)^2}{2\sigma^2}}$$
で定める．この関数の最大値を求めよ．また，この関数のグラフが $x = \alpha$ に対して対称な，なだらかな山形となることを確かめよ．

B100 指数関数 $f(x) = 2^x$ の値の変化を両対数グラフで表せ．また，階乗 $f(n) = n!$ の値の変化を片対数グラフで表せ．

B101 以下の 10 進数表示された値を 2 進数表示せよ．ただし，n, k は自然数とする．

(1) $2/3$ (2) $2^{n-k}/(2^n - 1)$ (3) $1/5$

第 19 講　双曲線関数

双曲線関数 (hyperbolic functions) は，歴史的には懸垂曲線の研究を起源とし，本質的にはオイラーにより，明示的には，リッカチ (Vincenzo Riccati, 1707 – 1775) とランベルト (Johann Heinrich Lambert, 1728 – 1777) により独立に取り扱われた関数である．本書はこの関数をマクローリン展開の形で導入する．

双曲線関数

双曲線正弦・余弦関数　　ここでは，基本となる 2 つの双曲線関数をマクローリン展開式で導入しよう．

双曲線余弦関数 (hyperbolic cosine) は，一般に $\cosh x$ と記される

$$\cosh x = \frac{e^x + e^{-x}}{2} = 1 + \frac{1}{2!}x^2 + \frac{1}{4!}x^4 + \cdots + \frac{1}{(2n)!}x^{2n} + \cdots \tag{19.1}$$

で定義される関数であり，**双曲線正弦関数** (hyperbolic sine) は，一般に $\sinh x$ と記される

$$\sinh x = \frac{e^x - e^{-x}}{2} = x + \frac{1}{3!}x^3 + \frac{1}{5!}x^5 + \cdots + \frac{1}{(2n+1)!}x^{2n+1} + \cdots \tag{19.2}$$

で定義される関数である．すなわち，自然指数関数 $\exp(x)$ のマクローリン展開の偶数番目のみを取り出したものが双曲線余弦関数，奇数番目のみを取り出したものが双曲線正弦関数であり，明らかに，

$$\exp(x) = \cosh x + \sinh x \tag{19.3}$$

が成立する．

指数関数 $\exp(x)$ と同様に，マクローリン展開式は任意の x に対して意味を持つ．また，

$$\cosh(-x) = \cosh(x)$$
$$\sinh(-x) = -\sinh(x)$$

である[*1]こと，$x > 0$ に対して，$\cosh x > 0$ と $\sinh x > 0$

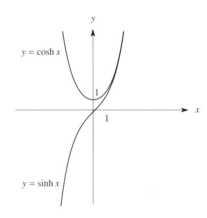

図 19.1　$y = \cosh x$ と $y = \sinh x$

[*1] 関数 $f(x)$ が，任意の x に対して $f(-x) = f(x)$ を満たすとき，**偶関数** (even function)，$f(-x) = -f(x)$ を満たすとき**奇関数** (odd function) と呼ぶ．つまり，双曲線余弦関数は偶関数，双曲線正弦関数は奇関数である．

第 19 講　双曲線関数

n	0	1	2	3	4	5	6	7	8	9	10	11
$T(n)$	0	1	0	2	0	16	0	272	0	7936	0	353792
$B(n)$	1	$\frac{1}{2}$	$\frac{1}{6}$	0	$-\frac{1}{30}$	0	$\frac{1}{42}$	0	$-\frac{1}{30}$	0	$\frac{5}{66}$	0
$E(n)$	1	0	-1	0	5	0	-61	0	1385	0	-50521	0

表 19.1　正接数・ベルヌーイ数・オイラー数

は明らかなことから，そのグラフの概形は図 19.1 となり，双曲線余弦関数は零点を持たないこと，双曲線正弦関数は原点のみに零点を持つこともわかる．なお，両端を固定した均一な材質・太さの紐のたわみ具合を示す曲線を**懸垂線** (catenary) と呼ぶが，これは，適当な定数 $a > 0$ に対して，$y = a\cosh(x/a)$ が描くグラフと相似形となることが知られている．

> **問 110** $f(x)$ を多項式としたとき，十分大きな x に対して常に $\cosh x > f(x)$，および $\sinh x > f(x)$ となることを示せ．

双曲線正接・余接関数　　双曲線正弦関数と双曲線余弦関数の比とその逆数を，それぞれ，双曲線正接関数，および双曲線余接関数と呼ぶ．**双曲線正接関数** (hyperbolic tangent) は，一般に $\tanh x$ と記され，

$$\tanh x = \frac{\sinh x}{\cosh x} = x - \frac{2}{3!}x^3 + \frac{16}{5!}x^5 - \cdots + (-1)^n \frac{T(2n+1)}{(2n+1)!}x^{2n+1} + \cdots \quad (19.4)$$

で定義される関数であり，**双曲線余接関数** (hyperbolic cotangent) は，一般に $\coth x$ と記され，

$$\coth x = \frac{\cosh x}{\sinh x} = \frac{1}{x} + \frac{1}{3}x - \frac{1}{45}x^3 + \cdots + \frac{2^{2n}B(2n)}{(2n)!}x^{2n-1} + \cdots \quad (19.5)$$

で定義される関数である．ここで，$T(n)$ は正接数，$B(n)$ はベルヌーイ数と呼ばれる数列の第 n 番目の値であり（表 19.1 参照），双曲線正接関数 $\tanh x$ のマクローリン展開式は，$|x| < \pi/2$ の範囲で，$x \coth x$ のマクローリン展開式は，$|x| < \pi$ で意味を持つ．双曲線正弦・余弦関数の性質から，双曲線正接・余接関数のグラフの概形が図 19.2 のようになることを見るのはそれほど難しくはない．

双曲線正割・余割関数　　双曲線正弦関数と双曲線余弦関数の逆数を，それぞれ，双曲線余割関数，および双曲線正割関数と呼ぶ．**双曲線余割関数** (hyperbolic cosecant) は，一般に $\operatorname{csch} x$ と記され，

$$\operatorname{csch} x = \frac{1}{\sinh x} = \frac{1}{x} - \frac{1}{6}x + \frac{7}{360}x^3 - \cdots + \frac{2(1 - 2^{2n-1})B(2n)}{(2n)!}x^{2n-1} + \cdots \quad (19.6)$$

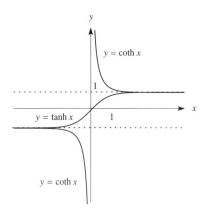
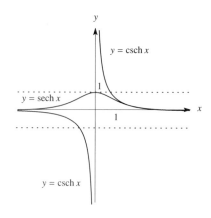

図 19.2　$y = \tanh x$ と $y = \coth x$　　　　図 19.3　$y = \operatorname{csch} x$ と $y = \operatorname{sech} x$

で定義される関数であり，**双曲線正割関数** (hyperbolic secant) は，一般に $\operatorname{sech} x$ と記され，

$$\operatorname{sech} x = \frac{1}{\cosh x} = 1 - \frac{1}{2!}x^2 + \frac{5}{4!}x^4 - \frac{61}{6!}x^6 + \cdots + \frac{E(2n)}{(2n)!}x^{2n} + \cdots$$

で定義される関数である．ここで，$B(n)$ はベルヌーイ数の第 n 番目の値，$E(n)$ はオイラー数と呼ばれる数列の第 n 番目の値であり（表 19.1 参照），$x \operatorname{csch} x$ のマクローリン展開式は，$|x| < \pi$ の範囲で，双曲線正割関数 $\operatorname{sech} x$ のマクローリン展開式は，$|x| < \pi/2$ で意味を持つ．双曲線正弦・余弦関数の性質から，双曲線正割・余割関数のグラフの概形が図 19.3 のようになることを見るのもそれほど難しくはない．

双曲線関数の満たす代数関係

基本的な関係式　双曲線関数は，その名称と表記から予想できる通り，双曲線について，三角関数と類似の性質を示す関数である．第 14 講で，三角関数を，角度（弧度）を単位円の座標の情報に変換する関数として定義した．すなわち，正弦関数と余弦関数は，弧度 θ を媒介変数として，代数関係式

$$\cos^2 \theta + \sin^2 \theta = 1$$

を満たした．双曲線関数についても同様に，任意の値 ϕ に対して，

$$\cosh^2 \phi - \sinh^2 \phi = 1 \qquad (19.7)$$

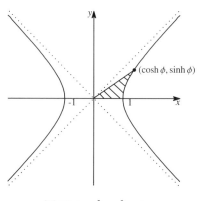

図 19.4　$x^2 - y^2 = 1$

第 19 講　双曲線関数

を満たすことがわかる．ここで，$(x, y) = (\cosh \phi, \sinh \phi)$ として直交座標系内に描かれる曲線は，一般に双曲線と呼ばれる曲線の一種（演習問題 B87 参照）であり，これは，直線 $y = \pm x$ に漸近する図 19.4 のような概形を持つ曲線である．

問 111 双曲線余弦関数の定義式（19.1）と双曲線正弦関数の定義式（19.2）を用いて，双曲線関数の基本関係式（19.7）を示せ．

加法定理　　双曲線関数は，三角関数の和公式と類似した以下の変換法則を満たす．

$$\cosh(t \pm s) = \cosh t \cosh s \pm \sinh t \sinh s \text{（複号同順）},$$
$$\sinh(t \pm s) = \sinh t \cosh s \pm \cosh t \sinh s \text{（複号同順）},$$
$$\tanh(t \pm s) = \frac{\tanh t \pm \tanh s}{1 \pm \tanh t \tanh s} \quad \text{（複号同順）}.$$

これらは，三角関数の場合と同様，双曲線関数の**加法定理**と呼ばれる．

問 112 指数関数の性質を用いて加法定理を示せ．

逆双曲線関数

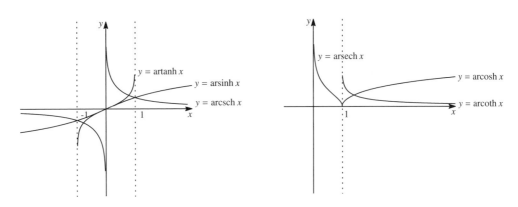

図 19.5　$y = \operatorname{arsinh} x, y = \operatorname{artanh} x, y = \operatorname{arcsch} x$　　図 19.6　$y = \operatorname{arcosh} x, y = \operatorname{arcoth} x, y = \operatorname{arsech} x$

双曲線関数の逆関数が**逆双曲線関数** (inverse hyperbolic functions) である．本書は，逆双曲線関数を $\operatorname{arcosh} x$ のように接頭詞 "ar" を用いて表すが，$\operatorname{arccosh} x, \operatorname{argcosh} x$ のように接頭詞

"arc", もしくは "arg" を用いたり[*2], $\cosh^{-1} x$ のように逆関数の記法に沿った表示を行うことも多い.

以下, 対数関数 $\log x$ を用いた表示と近似式を与えるが, $\operatorname{artanh} x, \operatorname{arcoth} x$ 以外の近似式の導出は微積分を用いなければ困難なため, その詳細は, 吉田武[28]などを参照して欲しい.

$$\operatorname{arcosh} x = \log(x + \sqrt{x^2-1}) = \log 2x - \frac{1}{2}\frac{x^{-2}}{2} - \frac{1 \cdot 3}{2 \cdot 4}\frac{x^{-4}}{4} - \cdots - \frac{(2n)!}{2^{2n}(n!)^2}\frac{x^{-2n}}{(2n)} - \cdots,$$

$$\operatorname{arsinh} x = \log(x + \sqrt{x^2+1}) = x - \frac{1}{2}\frac{x^3}{3} + \frac{1 \cdot 3}{2 \cdot 4}\frac{x^5}{5} - \cdots + (-1)^n \frac{(2n)!}{2^{2n}(n!)^2}\frac{x^{2n+1}}{2n+1} + \cdots,$$

$$\operatorname{artanh} x = \frac{1}{2}\log\left(\frac{1+x}{1-x}\right) = x + \frac{1}{3}x^3 + \frac{1}{5}x^5 + \cdots + \frac{1}{2n+1}x^{2n+1} + \cdots,$$

$$\operatorname{arcoth} x = \frac{1}{2}\log\left(\frac{x+1}{x-1}\right) = \operatorname{artanh}\frac{1}{x} = x^{-1} + \frac{1}{3}x^{-3} + \frac{1}{5}x^{-5} + \cdots + \frac{1}{2n+1}x^{-(2n+1)} + \cdots,$$

$$\operatorname{arcsch} x = \log\left(\frac{1}{x} + \sqrt{\frac{1}{x^2}+1}\right) = \operatorname{arsinh}\frac{1}{x} = x^{-1} - \frac{1}{2}\frac{x^{-3}}{3} + \cdots + (-1)^n \frac{(2n)!}{2^{2n}(n!)^2}\frac{x^{-(2n+1)}}{2n+1} + \cdots,$$

$$\operatorname{arsech} x = \log\left(\frac{1}{x} + \sqrt{\frac{1}{x^2}-1}\right) = \operatorname{arcosh}\frac{1}{x} = \log\frac{2}{x} - \frac{1}{2}\frac{x^2}{2} - \cdots - \frac{(2n)!}{2^{2n}(n!)^2}\frac{x^{2n}}{(2n)} - \cdots.$$

なお, $\operatorname{arsinh} x, \operatorname{artanh} x$ の近似式は $|x| < 1$ の範囲でのみ意味を持ち, $\operatorname{arsech} x$ は, $0 < |x| < 1$ の範囲で意味を持つ. 逆に, $\operatorname{arcosh} x, \operatorname{arcoth} x, \operatorname{arcsch} x$ の近似式は, $|x| > 1$ でのみ意味を持つが, これは, $\operatorname{arsinh} x, \operatorname{artanh} x, \operatorname{arsech} x$ がそれぞれ $\operatorname{arcosh} x, \operatorname{arcoth} x, \operatorname{arcsch} x$ に $x \longrightarrow 1/x$ で書き換え可能なことに対応する. さらに, この条件が, 対数関数表示の中に含まれる平方根が意味を持つ (例えば, $\operatorname{arcosh} x$ の場合, $\sqrt{x^2-1}$ が意味を持つのは, $x^2-1 > 0$ より, $|x| > 1$ である) ことに対応することに注意してほしい.

逆双曲線関数が対数関数表示を持つことは, 双曲線関数が指数関数 $\exp(x)$ を用いて書かれることから不思議ではないが, 対数関数の中の式が平方根を含むことは, 例えば $\operatorname{arsinh} x$ の場合, 以下のように示すことができる.

例 136 双曲線正接関数の逆関数 $\operatorname{arsinh} x$ の対数表示を求めよう. $y = \sinh x, t = e^x$ と置くと,

$$y = \sinh x = \frac{e^x - e^{-x}}{2} = \frac{e^{2x}-1}{2e^x} = \frac{t^2-1}{2t}$$

より, $t^2 - 2yt - 1 = 0$ である. これを t について解くと, $t = e^x = y \pm \sqrt{y^2+1}$ だが, $e^x > 0$

[*2] 接頭詞 "ar" は "area" (面積), "arc" は円弧の意味だが, 双曲線関数の接頭詞として, "arc" を用いるのは誤用だとの立場もあるようである. 歴史的には "ar" が正しいことは間違いないようだが, 現在では "arc" や "arg" (これは「偏角」という意味) も誤用とまでは言い切れないように感じる. この辺の事情は, コラム「双曲線関数の幾何学」を参考にしてほしい.

第 19 講　双曲線関数

より，$e^x = y + \sqrt{y^2 + 1}$ である．従って，

$$x = \log e^x = \log(y + \sqrt{y^2 + 1})$$

となり，変数 x と y を入れ替え，arsinh x の対数表示を得る．

問 113 逆双曲線正接関数 arsinh x 以外の逆双曲線関数について，その対数表示を計算せよ．

―**双曲線関数の幾何学**――――――――――――――――――――――――

　三角関数は，角度 θ を単位円の座標に変換する関数である．言い換えれば，三角関数の入力値 θ には，角度という幾何学的な意味付けができた．では，双曲線関数への入力値 ϕ にも何か幾何学的な意味付けができるのではないかと考えるのは自然な発想だろう．

　このために，角度 θ の意味を読み替えよう．

　三角関数に入力される角度 θ は弧度法によるものだった．第 14 講で，弧度法により，単位円上，角度 θ の弧で作られる扇形の面積が $\theta/2$ であることを注意した．つまり，入力値 θ を単位円内の扇形の面積を 2 倍した値だと読み替えることができる．

　実は，値 ϕ も同様の性質を持つことを示せる．すなわち，図 19.4 で示す通り，双曲線余弦・正弦関数は，斜線部の面積を s と置くと，$\phi = 2s$ を入力することで，対応する双曲線上の座標を返す関数である．しかし，値 ϕ のこの解釈は，一部曲線で構成される図形の面積を測り，その値を 2 倍するという操作を伴うことから直感的とは言い難い．やはり，θ が単位円上の弧の長さであったのと同じく，ϕ を長さとして捉える幾何学は無いのだろうか．

　実は，これは，双曲平面と呼ばれる面を考察することで可能となる．そして，この面では，余弦定理，正弦定理などが長さ ϕ に関する双曲線関数の値を用いて表される．しかし，これらの結果について詳述することは本書の水準を遥かに超えるため，これ以上，踏み込むことはせず，参考となる文献のみを挙げておこう．

　双曲平面は，通常の平面とは異なる角度の概念を持つ「曲がった」平面である．このような曲がった平面を取り扱う一般論は**微分幾何学** (differential geometory) と呼ばれる．微分幾何学は，第 I 部の冒頭で紹介したガウスにより創始された幾何学だが，この分野の優れた入門書として，小林昭七[26]がある．また，双曲平面を専門に研究する幾何学は**双曲幾何学** (hyperbolic geometry) と呼ばれるが，双曲線関数との関係を具体的に解説しているこの分野の入門的解説書として谷口雅彦・奥村善英[38]がある．

演習問題

A177 $e \simeq 2.71828$ として，$x = -3, -2, -1, 0, 1, 2, 3$ のときの双曲線関数 $\cosh x, \sinh x$ の値の近似値を計算せよ．

A178 指数関数 $\exp(x)$ のマクローリン展開式から，双曲線関数 $\cosh x, \sinh x$ のマクローリン展開式を導け．

A179 総和記号を用いて，双曲余弦・正弦関数のマクローリン展開式を記述せよ．

ベルヌーイ数 (Bernoulli number)

双曲余接関数 $\coth x$ は定義から

$$x \coth x = x \cdot \frac{\cosh x}{\sinh x} = x \cdot \frac{e^x + e^{-x}}{e^x - e^{-x}} = x \cdot \frac{e^{2x} + 1}{e^{2x} - 1} = x + \frac{2x}{e^{2x} - 1}$$

となることに注意すれば，$t/(e^t - 1)$ のマクローリン展開から，$x \coth x$ のマクローリン展開が得られることはすぐにわかる．従って，

$$f(t) = \frac{t}{e^t - 1} = B(0) + \frac{B(1)}{1!}t + \frac{B(2)}{2!}t^2 + \cdots + \frac{B(n)}{n!}t^n + \cdots$$

と置くことにしよう．$e^t - 1$ のマクローリン展開を用いて，

$$\left(\frac{1}{1!}t + \cdots + \frac{1}{n!}t^n + \cdots\right)\left(B(0) + \frac{B(1)}{1!}t + \frac{B(2)}{2!}t^2 + \cdots + \frac{B(n)}{n!}t^n + \cdots\right) = t$$

より，左辺を展開することで，

$$B(0) = 1,\ B(n) = \frac{-1}{n+1}\left\{\binom{n+1}{n-1}B(n-1) + \binom{n+1}{n-2}B(n-2) + \cdots + \binom{n+1}{0}B(0)\right\}\ (n \geq 1)$$

がわかる．この漸化式で現れる数列の第 n 項がベルヌーイ数 $B(n)$ である．つまり，ベルヌーイ数は，双曲余接関数 $\coth x$ の多項式近似を求める過程で自然と現れる漸化式を満たす数列として定義できる値である．

なお，ベルヌーイ数の定義を

$$\frac{te^t}{e^t - 1} = B(0) + \frac{\widetilde{B}(1)}{1!}t + \frac{B(2)}{2!}t^2 + \cdots + \frac{B(n)}{n!}t^n + \cdots$$

で与えることも多い．この場合，$B(1) = -\widetilde{B}(1)$ だけが異なる．

第 19 講　双曲線関数

> **オイラー数** (Euler number)
>
> オイラー数もベルヌーイ数と同様に定義される値である．双曲正割関数 $\operatorname{sech} x$ のマクローリン展開を
>
> $$\operatorname{sech} x = E(0) + \frac{E(1)}{1!}x + \frac{E(2)}{2!}x^2 + \cdots + \frac{E(n)}{n!}x^n + \cdots$$
>
> と置いたとき，その n 次の項の係数に現れる値 $E(n)$ を**オイラー数** (Euler number) と呼ぶ．$\cosh x \operatorname{sech} x = 1$ より，
>
> $$\left(1 + \frac{1}{2!}x^2 + \cdots + \frac{1}{(2n)!}x^{2n} + \cdots\right)\left(E(0) + \frac{E(1)}{1!}x + \frac{E(2)}{2!}x^2 + \cdots + \frac{E(n)}{n!}x^n + \cdots\right) = 1$$
>
> となることから，左辺を展開し，右辺と比較することで現れる漸化式を利用して値を求めることができる．なお，演習問題 A181 より，オイラー数の奇数番目は全て零である．

A180 以下の関数のグラフの概形を描け．

(1)　$f(x) = \cosh(x+1)$　　　(2)　$g(x) = \sinh(-x)$　　　(3)　$h(x) = \cosh(2x) - 3$

(4)　$r(x) = \sinh(x) - x$　　　(5)　$s(x) = \cosh(\exp(x))$　　　(6)　$t(x) = \cosh x + \sinh x$

A181 双曲線関数 $\tanh x, \coth x, \operatorname{csch} x$ が奇関数，双曲正割関数 $\operatorname{sech} x$ が偶関数となることを示せ．また，この事実を用いて，関数 $\tanh x, \coth x, \operatorname{csch} x$ のマクローリン展開式には奇数次の項しか現れず，逆に，$\operatorname{sech} x$ のマクローリン展開式には偶数次の項しか現れないことを示せ．

A182 以下の問に答えよ．

(1)　ベルヌーイ数の第 0 項から第 11 項が表 19.1 で与えた値となることを確かめよ．
(2)　双曲線関数 $\coth x$ の多項式近似が式 (19.5) となることを確かめよ．
(3)　総和記号を用いて，関数 $\tanh x, x \coth x$ のマクローリン展開式を記述せよ．
(4)　n が 3 以上の奇数のとき，$B(n) = 0$ となるのはなぜか．

A183 以下の関数のグラフの概形を描け．

(1)　$f(x) = \tanh(x+1) - 3$　　(2)　$g(x) = \tanh(-2x)$　　(3)　$h(x) = \tanh(x) + x$

(4)　$r(x) = \coth(x-2) + 3$　　(5)　$s(x) = \coth(-x)$　　(6)　$t(x) = \coth(\exp(x))$

A184 双曲線関数 $\operatorname{csch} x$ が式 (19.6) で近似されることを確かめよ．

A185 以下の関数のグラフの概形を描け．

(1)　$f(x) = \operatorname{csch}(\log x)$　　(2)　$g(x) = -\operatorname{sech}(x) + x$　　(3)　$h(x) = \operatorname{csch}(\exp x^2)$

A186 以下の問いに答えよ．

(1) オイラー数の満たす漸化式を求めよ．
(2) 上でも求めた漸化式を用いて，オイラー数の第 0 項から第 11 項が表 19.1 で与えた値となることを確かめよ．
(3) 総和記号を用いて，双曲余割・正割関数のマクローリン展開式を記述せよ．

A187 双曲線関数の加法定理を用いて，三角関数の倍角の公式と類似の等式

$$\cosh 2\phi = \cosh^2 \phi + \sinh^2 \phi = 2\cosh^2 \phi - 1 = 1 + 2\sinh^2 \phi,$$
$$\sinh 2\phi = 2\sinh \phi \cosh \phi, \qquad (19.8)$$
$$\tanh 2\phi = \frac{2\tanh \phi}{1 + \tanh^2 \phi} \qquad (19.9)$$

が成立することを示せ．

A188 双曲線関数の加法定理を用いて，三角関数の積和の公式と類似の等式

$$2\sinh \alpha \cosh \beta = \sinh(\alpha + \beta) + \sinh(\alpha - \beta),$$
$$2\cosh \alpha \cosh \beta = \cosh(\alpha + \beta) + \cosh(\alpha - \beta),$$
$$2\sinh \alpha \sinh \beta = \cosh(\alpha + \beta) - \cosh(\alpha - \beta)$$

が成立することを示せ．また，これらの関係を用いて，三角関数の和積の公式と類似の公式

$$\sinh A \pm \sinh B = 2\sinh \frac{A \pm B}{2} \cosh \frac{A \mp B}{2} \text{ (複号同順)},$$
$$\cosh A + \cosh B = 2\cosh \frac{A + B}{2} \cosh \frac{A - B}{2},$$
$$\cosh A - \cosh B = 2\sinh \frac{A + B}{2} \sinh \frac{A - B}{2}$$

が成立することを示せ．

A189 焦点と呼ばれる 2 点からの距離の差が一定になる点の集まりから作られる曲線が双曲線である（演習問題 B87 参照）．以下の問いに答えよ．

(1) 平面内の 2 点 $(-\sqrt{2}, 0), (\sqrt{2}, 0)$ を焦点とし，焦点からの距離の差が 2 となる双曲線上の点を (x, y) と置くと

$$x^2 - y^2 = 1 \qquad (19.10)$$

となることを示せ．

第 19 講　双曲線関数

(2) 式 (19.10) で与えられた双曲線を反時計回りに 45° 回転させたものは，平面内の 2 点 $(1,1), (-1,-1)$ を焦点とし，焦点からの距離の差が 2 の双曲線となる．この双曲線が式

$$xy = 1$$

で与えられることを示せ．

(3) ϕ を任意の数として，$(\cosh\phi, \sinh\phi)$ が描く曲線の概形を示せ．

(4) ϕ を任意の数として，$(\cosh\phi + \sinh\phi, \cosh\phi - \sinh\phi)$ が描く曲線の概形を示せ．

A190　逆双曲線関数のグラフを，双曲線関数の逆関数であることを利用して描き，それが，実際に図 19.5 と図 19.6 のようになることを確かめよ．

A191　総和記号を用いて，逆双曲線関数の多項式近似を記述せよ．

A192　以下の問いに答えよ．

(1) 式 (18.5) から，$\log(1+x)$ と $\log(1-x)$ のマクローリン展開式を導け．
(2) 逆双曲線関数 $\operatorname{artanh} x$ のマクローリン展開を，$\log(1+x)$ と $\log(1-x)$ のマクローリン展開式から導け．
(3) 逆に，逆双曲線関数 $\operatorname{artanh} x$ のマクローリン展開式から，$f(x) = \log(1-x)$ のマクローリン展開を導け．なお，等式 $\log(1-x^2) = \log(1+x) + \log(1-x)$ から $\log(1-x)$ の偶数べきの項の情報が得られることに注意せよ．

A193　双曲線関数と逆双曲線関数の合成について

$$\sinh(\operatorname{arcosh} x) = \sqrt{x^2 - 1}, \quad \sinh(\operatorname{artanh} x) = \frac{x}{\sqrt{1-x^2}}, \quad \cosh(\operatorname{arsinh} x) = \sqrt{1+x^2},$$

$$\cosh(\operatorname{artanh} x) = \frac{1}{\sqrt{1-x^2}}, \quad \tanh(\operatorname{arsinh} x) = \frac{x}{\sqrt{1+x^2}}, \quad \tanh(\operatorname{arcosh} x) = \frac{\sqrt{x^2-1}}{x}$$

が成立することを示せ．

A194　逆双曲線関数について加法公式

$$\operatorname{arsinh} t \pm \operatorname{arsinh} s = \operatorname{arsinh}\left(t\sqrt{1+s^2} \pm s\sqrt{1+t^2}\right) \text{ (複号同順)},$$

$$\operatorname{arcosh} t \pm \operatorname{arcosh} s = \operatorname{arcosh}\left(ts \pm \sqrt{(t^2-1)(s^2-1)}\right) \text{ (複号同順)},$$

$$\operatorname{artanh} t \pm \operatorname{artanh} s = \operatorname{artanh}\left(\frac{t \pm s}{1 \pm ts}\right) \text{ (複号同順)},$$

$$\operatorname{arsinh} t + \operatorname{arcosh} s = \operatorname{arsinh}\left(ts + \sqrt{(1+t^2)(s^2-1)}\right) = \operatorname{arcosh}\left(s\sqrt{1+t^2} + t\sqrt{s^2-1}\right)$$

が成立することを示せ．

B102 式 (19.9) を用いて，ベルヌーイ数と正接数が，自然数 $n > 1$ について

$$T(2n-1) = (-1)^n (2^{2n} - 1) 2^{2n} \frac{B(2n)}{2n} \qquad (19.11)$$

を満たすことを示せ．

B103 式 (19.11) と $\sinh x \cdot \operatorname{sech} x = \tanh x$ を用いて，ベルヌーイ数とオイラー数が，自然数 $n > 1$ について

$$B(2n) = \frac{2n}{2^{2n}(2^{2n}-1)} \sum_{k=0}^{n-1} \binom{2n-1}{2k} E(2k)$$

を満たすことを示せ．

B104 式 (19.8) より，$2\sinh x \cdot \operatorname{csch} 2x = \operatorname{sech} x$ を示せ．また，この関係を利用して，ベルヌーイ数とオイラー数が，自然数 $n > 1$ について，

$$E(2n) = \sum_{k=1}^{n} \frac{(1-2^{2k})2^{2k}}{2k} \binom{2n}{2k-1} B(2k) + 1$$

を満たすことを示せ．

C51 ベルヌーイ数は，もともとは，任意の自然数 k に対して，k べき乗和

$$S_k(n) = \sum_{i=1}^{n-1} i^k = 1^k + 2^k + \cdots + (n-1)^k$$

の公式を素早く計算するためにベルヌーイ (Jakob Bernoulli, 1654 – 1705) とほぼ同時期に関孝和 (1642 頃 – 1708) により導入された値である．べき乗和について，

$$S_k(n) = \frac{1}{k+1} \sum_{j=0}^{k} \binom{k+1}{j} B(j) n^{k-j+1}$$

となることを以下の手順で確かめよ．

(1) $(n+1)^j - n^j$ の展開を二項係数を用いて表せ．

(2) $n^{k+1} = \{n^{k+1} - (n-1)^{k+1}\} + \{(n-1)^{k+1} - (n-2)^{k+1}\} + \cdots + \{1^{k+1} - 0^{k+1}\}$ を用いて，

$$n^{k+1} = \sum_{j=0}^{k} (-1)^{k-j} \binom{k+1}{j} S_j(n) \qquad (19.12)$$

を示せ．

第 19 講　双曲線関数

(3) $S_0(n) = n$ を確かめよ．また，式 (19.12) を基に，$S_1(n), S_2(n), S_3(n)$ を求めよ．

(4) 式 (19.12) を用いて，べき乗和 $S_k(n)$ が n を変数とする $k+1$ 次の有理数係数の多項式となることを帰納法で示せ．

(5) 数列 $b_0, b_1, b_2, \ldots$ を
$$S_k(n) = \frac{1}{k+1} \sum_{j=0}^{k} \binom{k+1}{j} b_j n^{k-j+1}$$

で定める．すなわち，n についての多項式 $S_k(n)$ の係数を ${}_{k+1}C_j/(k+1)$ で割った値として定める．変数 n の多項式の等式

$$n^{k+1} = \sum_{j=0}^{k} (-1)^{k-j} \binom{k+1}{j} S_j(n) = \sum_{j=0}^{k} (-1)^{k-j} \binom{k+1}{j} \left(\frac{1}{k+1} \sum_{j=0}^{k} \binom{k+1}{j} b_j n^{k-j+1} \right)$$

の最高次の係数を比較することで $b_0 = 1$ を確かめよ．

(6) 上の多項式のその他の次数の係数を比較し，数列 b_j がベルヌーイ数と同じ漸化式を満たすことを示せ．なお，奇数 $n > 1$ に対して，$B(n) = -B(n) = 0$ であることに注意せよ．

リーマンゼータ関数

演習問題 C51 とは逆に，自然数 k に対して，その k べき乗の逆数の無限和

$$\zeta(k) = \frac{1}{1^k} + \frac{1}{2^k} + \cdots + \frac{1}{n^k} + \cdots$$

を取る．この k を変数とする関数 $\zeta(k)$ は**リーマン** (Georg Friedrich Bernhard Riemann, 1826 – 1866) **ゼータ関数** (Riemann zeta function) と呼ばれており，初等関数では無いが，現在でも盛んに研究され続けている関数である．

　k が正の偶数のとき，この関数の値はベルヌーイ数を用いて，

$$\zeta(2n) = (-1)^{n+1} \frac{B(2n) \cdot (2\pi)^{2n}}{2(2n)!}$$

と書けること，また，負の整数 $-n$ に対して，$\zeta(-n) = -B(n+1)/(n+1)$ と解釈すべきことが知られている．しかし，k が正の奇数の場合は，$\zeta(3)$ が無理数であることを 1977 年にアペリー (Roger Apéry, 1916 – 1994) が示したことを除き，その具体的な値について何もわかっていない．また，この関数の零点の分布に関する予想は，**リーマン予想** (Riemann hypothesis) と呼ばれ，クレイ数学研究所により 100 万ドルの懸賞金が懸けられている有名な数学の未解決問題である．

第 20 講　三角関数

　本書は，第 14 講で三角関数を角度（弧度）を単位円の情報に変換する関数として定義した．本講は，三角関数のマクローリン展開式とグラフ，逆三角関数について解説を行う．双曲線関数との関係を明らかにするため，まず，虚数単位の導入から始める．

虚数単位と複素数

虚数単位と複素数　　-1 の平方根を**虚数単位** (imaginary unit) と呼び，一般に，$\sqrt{-1}$，もしくは i で表す．

　第 3 講において，平方根を，2 回積を取ることで，与えた数となる値としたが，一般に数 x に対して $x^2 \geq 0$ なので，2 乗することで -1 となる数は存在しない．従って，「虚数」単位との呼び方には，数直線上に実際に存在する数では無く，「虚ろなる数」との意が込められている．逆に，数直線上に存在する数は**実数** (real number) と呼ばれる．

　さて，この虚数単位 $\sqrt{-1}$ と実数 a, b を用いて，新たに，

$$a + b\sqrt{-1}$$

という数を作ろう．このとき，値 a は**実部** (real part)，b は**虚部** (imaginary part) と呼ばれる．この値は，虚ろなる数 $\sqrt{-1}$ に実数 b を掛け，a を加えて作った，人為的な，通常の数とは異なる，やはり「虚ろなる数」である．ゆえに，この形の数を**虚数** (imaginary number) と呼ぶが，**複素数** (complex number) と呼ぶこともある．実部が 0 の複素数は**純虚数** (purely imaginary number) と呼ばれる．

複素数の四則演算　　複素数に対して重要な事実は，通常の四則演算と同様の演算を矛盾なく定め，実行できることである．つまり，複素数の演算は，$(\sqrt{-1})^2 = -1$ であることに注意する以外は，実数と同様に実行できる．

　なお，実数 a に対して，$a + 0\sqrt{-1} = a$ なので，実数は複素数に含まれなければならない．また，$\sqrt{-1} \neq -\sqrt{-1}$ でなければならない．なぜなら，もし，$\sqrt{-1} = -\sqrt{-1}$ ならば，右辺を左辺に移項して $2\sqrt{-1} = 0$，従って，$\sqrt{-1} = 0$ となるからである．つまり，方程式 $x^2 + 1 = 0$ が相異なる 2 つの解 $\sqrt{-1}$ と $-\sqrt{-1}$ を持つが，これは，-1 の平方根は 2 つ存在すること，すなわち，虚数単位として，2 つ選択の可能性があることを意味している．従って，虚数単位の定義は，正確には，「$x^2 + 1 = 0$ の相異なる 2 つの解のうち，『自分が選択した』もののことで，それを $\sqrt{-1}$ と記す」としなければならない．

第 20 講　三角関数

例 137 複素数の四則演算を具体的な値で実行しよう．$j = 3 + 2\sqrt{-1}, k = 1 + 5\sqrt{-1}$ と置く．j と k の和と差は $\sqrt{-1}$ が通常の数ではないことから，文字と見て，

$$j + k = (3 + 1) + (2 + 5)\sqrt{-1} = 4 + 7\sqrt{-1},$$
$$j - k = (3 - 1) + (2 - 5)\sqrt{-1} = 2 - 3\sqrt{-1}$$

のように計算を実行すればよい．次に積は，和と差のときと同様にまず $\sqrt{-1}$ を文字と見て，分配法則を用いて，

$$j \cdot k = (3 + 2\sqrt{-1})(1 + 5\sqrt{-1}) = 3 \cdot 1 + 3 \cdot 5\sqrt{-1} + 2 \cdot 1\sqrt{-1} + 2 \cdot 5 \cdot (\sqrt{-1})^2$$

とし，$(\sqrt{-1})^2 = -1$ を適用して，

$$= 3 \cdot 1 + (3 \cdot 5 + 2 \cdot 1)\sqrt{-1} - 2 \cdot 5 = -7 + 17\sqrt{-1}$$

となる．最後に商は，$(1 + 5\sqrt{-1})(1 - 5\sqrt{-1}) = 1^2 + 5^2 = 26$ に着目して，

$$\frac{j}{k} = \frac{(3 + 2\sqrt{-1})(1 - 5\sqrt{-1})}{(1 + 5\sqrt{-1})(1 - 5\sqrt{-1})} = \frac{13}{26} - \frac{13}{26}\sqrt{-1}$$

となることがわかる．

複素共役　複素数 $z = a + b\sqrt{-1}$ に対して，その**複素共役** (complex conjugate) とは複素数 $a - b\sqrt{-1}$ を指し，一般に，$\bar{z}$ でこれを表す．複素共役の重要な性質は，

$$z \cdot \bar{z} = \bar{z} \cdot z = (a + b\sqrt{-1})(a - b\sqrt{-1}) = a^2 + b^2 \qquad (20.1)$$

となること，つまり，複素数を機械的に実数化できることである．実際，例 137 の商の計算は，複素共役のこの性質を利用して実行されている．

三角関数とそのマクローリン展開

弧度法による角度を θ と置く．このとき，正弦・余弦関数はそれぞれ，図 20.1 で示した座標 y と x を返す関数である．すなわち，

$$x = \cos\theta, \qquad y = \sin\theta$$

が三角関数の定義だった（第 14 講参照）．

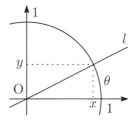

図 20.1　単位円と角度（再掲）

さて，(x, y) が半径 1 の円上の点であること，そして，三平方の定理より，
$$x^2 + y^2 = \cos^2 \theta + \sin^2 \theta = 1 \tag{20.2}$$
が三角関数を特徴づける最も基本的な関係式であることに疑いの余地はない．

他方，われわれは第 19 講で，双曲余弦関数と双曲正弦関数が，非常によく似た関係式
$$\cosh^2 \phi - \sinh^2 \phi = 1 \tag{20.3}$$
を満たすことを学んだ．この式は，以下のようにして式（20.2）と対応する．

双曲正弦・余弦関数はそれぞれ，マクローリン展開
$$\cosh \phi = 1 + \frac{1}{2!}\phi^2 + \frac{1}{4!}\phi^4 + \cdots + \frac{1}{(2n)!}\phi^{2n} + \cdots,$$
$$\sinh \phi = \phi + \frac{1}{3!}\phi^3 + \frac{1}{5!}\phi^5 + \cdots + \frac{1}{(2n+1)!}\phi^{2n+1} + \cdots$$
を持つ．この式に，$\phi = \sqrt{-1}\theta$ を代入し，$(\sqrt{-1})^2 = -1$ を用いることで，
$$\cosh(\sqrt{-1}\theta) = 1 - \frac{1}{2!}\theta^2 + \frac{1}{4!}\theta^4 + \cdots + (-1)^n \frac{1}{(2n)!}\theta^{2n} + \cdots,$$
$$\sinh(\sqrt{-1}\theta) = \sqrt{-1}\left(\theta - \frac{1}{3!}\theta^3 + \frac{1}{5!}\theta^5 + \cdots + (-1)^n \frac{1}{(2n+1)!}\theta^{2n+1} + \cdots\right)$$
はすぐにわかる．ここで，関数 $c(\theta), s(\theta)$ をそれぞれ，
$$c(\theta) = \cosh(\sqrt{-1}\theta) = 1 - \frac{1}{2!}\theta^2 + \frac{1}{4!}\theta^4 + \cdots + (-1)^n \frac{1}{(2n)!}\theta^{2n} + \cdots,$$
$$s(\theta) = \frac{\sinh(\sqrt{-1}\theta)}{\sqrt{-1}} = \theta - \frac{1}{3!}\theta^3 + \frac{1}{5!}\theta^5 + \cdots + (-1)^n \frac{1}{(2n+1)!}\theta^{2n+1} + \cdots$$
と置くと，式（20.3）より，形式的には，
$$1 = \cosh^2(\sqrt{-1}\theta) - \sinh^2(\sqrt{-1}\theta) = c(\theta)^2 - (\sqrt{-1}s(\theta))^2 = c(\theta)^2 + s(\theta)^2$$
となり，三角関数の基本的な関係式（20.2）と同じ関係が導かれる．$c(0) = 1 = \cos 0, s(0) = 0 = \sin 0$ のように値は対応しており，ゆえに，
$$\cos \theta = c(\theta) = 1 - \frac{1}{2!}\theta^2 + \frac{1}{4!}\theta^4 + \cdots + (-1)^n \frac{1}{(2n)!}\theta^{2n} + \cdots,$$
$$\sin \theta = s(\theta) = \theta - \frac{1}{3!}\theta^3 + \frac{1}{5!}\theta^5 + \cdots + (-1)^n \frac{1}{(2n+1)!}\theta^{2n+1} + \cdots$$
ではないかと考えるのは自然な発想だろう．この関係が実際に正しいことは，次のようにして確かめることができる．

第 20 講 三角関数

証明. ここでは，いささか天下り気味ではあるが，ド・モアブルの定理（証明は第 21 講で行う）

$$\cos(n\psi) = {}_nC_0 c^n - {}_nC_2 c^{n-2} s^2 + \cdots + (-1)^m {}_nC_{2m} c^{n-2m} s^{2m} + \cdots \tag{20.4}$$

$$\sin(n\psi) = {}_nC_1 c^{n-1} s - {}_nC_3 c^{n-3} s^3 + \cdots + (-1)^m {}_nC_{2m+1} c^{n-(2m+1)} s^{2m+1} + \cdots \tag{20.5}$$

を用いた証明を与える．ただし，${}_nC_k = \frac{n!}{k!(n-k)!} = \frac{n(n-1)\cdot(n-k+1)}{n!}, c = \cos\psi, s = \sin\psi$ である．

式 (20.4) より，

$$\cos\theta = \cos(n\cdot\theta/n) = \cos^n(\theta/n) - \frac{n(n-1)}{2\cdot 1}\cos^{n-2}(\theta/n)\sin^2(\theta/n)$$
$$+ \frac{n(n-1)(n-2)(n-3)}{4\cdot 3\cdot 2\cdot 1}\cos^{n-4}(\theta/n)\sin^4(\theta/n) - \cdots$$

となる．n を十分大きな値だとしよう．図 20.1 より，θ/n がほぼ 0 なので，$\cos(\theta/n) \simeq 1, \sin(\theta/n) \simeq \theta/n$ であり，$1 - k/n \simeq 1$ となることから，

$$\cos\theta \simeq 1 - \frac{1-1/n}{2!}\theta^2 + \frac{(1-1/n)(1-2/n)(1-3/n)}{4!}\theta^4 - \cdots \simeq 1 - \frac{1}{2!}\theta^2 + \frac{1}{4!}\theta^4 - \cdots$$

のように近似されることがわかる．式 (20.5) より，同様に $\sin\theta$ の近似式を得る． （証明終）

従って，双曲線関数のマクローリン展開より，三角関数が次のマクローリン展開が以下で与えられることがわかる．

$$\cos x = \cosh(\sqrt{-1}x) = 1 - \frac{1}{2!}x^2 + \frac{1}{4!}x^4 + \cdots + (-1)^n \frac{1}{(2n)!}x^{2n} + \cdots, \tag{20.6}$$

$$\sin x = \frac{\sinh(\sqrt{-1}x)}{\sqrt{-1}} = x - \frac{1}{3!}x^3 + \frac{1}{5!}x^5 + \cdots + (-1)^n \frac{1}{(2n+1)!}x^{2n+1} + \cdots, \tag{20.7}$$

$$\tan x = \frac{\sin x}{\cos x} = \frac{\tanh(\sqrt{-1}x)}{\sqrt{-1}} = x + \frac{2}{3!}x^3 + \frac{16}{5!}x^5 \cdots + \frac{T(2n+1)}{(2n+1)!}x^{2n+1} + \cdots,$$

$$\cot x = \frac{\cos x}{\sin x} = \sqrt{-1}\coth(\sqrt{-1}x) = \frac{1}{x} - \frac{1}{3}x + \cdots + (-1)^n \frac{2^{2n}B(2n)}{(2n)!}x^{2n-1} + \cdots,$$

$$\csc x = \frac{1}{\sin x} = \sqrt{-1}\operatorname{csch}(\sqrt{-1}x) = \frac{1}{x} + \frac{1}{6}x + \cdots + \frac{(-1)^n 2(1-2^{2n-1})B(2n)}{(2n)!}x^{2n-1} + \cdots,$$

$$\sec x = \frac{1}{\cos x} = \operatorname{sech}(\sqrt{-1}x) = 1 + \frac{1}{2!}x^2 + \frac{5}{4!}x^4 + \cdots + \frac{(-1)^n E(2n)}{(2n)!}x^{2n} + \cdots$$

ただし，$\cos x, \sin x$ のマクローリン展開は任意の x で，$\tan x, \sec x$ は $|x| < \pi/2$ で，$x\cot x, x\csc x$ は $|x| < \pi$ で意味を持つ．また，$B(n), E(n), T(n)$ はそれぞれ第 19 講で紹介したベルヌーイ数，オイラー数，正接数の n 番目の値を表しており，$\cot x$ は**余接** (cotangent)，$\csc x$ は**余割** (cosecant)，$\sec x$ は**正割** (secant) と呼ばれる．

周期関数

周期関数　弧度法とは，要するに，座標 $(1,0)$ にある点が反時計回りに単位円（半径 1 の円）上を動いたときの移動距離であり，余弦・正弦関数は，それだけ移動したときに，点がどのような座標を取るのかを返す関数である．このようにとらえると，点が円を 1 周する，つまり，2π 移動するごとに，同じ場所に戻ることから，三角関数 $t(x)$ が，

$$t(x + 2\pi) = t(x)$$

を満たすことは明らかだが，これは，ここまで取り上げた他の初等関数にはない著しい特徴でもある．

一般に，関数 $f(x)$ が，適当な定数 p に対して，三角関数と同様の性質

$$f(x + p) = f(x)$$

を満たすとき，この関数を**周期関数** (periodic function) と呼び，そのような性質を満たす最小の値 p を，周期関数 $f(x)$ の**周期** (fundamental period)，周期関数の最大・最小値の差の 1/2 倍を**振幅** (amplitude) と呼ぶ．三角関数は，周期関数の最も代表的な例であり，その定義から，余弦関数，正弦関数，余割関数，正割関数の周期は 2π，振幅は 1 となること，余接関数，正接関数の周期は π，振幅は存在しないことがすぐにわかる．

位相　関数 $f(x)$ は，周期 p，振幅 a の周期関数だとする．このとき，定数 c, b, q に対して，

$$g(x) = \frac{b}{a} f\left(\frac{p}{q}(x + c) \right)$$

は，周期 q，振幅 b の周期関数を定めるが，このとき，量 $p(x+c)/q$ を**位相** (phase)，量 pc/q を**初期位相**，量 c を**位相差**，もしくは**位相のずれ**と呼ぶことがある．

$$\cos x = \sin\left(x + \frac{\pi}{2} \right)$$

となることから，$\sin x$ は $\cos x$ と $\pi/2$ だけの位相のずれがある．つまり，$\sin x$ は $\cos x$ より $\pi/2$ だけ遅れて同じ値を取ることを位相のずれ，という表現で言い表すことができる．

例 138　一般に，定数 A, ω, α を適当に選ぶことで，$w(t) = A\sin(\omega t + \alpha)$ の形で書ける関数，もしくはそのグラフを**正弦波** (sine wave) と呼ぶ．

日本の一般家庭のコンセントから供給される電気は，電圧（電流）の時間変化が正弦波の形（交流）で供給されている．さらに，発電された電気の各家庭への配電は，位相が $2\pi/3$ ずつ異なる 3 つの交流を重ね合わせ供給される**三相式**である．

第 20 講　三角関数

周期関数と三角関数のグラフ　　周期関数は，同一形状の曲線が周期ごとに繰り返し現れるグラフを持つことは明らかであり，三角関数のグラフも同様である．三角関数のグラフを図 20.2，20.3，20.4 に与えた．なお，余弦・正弦関数のグラフは，マクローリン展開による多項式近似（k は近似多項式の次数を表す）のグラフを共に含む形で描いている．図より，近似多項式の次数 k が大きくなるに従い原点から離れた位置についても近似が良くなっていることが見て取れるだろう．

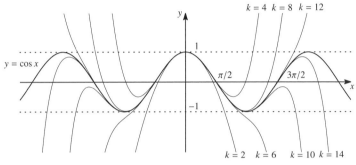

図 20.2　$y = \cos x$ と多項式近似

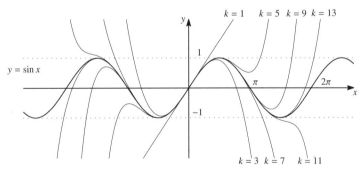

図 20.3　$y = \sin x$ と多項式近似

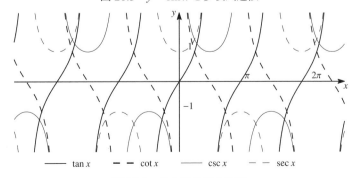

図 20.4　その他の三角関数

逆三角関数

三角関数の逆関数が**逆三角関数** (inverse trigonometric function) である．逆三角関数は，$\arccos x$ のように，接頭詞 "arc" を用いて表されることが多いが，これは，逆三角関数が，単位円の弧 (arc) の長さを返すからである．

逆三角関数について，まず注意すべきことは，

$$\sin x = \cos(\pi/2 - x), \qquad (20.8)$$
$$\tan x = \cot(\pi/2 - x),$$
$$\csc x = \sin(\pi/2 - x)$$

であることより，

$$\arccos x = \frac{\pi}{2} - \arcsin x, \qquad (20.9)$$
$$\mathrm{arccot}\, x = \frac{\pi}{2} - \arctan x,$$
$$\mathrm{arcsec}\, x = \frac{\pi}{2} - \mathrm{arccsc}\, x$$

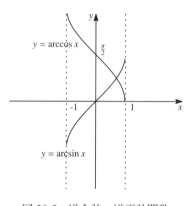

図 20.5 逆余弦・逆正弦関数

が導かれることである．従って，逆三角関数の近似式は，$\arcsin x, \arctan x, \mathrm{arccsc}\, x$ の近似式から導かれることがわかる．そして，$\arcsin x, \arctan x, \mathrm{arccsc}\, x$ の近似式は逆双曲線関数の近似式から得られ，それらは，

$$\arccos x = \frac{\pi}{2} - \left(x + \frac{1}{2}\frac{x^3}{3} + \frac{1\cdot 3}{2\cdot 4}\frac{x^5}{5} + \cdots + \frac{(2n)!}{2^{2n}(n!)^2}\frac{x^{2n+1}}{2n+1} + \cdots\right),$$

$$\arcsin x = \frac{\mathrm{arsinh}\,\sqrt{-1}\,x}{\sqrt{-1}} = x + \frac{1}{2}\frac{x^3}{3} + \frac{1\cdot 3}{2\cdot 4}\frac{x^5}{5} + \cdots + \frac{(2n)!}{2^{2n}(n!)^2}\frac{x^{2n+1}}{2n+1} + \cdots,$$

$$\arctan x = \frac{\mathrm{artanh}(\sqrt{-1}\,x)}{\sqrt{-1}} = x - \frac{1}{3}x^3 + \frac{1}{5}x^5 - \cdots + (-1)^n\frac{1}{2n+1}x^{2n+1} + \cdots,$$

$$\mathrm{arccot}\, x = \frac{\pi}{2} - \left(x - \frac{1}{3}x^3 + \frac{1}{5}x^5 - \cdots + (-1)^n\frac{1}{2n+1}x^{2n+1} + \cdots\right),$$

$$\mathrm{arccsc}\, x = \frac{\mathrm{arcsch}(x/\sqrt{-1})}{\sqrt{-1}} = x^{-1} + \frac{1}{2}\frac{x^{-3}}{3} + \cdots + \frac{(2n)!}{2^{2n}(n!)^2}\frac{x^{-(2n+1)}}{2n+1} + \cdots,$$

$$\mathrm{arcsec}\, x = \frac{\mathrm{arsech}(\sqrt{-1}\,x)}{\sqrt{-1}} = \frac{\pi}{2} - \left(x^{-1} + \frac{1}{2}\frac{x^{-3}}{3} + \cdots + \frac{(2n)!}{2^{2n}(n!)^2}\frac{x^{-(2n+1)}}{2n+1} + \cdots\right)$$

を満たす．なお，$\arccos x, \arcsin x, \arctan x, \mathrm{arccot}\, x$ の近似式は $|x| < 1$ で意味を持ち，$\mathrm{arccsc}\, x, \mathrm{arcsec}\, x$ は $|x| > 1$ で意味を持つ．

第20講 三角関数

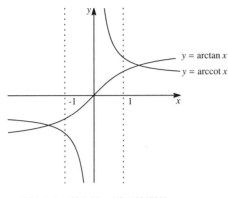

図 20.6 逆余接・逆正接関数

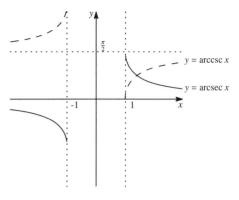

図 20.7 逆余割・正割関数

問 114 式 (20.8) を用いて,式 (20.9) を導け.

問 115 逆三角関数の逆双曲線関数による表示を求めよ.

演習問題

A195 以下を $a+b\sqrt{-1}$ の形にせよ.ただし,a,b は実数値とする.

(1) $\sqrt{-3}$ (2) $\dfrac{1}{\sqrt{-1}}$ (3) $\dfrac{1}{1+2\sqrt{-1}}$ (4) $\dfrac{1}{1+\frac{1}{\sqrt{-1}}}$

A196 以下を $a+b\sqrt{-1}$ の形にせよ.ただし,a,b は実数値とする.

(1) $\left(\dfrac{1+\sqrt{-1}}{\sqrt{2}}\right)^4$ (2) $\left(\dfrac{1-\sqrt{-3}}{2}\right)^3$ (3) $\left(\dfrac{\sqrt{3}-\sqrt{-1}}{2}\right)^6$

A197 複素数について,以下の問いに答えよ.

(1) 任意の複素数 z_1, z_2, z_3 について,結合法則 $(z_1 \cdot z_2) \cdot z_3 = z_1 \cdot (z_2 \cdot z_3)$ が成立することを示せ.

(2) 実数 a,b について,$(a+b\sqrt{-1})^{-1} = \dfrac{a-b\sqrt{-1}}{a^2+b^2}$ となることを示せ.

A198 複素共役について,以下の性質が成り立つことを示せ.

(1) $\overline{\overline{z}} = z$ (2) $\overline{z \pm w} = \overline{z} \pm \overline{w}$ (複号同順) (3) $\overline{z \cdot w} = \overline{z} \cdot \overline{w}$ (4) $\overline{\left(\dfrac{z}{w}\right)} = \dfrac{\overline{z}}{\overline{w}}$ ($w \neq 0$)

> **正接数** (tangent number)
>
> 正接関数 $\tan x$ のマクローリン展開を
> $$\tan x = T(0) + \frac{T(1)}{1!}x + \frac{T(2)}{2!}x^2 + \cdots + \frac{T(n)}{n!}x^n + \cdots$$
> と置くとき，その n 次の項の係数に現れる値 $T(n)$ を**正接数** (tangent number) と呼ぶ．
>
> 正接関数 $\tan x$ が奇関数であることから，偶数 n について，$T(n) = 0$ はすぐにわかる．奇数番目は，$\cos x \tan x = \sin x$ より，
> $$\left(1 - \frac{1}{2!}x^2 + \cdots + \frac{(-1)^n}{(2n)!}x^{2n} + \cdots\right)\left(\frac{T(1)}{1!}x + \cdots + \frac{T(2n+1)}{(2n+1)!}x^{2n+1} + \cdots\right) = x - \frac{1}{3!}x^3 + \cdots$$
> となることから，左辺を展開し，右辺の同一次数の項と係数比較することで現れる漸化式を利用してその値を求めることができる．

A199 三角関数 $\cos x, \sin x$ のマクローリン展開式を 11 次の項までで打ち切った近似式を

$$f_c(x) = 1 - \frac{1}{2!}x^2 + \frac{1}{4!}x^4 - \cdots - \frac{1}{10!}x^{10},$$
$$f_s(x) = x - \frac{1}{3!}x^3 + \frac{1}{5!}x^5 - \cdots - \frac{1}{11!}x^{11}$$

と置く．$x = 0, \pi/6, \pi/4, \pi/3, \pi/2$ に対して，$f_c(x), f_s(x)$ の近似値を求め，三角関数 $\cos x, \sin x$ の近似値を与えていることを確かめよ．

A200 総和記号を用いて，三角関数のマクローリン展開式を記述せよ．

A201 以下の問いに答えよ．

(1) 正接数の満たす漸化式を求めよ．
(2) (1) で求めた漸化式を用いて，正接数の初項から第 11 項が表 19.1 で与えた値となることを確かめよ．
(3) 双曲線関数 $\tanh x$ のマクローリン展開が式 (19.4) で与えられることを示せ．

A202 双曲線関数 $\coth x, \operatorname{csch} x, \operatorname{sech} x$ のマクローリン展開を用いて，三角関数 $\cot x, \csc x, \sec x$ のマクローリン展開を導け．

A203 三角関数以外の周期関数の例を挙げよ．

A204 正弦関数を使い，以下の条件にあてはまる関数を構成せよ．

(1) 周期 π，振幅 1 の周期関数
(2) 周期 1，振幅 3 の周期関数

第20講 三角関数

(3) 周期 $\sqrt{2}$, 振幅 2, 最小値 3 の周期関数

(4) 周期 2π, 初期位相 $\pi/3$ の周期関数

(5) 周期 1, 振幅 e, 初期位相 $\pi/4$, 最大値 0 の周期関数

A205 以下の周期関数の周期, 振幅, 最大値, 最小値, 位相, 初期位相を答えよ.

(1) $f(x) = \cos(x+1)$ (2) $g(x) = 2\sin(3x)$ (3) $h(x) = \tan(2x) - 3$

(4) $r(x) = 3\cot(2\pi x - 3) - 3$ (5) $s(x) = \sin(\sin(3x+2))$ (6) $t(x) = \cos^2(-3x+2)$

A206 以下のうち, 正弦波を全て選べ.

(1) $f(x) = 2\sin(x+1)$ (2) $g(x) = \pi\sin(3x)$ (3) $h(x) = 2\cos x$

(4) $r(x) = 2\sin x \cos x$ (5) $s(x) = 2\cos^2(x+1) - 1$ (6) $t(x) = \sin^3(-3x+2)$

(7) $u(x) = \sin x + \cos x$ (8) $v(x) = \sin x + \sin(x+2\pi)$

A207 以下の問いに答えよ.

(1) 正弦関数 $y = \sin x$ との位相差が $2\pi/3$ の関数を構成せよ.

(2) 関数 $y = 3\cos(4x)$ との位相差が $\pi/2$ の関数を構成せよ.

(3) 関数 $y = \tan(2\pi x)$ との位相差が -1 の関数を構成せよ.

(4) 関数 $y = \cos(\pi x + 3)$ と $y = \sin(\pi x - a)$ の位相差が無いとする. 定数 a として相応しい数を答えよ.

A208 以下の関数のグラフの概形を描け.

(1) $f(x) = 3\cos(x+1)$ (2) $g(x) = \sin(-x)$ (3) $h(x) = \tan(2x) - 3$

(4) $r(x) = \sin x - x$ (5) $s(x) = x\sin x$ (6) $t(x) = \csc x + \sec x$

A209 三角関数と逆三角関数の合成について

$$\sin(\arccos x) = \sqrt{1-x^2}, \quad \sin(\arctan x) = \frac{x}{\sqrt{1+x^2}}, \quad \cos(\arcsin x) = \sqrt{1-x^2},$$

$$\cos(\arctan x) = \frac{1}{\sqrt{1+x^2}}, \quad \tan(\arcsin x) = \frac{x}{\sqrt{1-x^2}}, \quad \tan(\arccos x) = \frac{\sqrt{1-x^2}}{x}$$

が成立することを示せ.

A210 逆三角関数について

$$\arcsin(-x) = -\arcsin x, \quad \arccos(-x) = \pi - \arccos x, \quad \arctan(-x) = -\arctan x,$$

$$\arccos(1/x) = \text{arcsec}\, x, \quad \arcsin(1/x) = \text{arccsc}\, x,$$

$$\arctan(1/x) = -\pi/2 - \arctan x \ (x<0), \quad \arctan(1/x) = \pi/2 - \arctan x = \text{arccot}\, x \ (x>0)$$

が成立することを示せ．

A211 総和記号を用いて，逆三角関数のマクローリン展開式を記述せよ．

A212 逆三角関数のグラフを，三角関数の逆関数であることを利用して描き，それが，実際に図 20.5，20.6，20.7 のようになることを確かめよ．

B105 以下の関数のグラフの概形を描け．

(1) $f(x) = \arcsin(\sin x)$ (2) $g(x) = \arccos(\cos x)$ (3) $h(x) = \arctan(\tan x)$

B106 以下の等式が $-\pi/2 < x < \pi/2$ で成立することを示せ．
$$\tan x = \sin x + \frac{1}{2 \cdot 1!}\sin^3 x + \frac{1 \cdot 3}{2^2 \cdot 2!}\sin^5 x + \cdots + \frac{1 \cdot 3 \cdots (2n-1)}{2^n \cdot n!}\sin^{2n+1} x + \cdots,$$
$$x = \sin x + \frac{1}{2 \cdot 1!}\frac{\sin^3 x}{3} + \frac{1 \cdot 3}{2^2 \cdot 2!}\frac{\sin^5 x}{5} + \cdots + \frac{1 \cdot 3 \cdots (2n-1)}{2^n \cdot n!}\frac{\sin^{2n+1} x}{2n+1} + \cdots.$$

B107 逆正接関数 $\arctan x$ のマクローリン展開を用いて，**ライプニッツの公式** (Leibniz formula)
$$\frac{\pi}{4} = 1 - \frac{1}{3} + \frac{1}{5} - \frac{1}{7} + \frac{1}{9} - \cdots = \sum_{n=0}^{\infty} \frac{(-1)^n}{2n+1}$$
を示せ．また，同様にして
$$\frac{\pi}{\sqrt{12}} = 1 - \frac{1}{3 \cdot 3^2} + \frac{1}{5 \cdot 3^2} - \frac{1}{7 \cdot 3^3} + \cdots$$
が成り立つことを示せ．さらに，これらの式を用いて実際に円周率の近似値を計算せよ（演習問題 C18 参照）．

B108 逆正弦関数 $\arcsin x$ のマクローリン展開を用いて，松永良弼による等式
$$\frac{\pi}{3} = 1 + \frac{1^2}{4 \cdot 6} + \frac{1^2 \cdot 3^2}{4 \cdot 6 \cdot 8 \cdot 10} + \frac{1^2 \cdot 3^2 \cdot 5^2}{4 \cdot 6 \cdot 8 \cdot 10 \cdot 12 \cdot 14} + \cdots$$
が成り立つことを示せ（例 38 参照）．

B109 逆正接関数に対して，以下の手順で多項式近似列 $u_0, u_1, \ldots$ と数列 $a_1, a_2, \ldots$ を定める．
$$u_0 = \arctan t = t - t^3/3 + t^5/5 - t^7/7 + \cdots,$$
$$u_0(1 + t^2) - a_1 t = u_1 t,$$
$$u_1(1 + t^2) - a_2 t = u_2 t,$$
$$\vdots$$
$$u_n(1 + t^2) - a_n t = u_{n+1} t.$$

第 20 講 　三角関数

以下に従い，オイラーによる円周率 π の計算を実行せよ．

(1) u_1, u_2, u_3，および a_1, a_2, a_3 を求めよ．
(2) 一般項 a_n を求めよ．
(3) 逆正接関数について，

$$\arctan x = \frac{x}{1+x^2}\left(1 + \frac{2}{3}\left(\frac{t^2}{1+t^2}\right) + \frac{2\cdot 4}{3\cdot 5}\left(\frac{t^2}{1+t^2}\right)^2 + \frac{2\cdot 4\cdot 6}{3\cdot 5\cdot 7}\left(\frac{t^2}{1+t^2}\right)^3 + \cdots\right)$$
(20.10)

が成り立つことを示せ．

(4) 逆正接関数の加法定理（演習問題 A216）を用いて，

$$\pi = 4\arctan\frac{1}{2} + 4\arctan\frac{1}{3},$$
$$\pi = 8\arctan\frac{1}{3} + 4\arctan\frac{1}{7}$$
(20.11)

を示せ．

(5) 式（20.11）に式（20.10）を適用し，π の近似値を計算せよ．

C52 ジグザグ数 $a_1, a_2, \ldots, a_n, \ldots$ に対して，

$$f(x) = \sum_{n=0}^{\infty} \frac{a_n}{n!} x^n = \sec x + \tan x$$

が成立する．すなわち，ジグザグ数の偶数番目はオイラー数であり，奇数番目は正接数となる．この事実を以下の手順で示せ．

(1) $b_n = a_n/n!$ と置き，$2(n+1)b_{n+1} = \sum_{k=0}^{n} b_k b_{n-k}$ を示せ．
(2) 上の関係を用いて，$|b_n| \leq 1$ を示せ（これにより，少なくとも $|x| < 1$ について関数 $f(x)$ が意味を持つことがわかる）．
(3) 導関数 $f'(x)$ が等式 $f'(x) = (1 + f(x)^2)/2$ を満たすことを示せ．
(4) $x = 2\arctan f(x) + C$ となることを示せ．なお，C は定数分の不定性を表す．
(5) $f(0) = 1$ より，定数 C を確定させよ．
(6) 等式 $f(x) = \sec x + \tan x$ を正接関数の加法定理（式（21.3）参照）と半角の公式（式（21.6）参照）を用いて示せ．

第 21 講　指数関数・三角関数と複素平面

第 IV 部のまとめとして，指数関数と三角関数の驚くべき関係と，そこから導かれる複素平面を取り上げ，円周等分多項式について解説しよう．

和公式

オイラーの公式　双曲線余弦関数と双曲線正弦関数の和は指数関数であり（式 (19.3) 参照），三角関数と双曲線関数は，式 (20.6) と (20.7) を満たすことから，形式的に

$$e^{\sqrt{-1}x} = \exp(\sqrt{-1}x) = \cosh(\sqrt{-1}x) + \sinh(\sqrt{-1}x) = \cos(x) + \sqrt{-1}\sin(x)$$

が成立する．この等式は**オイラーの公式** (Euler's formula) と呼ばれる．オイラーの公式は，ファインマン [5] により「すべての数学のなかで最も素晴らしい公式 (the most remarkable formula in mathematics)」「我々の至宝 (This is our jewel)」と評されているが，事実，電磁気学などの物理学の諸分野で基本的な役割を果たす応用範囲の広い公式である．

特に，オイラーの公式に $x = \pi$ を代入して得られる

$$e^{\sqrt{-1}\pi} = -1$$

は円周率 π とべきの驚くべき関係性を示しており，これは一般に**オイラーの等式** (Euler's identity) と呼ばれている．

三角関数の加法定理　指数関数の性質から，双曲線関数の加法定理が導かれるのと同様に，オイラーの公式と指数関数の性質より，三角関数の**加法定理**が導かれる．

$$\begin{aligned}\cos(x+y) + \sqrt{-1}\sin(x+y) &= \exp(\sqrt{-1}(x+y)) = \exp(\sqrt{-1}x) \cdot \exp(\sqrt{-1}y) \\ &= (\cos x + \sqrt{-1}x)(\cos y + \sqrt{-1}\sin y) \\ &= \cos x \cos y - \sin x \sin y + \sqrt{-1}(\cos x \sin y + \cos y \sin x)\end{aligned}$$

となることから，両辺を比較して，等式

$$\cos(x + y) = \cos x \cos y - \sin x \sin y, \tag{21.1}$$

$$\sin(x + y) = \cos x \sin y + \cos y \sin x \tag{21.2}$$

第21講　指数関数・三角関数と複素平面

が導かれる．さらに，$\cos(-x) = \cos x, \sin(-x) = -\sin(x)$ と $\tan x = \frac{\sin x}{\cos x}$ に注意することで，

$$\cos(x \pm y) = \cos x \cos y \mp \sin x \sin y \text{ (複号同順)},$$
$$\sin(x \pm y) = \cos x \sin y \pm \cos y \sin x \text{ (複号同順)},$$
$$\tan(x \pm y) = \frac{\tan x \pm \tan y}{1 \mp \tan x \tan y} \quad \text{(複号同順)} \quad (21.3)$$

がわかる．これらは，三角関数の**加法定理**と呼ばれる．ただし，この導出法は，元をたどると，ド・モアブルの定理に依存しており，一般に，ド・モアブルの定理は加法定理を用いた証明が行われるため，循環論法となってしまう．これを避けるため，以下，完全なものではないが，加法定理の比較的易しい別証明を与える．

証明． 右図で，三角形 ABC に外接する円の半径を R と置く．円周角の定理より，$\angle A = \angle A'$ となり，正弦関数の定義より，$2R = a \sin A$ を得る．同じことが $\angle B, \angle C$ に対しても成立することから，一般に**正弦定理** (law of sines) と呼ばれる以下の等式を得る．

$$\frac{a}{\sin A} = \frac{b}{\sin B} = \frac{c}{\sin C} = 2R$$

余弦関数の定義から，$a = b \cos C + c \cos B$ なので，正弦定理を用いて，

$$\sin A = \sin B \cos C + \sin C \cos B$$

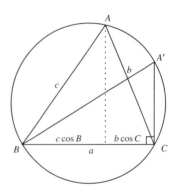

図 21.1　加法定理の証明

となる．

ここで，$A = \pi - (B + C), \sin(\pi - \theta) = \sin \theta, \cos(\pi - \theta) = -\cos \theta$ が成立することから，$B = x, C = y$ として，式 (21.2) を得る．また，$\sin(\theta + \pi/2) = -\cos \theta, \cos(\theta + \pi/2) = \sin \theta$ より，$\cos(x + y) = -\sin(x + (y + \pi/2))$ に式 (21.2) を適用して式 (21.1) を得る．　　　　　（証明終）

問 116 余弦関数と正弦関数の定義から以下を示せ．ただし，符号は複号同順であるとする．

$$\cos(-\theta) = \cos \theta, \quad \sin(-\theta) = -\sin \theta,$$
$$\cos(\pi \pm \theta) = -\cos \theta, \quad \sin(\pi \pm \theta) = \mp \sin \theta,$$
$$\cos(\pi/2 \pm \theta) = \mp \sin \theta, \quad \sin(\pi/2 \pm \theta) = \cos \theta.$$

ド・モアブルの定理　オイラーの公式と指数関数の性質からすぐに導かれる等式,

$$\cos(nx) + \sqrt{-1}\sin(nx) = e^{\sqrt{-1}nx} = (\cos x + \sqrt{-1}\sin y)^n$$

を**ド・モアブル** (Abraham de Moivre, 1667 – 1754) **の定理** (De Moivre's formula) と呼ぶ．この定理は，$nx = (n-1)x + x$ と書き換え，加法定理を繰り返し適用しても容易に得られる．さらに，二項定理（演習問題 B21 参照) を用いて，

$$\cos(nx) + \sqrt{-1}\sin(nx) = {}_nC_0 \cos^n x + \cdots + {}_nC_k(\sqrt{-1})^k \cos^{n-k} x \sin^k x + \cdots + (\sqrt{-1})^n \sin^n x$$

がわかる．この実部と虚部を抜き出した式が三角関数のマクローリン展開の証明に用いた式（20.4）と式（20.5）である．特に $n = 2$ のとき，ド・モアブルの定理より，**倍角の公式** (double-angle formulae),

$$\cos(2x) = \cos^2 x - \sin^2 x = 2\cos^2 x - 1 = 1 - 2\sin^2 x, \tag{21.4}$$

$$\sin(2x) = 2\sin x \cos x,$$

$$\tan(2x) = \frac{2\tan x}{1 - \tan^2 x}. \tag{21.5}$$

が得られ，さらに，式（21.4）の x を $x/2$ に取り換え，**半角の公式** (half-angle formulae),

$$\cos\frac{x}{2} = \sqrt{\frac{1+\cos x}{2}}, \quad \sin\frac{x}{2} = \pm\sqrt{\frac{1-\cos x}{2}}, \quad \tan\frac{x}{2} = \pm\sqrt{\frac{1-\cos x}{1+\cos x}} \tag{21.6}$$

が得られる．これらは，円周率 π の近似値を得るために歴史的に重要な役割を果たした公式である（演習問題 A215 などを参照).

ディリクレ核　周期性を持つ現象（波）を解析する上で重要な役割を果たす和公式を紹介しよう．

まず，三角関数と指数関数について，オイラーの公式から，次が成立することに注意する．

$$\cos x = \frac{e^{\sqrt{-1}x} + e^{-\sqrt{-1}x}}{2}, \quad \sqrt{-1}\sin x = \frac{e^{\sqrt{-1}x} - e^{-\sqrt{-1}x}}{2} = \frac{e^{2\sqrt{-1}x} - 1}{2e^{\sqrt{-1}x}}.$$

等比数列の和

$$S = 1 + e^{\sqrt{-1}x} + e^{2\sqrt{-1}x} + \cdots + e^{n\sqrt{-1}x}$$
$$+ e^{-\sqrt{-1}x} + e^{-2\sqrt{-1}x} + \cdots + e^{-n\sqrt{-1}x}$$

は，初項 $e^{-n\sqrt{-1}x}$，公比 $e^{\sqrt{-1}x}$ の数列の初項から $2n+1$ 項までの和であることから，

$$S = \frac{e^{-n\sqrt{-1}x}(1 - e^{(2n+1)\sqrt{-1}x})}{1 - e^{\sqrt{-1}x}} = \frac{\dfrac{e^{2(n+1/2)\sqrt{-1}x} - 1}{2e^{(n+1/2)\sqrt{-1}x}}}{\dfrac{e^{\sqrt{-1}x} - 1}{2e^{\frac{\sqrt{-1}x}{2}}}} = \frac{\sin\left(n + \frac{1}{2}\right)x}{\sin\left(\frac{x}{2}\right)}$$

第21講　指数関数・三角関数と複素平面

である．この値と，和 S の上下の対応する項どうしを足し合わせたものが等しくなることから，等式，

$$\frac{1}{2} + \cos x + \cos 2x + \cdots + \cos nx = \frac{\sin\left(n+\frac{1}{2}\right)x}{2\sin\left(\frac{x}{2}\right)}$$

を得る．この等式は，**ディリクレ** (Johann Peter Gustav Lejeune Dirichlet, 1805 – 1859) **核** (Dirichlet kernel) と呼ばれている．

複素平面

複素平面　　複素数を幾何学的にとらえるために，複素数 $z = x + \sqrt{-1}y$ を直交座標上の点 (x, y) に対応させ，複素数全体を平面と同一視したものは，一般に**複素平面** (complex plane)，もしくは**ガウス平面** (Gaussian plane) と呼ばれ[*1]，記号 $\mathbb{C}$ を用いて表すことが多い．これに対して，実数全体を数直線としてとらえたものを記号 $\mathbb{R}$ で，実数を (x, y) のように並べ，平面としてとらえたものを記号 $\mathbb{R}^2$ で表す[*2]．

複素平面では，図 21.2 に示す通り，横軸を**実軸** (real axis)，縦軸を**虚軸** (imaginary axis) とし，複素数 $z = x + \sqrt{-1}y$ に対して，その実部 x と虚部 y を，

$$x = \text{Re}(z) = \mathfrak{R}(z),$$
$$y = \text{Im}(z) = \mathfrak{I}(z)$$

のように記す．また，原点から複素数 z への線分と実軸の成す角度 θ （弧度）を**偏角** (argument) と呼び，

$$\theta = \arg(z)$$

で示し，原点から複素数 z までの距離 $r = \sqrt{x^2 + y^2}$ は，**複素数の大きさ**，または，**複素数の絶対値** (absolute value, modulus) と呼び，記号 $|z|$ でこれを示すことが多い．

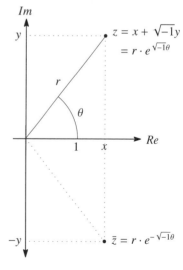

図 21.2　複素平面

[*1] 複素数を虚ろな数としてではなく，実体のある数として，幾何学的にとらえさまざまな議論を展開した最初の数学者はガウスである．しかし，複素平面の考え方自体はそれ以前にアルカン (Jean-Robert Argand, 1768 – 1822) やウェッセル (Caspar Wessel, 1745 – 1818) により与えられていたことから，複素平面を**アルカン平面**，**アルカン図**，**ガウス・ウェッセル平面**などと呼ぶこともある．

[*2] 実数 3 つを (x, y, z) のようにならべ，空間としてとらえたものを $\mathbb{R}^3$，実数 n 個の場合を $\mathbb{R}^n$ と記す．

極形式　　絶対値 r，偏角 θ の複素数 z は，余弦・正弦関数を用いて，

$$z = r \cdot (\cos\theta + \sqrt{-1}\sin\theta)$$

と表され，オイラーの公式より，これは，

$$= r \cdot e^{\sqrt{-1}\theta}$$

である．複素数 z を，その絶対値 r，偏角 θ，および指数関数 $\exp(x) = e^x$ を用いて表すこの表示を，**極形式** (polar form) と呼ぶ．

複素平面を用いる利点は，極形式により，複素数の積と商を「原点からの距離の積・商」と「原点中心の回転」に分解してとらえられることである．

複素数 $z = r \cdot e^{\sqrt{-1}\theta}$ と $w = s \cdot e^{\sqrt{-1}\psi}$ の積と商を取ろう．指数関数 $\exp(x) = e^x$ の性質から，

$$z \cdot w = r \cdot e^{\sqrt{-1}\theta} \cdot s \cdot e^{\sqrt{-1}\psi} = rs \cdot e^{\sqrt{-1}(\theta+\psi)}$$

である．つまり，絶対値と偏角について，

$$|z \cdot w| = |z| \cdot |w|, \qquad \arg(z \cdot w) = \arg(z) + \arg(w)$$

であり，確かに，複素数の積が，絶対値については，通常の積，偏角については和，すなわち，複素数 w の偏角分の回転としてとらえられている．

同様に，

$$\frac{z}{w} = \frac{r \cdot e^{\sqrt{-1}\theta}}{s \cdot e^{\sqrt{-1}\psi}} = \frac{r}{s} \cdot e^{\sqrt{-1}(\theta-\psi)}$$

である．つまり，絶対値と偏角について，

$$\left|\frac{z}{w}\right| = \frac{|z|}{|w|}, \qquad \arg\left(\frac{z}{w}\right) = \arg(z) - \arg(w)$$

であり，複素数の商が，絶対値については，通常の商，偏角については差，すなわち，複素数 w の偏角分の逆回転としてとらえられている．

特に，複素共役 $\bar{z}$ について，図 21.2 から

$$\bar{z} = r \cdot (\cos\theta - \sqrt{-1}\sin\theta) = r \cdot e^{-\sqrt{-1}\theta},$$

であり，複素数 z の絶対値と，

$$z \cdot \bar{z} = r^2 \cdot e^{\sqrt{-1}(\theta-\theta)} = r^2 = |z|^2$$

の関係があることがわかる．

円等分多項式と代数学の基本定理

$k = 0, 1, 2, \ldots, n-1$ に対して，極形式で与えられた点 $z_k = e^{\frac{2\pi k}{n}\sqrt{-1}}$ は，複素平面に描かれた単位円を n 等分することは明らかである．

他方，これらの点は，指数関数の性質から，

$$z_k^n = \left(e^{\frac{2\pi k}{n}\sqrt{-1}}\right)^n = \exp\left(\overbrace{(2\pi k/n + \cdots + 2\pi k/n)}^{n\text{個}}\sqrt{-1}\right) = e^{2\pi k\sqrt{-1}} = 1$$

となる．つまり，z_k は，方程式 $x^n - 1 = 0$ の解である．

方程式 $x^n - 1 = 0$ は，n 次なので，その解は最大でも n 個しかない．また，$z_0 = 1, z_1, \ldots, z_{n-1}$ が相異なることは，複素平面上の単位円の n 等分点であることから明らかなので，$z_0, z_1, \ldots, z_{n-1}$ は，方程式 $x^n - 1 = 0$ の全ての解を与えている．ゆえに，方程式 $x^n - 1 = 0$ は，**円周等分多項式** (cyclotomic polynomial) と呼ばれる．

このように，複素数を導入することで，単純なものとはいえ，n 次方程式の解を全て構成することができたが，同様の構成を応用することで，円周等分多項式に限らず，どんな n 次方程式でも，解の重複（重解）を許せば複素数の範囲に n 個の解を持つことを示すことができる．これは，複素数の有用性を示す重要な事実であり，ゆえに，**代数学の基本定理** (fundamental theorem of algebra) と呼ばれるが，その証明はコラムに譲ることとし，以下，円周等分多項式のより直接的な驚くべき応用を解説しよう．

作図可能性

作図可能性　コンパスと目盛の無い定規を用意する．定規で適当な線分を描いたとき，その線分の有理数倍の長さの線分を描くこと，その線分と直角な，任意の点を通る線分を描くこと，さらに，その線分と平行な，任意の点を通る線分を描くことができる．

図 21.3 は，実際に，線分 AB の 1/3 倍の長さの線分 AF を描く例である．また，図 21.4 からわかるように，長さ 1 の線分と長さ r の線分から，長さ $\sqrt{r}$ の線分を描くこともできる．

つまり，われわれは，コンパスと目盛のない定規を用いて，任意の有理数，および，その平方根の長さの線分を描くことができる．そして，そのような長さの線分を描けるのだから，さらに，有理数とその平方根の四則演算で表される値の長さを持つ線分についても，コンパスと目盛のない定規で描けることがわかるのである．

さて，一般に，直交座標上の直線と円は，方程式

$$ax + by = c, \quad (x-c_x)^2 + (y-c_y)^2 = x^2 + y^2 - 2c_x x - 2c_y y + c_x^2 + c_y^2 = r^2$$

で与えられる．ここで，(c_x, c_y) は円の中心であり，r は半径，a, b, c は適当な定数である．

上で説明したことから，われわれは，x 座標と y 座標が，有理数とその平方根の四則演算で表せる値となる点を直交座標系内に打つことができる．また，円の半径についても同様である．このようにして描かれた直線と円に対応する方程式の係数 a, b, c, c_x, c_y, r は，やはり全て有理数とその平方根の四則演算で表される値となるが，円と直線，もしくは，円と円の交点の座標は，直線と円の方程式の形から，2 次以下の方程式を解くことで得られる．すなわち，このようにして得られる交点の座標の値は，精々，有理数とその平方根の四則演算の平方根たちの四則演算を使って表せることがわかる．

つまり，コンパスと目盛のない定規を用いて描けるのは，有理数とその平方根を繰り返し取った値の四則演算で長さが与えられる線分までであり，例えば有理数の立方根として表さざるを得ない値を長さとする線分などは描けないことになる．

正五角形の作図可能性　　正五角形がコンパスと目盛のない定規を用いて作図可能かどうかを見てみよう．

複素平面上，正五角形の頂点は，円等分多項式

$$x^5 - 1 = (x-1)(x^4 + x^3 + x^2 + x + 1) = 0$$

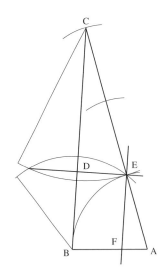

図 21.3　$1/3$ の作図

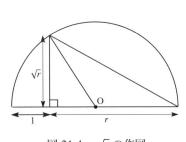

図 21.4　$\sqrt{r}$ の作図

第21講　指数関数・三角関数と複素平面

の5つの解である．$x = 1$ 以外の解は，明らかに $x^4 + x^3 + x^2 + x + 1 = 0$ の解であり，

$$x^4 + x^3 + x^2 + x + 1 = x^2\left(x^2 + x + 1 + \frac{1}{x} + \frac{1}{x^2}\right) = x^2\left\{\left(x + \frac{1}{x}\right)^2 + \left(x + \frac{1}{x}\right) - 1\right\} = 0$$

より，$x + 1/x = (-1 \pm \sqrt{5})/2$ である．これを解くことで，$x + 1/x = (-1 + \sqrt{5})/2$ の解が，

$$x = \frac{-1 + \sqrt{5} \pm \sqrt{-1}\sqrt{10 + 2\sqrt{5}}}{4} \quad \text{(複号任意)}$$

となること，$x = (-1 - \sqrt{5})/2$ の場合もよく似た形の解となることがわかる．解は，有理数と平方根の組み合わせからなることから，正五角形はコンパスと目盛のない定規で作図可能である．

正七角形の作図可能性　　正六角形は正三角形6つから作れることから，その作図は容易である．従って，次は正七角形を考えよう．

複素平面上，正七角形の頂点は，円等分多項式

$$x^7 - 1 = (x - 1)(x^6 + x^5 + x^4 + x^3 + x^2 + x + 1) = 0$$

の7つの解である．x を1以外の解としよう．

$$x^6 + x^5 + x^4 + x^3 + x^2 + x + 1 = x^3\left\{\left(x + \frac{1}{x}\right)^3 + \left(x + \frac{1}{x}\right)^2 - 2\left(x + \frac{1}{x}\right) - 1\right\} = 0$$

より，カルダノの公式を用いて，$x + 1/x$ を求めることはできるが，この時点で，立方根を用いざるを得ない値が現れる．すなわち，正七角形はコンパスと目盛の無い定規を用いて作図不可能であることがわかる．

正多角形の作図可能性　　正多角形のうち，三角形，五角形，十五角形，および辺数を次々に2倍にして得られる正多角形の作図が可能であることは，ユークリッドの時代から知られていた事実である．しかし，これら以外で書けるものがあるか否かは，少なくとも1500年の間未解決だった．

これを解決したのはガウスである．彼は，1796年3月30日，若干19歳のときに，新たに，正十七角形の作図を思いついたことを日記に書き残しており[10]，この結果を含むより広範囲な結果を，1801年，彼の著書『整数論の研究』("*Disquistiones Arithmeticae*")[11]において発表した．

ガウスによるこの結果は，上記のような円周等分多項式を用いた，複素数を，虚ろな数としてではなく，実体のある有用な数としてとらえたことによるものである．これにより，コンパスと目盛の無い定規で描ける正素数角形が $p = 2^{2^n} + 1$ の所謂フェルマー (Pierre de Fermat,

1607 頃 – 1665) 型 (Fermat number) の素数[*3]に限られること，また，より一般に正 n 角形として書けるものが，2 のべきとフェルマー型の素数の積の形に限られることが明らかになったのである．

ガウスによる正多角形の作図可能性の解決は，幾何学の問題を幾何学的に解くのではなく，方程式の問題としてとらえる，まさに「デカルトの精神」（第 15 講参照）に沿ったものである．そして，そのような結果が，複素数という一見，虚ろなものに思われる新たな数の概念と共に現れたことは，十分な注目に値することである．

演習問題

A213 以下を $a + b\sqrt{-1}$ の形にせよ．ただし，a, b は実数値とする．

(1) $e^{\pi\sqrt{-1}}$
(2) $e^{\frac{\pi}{2}\sqrt{-1}}$
(3) $e^{\frac{\pi}{3}\sqrt{-1}}$
(4) $e^{\frac{2\pi}{3}\sqrt{-1}}$
(5) $e^{\frac{\pi}{4}\sqrt{-1}}$
(6) $e^{\frac{\pi}{6}\sqrt{-1}}$

A214 n は k の約数ではないとする．このとき，等式

$$1 + \cos\left(\frac{2k\pi}{n}\right) + \cos\left(\frac{2 \cdot 2k\pi}{n}\right) + \cdots + \cos\left(\frac{(n-1)k \cdot 2\pi}{n}\right) = 0,$$

$$\sin\left(\frac{2k\pi}{n}\right) + \sin\left(\frac{2 \cdot 2k\pi}{n}\right) + \cdots + \sin\left(\frac{(n-1) \cdot 2k\pi}{n}\right) = 0$$

が成立することを示せ．

A215 以下の問に答えよ．

(1) $\tan\theta = 1/5$ とする．2 倍角の公式を用いて，$\tan 4\theta$ を求めよ．
(2) さらに加法定理を用いて，$\tan(4\theta - \pi/4)$ を求めよ．
(3) マチン (John Machin, 1680 頃 – 1751) による等式

$$4\arctan\frac{1}{5} - \arctan\frac{1}{239} = \frac{\pi}{4}$$

を示せ．

[*3] 本書執筆時点でも，フェルマー型の素数が

$$3 = 2^{2^0} + 1, \quad 5 = 2^{2^1} + 1, \quad 17 = 2^{2^2} + 1, \quad 257 = 2^{2^3} + 1, \quad 2^{2^4} + 1 = 65537$$

以外にあるか否かは未解決である．なお，よく似た，$2^n - 1$ の形の素数は**メルセンヌ数** (Mersenne prime) と呼ばれる．このメルセンヌ (Marin Mersenne, 1588 – 1648) に由来する素数については，2017 年 12 月に，50 番目のもの $2^{77232917} - 1$ が見つかったことが大きく報道されており，その桁数は，2324 万 9425 桁という途方もなく大きな値であることが報告されている．

第 21 講　指数関数・三角関数と複素平面　　　　　　　　　　　　　　　　　　　　239

A216（逆正接関数の加法定理）　正接関数の加法定理を用いて，逆正接関数の加法定理
$$\arctan x + \arctan y = \arctan\left(\frac{x+y}{1-xy}\right) + n\pi$$
を示せ．ただし，n は任意の整数である．

A217　正弦関数に関する倍角の公式を用いて，$\cos 20° \cdot \cos 40° \cdot \cos 80° = 1/8$ を示せ．

自然対数関数のテイラー展開の導出

自然対数関数 $\log x$ の $x = 1$ でのテイラー展開は，円周等分多項式を応用することで容易に導かれる．わかりやすくするために，
$$\log(1-x) = a_0 + a_1 x + a_2 x^2 + \cdots + a_n x^n + \cdots$$
の形で求めよう．

まず，$a_0 = \log(1+0) = \log 1 = 0$ はすぐにわかる．$\xi = e^{2\pi\sqrt{-1}/n}$ と置くと，
$$x^{-n} - 1 = (x^{-1} - 1)(x^{-1} - \xi)(x^{-1} - \xi^2)\cdots(x^{-1} - \xi^{n-1})$$
より，両辺を x^n で割って，
$$1 - x^n = (1-x)(1-\xi x)(1-\xi^2 x)\cdots(1-\xi^{n-1}x).$$
自然対数の性質 $\log xy = \log x + \log y$ を使うと，$\xi^n = 1$ に注意して，
$$\begin{aligned}
a_1 x^n + a_2 x^{2n} + \cdots &= \log(1 - x^n) \\
&= \log(1-x) + \log(1-\xi x) + \cdots + \log(1 - \xi^{n-1}x) \\
&= a_1 x + a_2 x^2 + \cdots + a_n x^n + \cdots \\
&\quad\; a_1 \xi x + \cdots + a_n x^n + \cdots \\
&\quad\quad\quad \ddots \\
&\quad\; a_1 \xi^{n-1} x + \cdots + a_n x^n + \cdots \\
&= a_1(1 + \xi + \cdots + \xi^{n-1})x + \cdots + n a_n x^n + \cdots
\end{aligned}$$
となり，x^n の係数を比較することで，$a_1 = n a_n$ がわかる．従って，a_1 を求めれば良いが，
$$x = \log(1 - (1 - \exp(x))) = -a_1 x\left(\sum_{k=0}^{\infty} \frac{x^{n-1}}{n!}\right) + a_2 x^2 \left(\sum_{k=0}^{\infty} \frac{x^{n-1}}{n!}\right)^2 + \cdots = -a_1 x + \cdots$$
より，$a_1 = -1$ がわかる．従って，$a_n = -1/n$ となることがわかった．

A218 倍角の公式を用いて，オイラーによる等式
$$\prod_{n=1}^{\infty} \cos\left(\frac{x}{2^n}\right) = \cos\frac{x}{2} \cos\frac{x}{4} \cos\frac{x}{8} \cdots = \frac{\sin x}{x}$$
を示せ．また，ヴィエト (François Viète, 1540 – 1603) による π の近似式
$$\frac{2}{\pi} = \sqrt{\frac{1}{2}} \sqrt{\frac{1}{2} + \frac{1}{2}\sqrt{\frac{1}{2}}} \sqrt{\frac{1}{2} + \sqrt{\frac{1}{2} + \frac{1}{2}\sqrt{\frac{1}{2}}}} \cdots$$
が成立することを示せ．

A219 3 倍角の公式
$$\sin 3x = 3\sin x - 4\sin^3 x,$$
$$\cos 3x = 4\cos^3 x - 3\cos x,$$
$$\tan 3x = \frac{3\tan x - \tan^3 x}{1 - 3\tan^2 x}$$
を示せ．

A220 実数 a, b に対して，複素数 $a + b\sqrt{-1}$ の偏角を逆正接関数を用いて表せ．また，この式を用いて，マチンの公式（演習問題 A215 参照）を示せ．

A221 以下の多項式の全ての解を $a + b\sqrt{-1}$ の形で表せ．ただし，a, b は実数値とする．

(1) $x^3 - 1 = 0$ (3) $x^2 - \sqrt{-1} = 0$ (5) $x^3 + 1 = 0$
(2) $x^3 - 8 = 0$ (4) $x^3 - \sqrt{-1} = 0$ (6) $x^7 + \frac{\sqrt{3}}{2} + \frac{\sqrt{-1}}{2} = 0$

A222 以下の複素数値の偏角 ($0 \leq \theta < 2\pi$) と大きさを答えよ．

(1) $z_1 = \sqrt{-1}$ (4) $z_4 = -\sqrt{3} + \sqrt{-1}$ (7) $z_2 \cdot z_3 \cdot z_4$
(2) $z_2 = -\sqrt{3}$ (5) $z_1 \cdot z_2$ (8) z_1/z_3
(3) $z_3 = 1 + \sqrt{-1}$ (6) $z_2 \cdot z_3$ (9) $(z_1/z_2)/z_4$

B110 $\sin 18°, \cos 36°, \tan 54°, \cot 72°$ の値を求めよ．

B111 三角形の内角 A, B, C について
$$\tan A + \tan B + \tan C = \tan A \cdot \tan B \cdot \tan C,$$
$$\sin 2A + \sin 2B + \sin 2C = 4\sin A \cdot \sin B \cdot \sin C$$

第 21 講　指数関数・三角関数と複素平面

を示せ．

B112 半径 $1/2$ の円に外接する正 n 角形の周の長さを $p(n)$，内接する正 n 角形の周の長さを $q(n)$ と置き，アルキメデス ('Αρχιμήδης, B. C. 287 頃 – B. C. 212) による等式

$$\frac{2}{p(n+1)} = \frac{1}{p(n)} + \frac{1}{q(n)}$$

を示せ（演習問題 C33 参照）．

B113 $f_\theta(x) = \dfrac{(\cos\theta)x - \sin\theta}{(\sin\theta)x + \cos\theta}$ に対して，$f_\alpha \circ f_\beta = f_\beta \circ f_\alpha = f_{\alpha+\beta}$ を示せ．

B114 3 次以上の多項式関数は実数の範囲で既約ではなく，2 次か 1 次の多項式関数をその因数として持つことを示せ．

B115 3 倍角の公式を使い，任意の角の三等分をコンパスと目盛のない定規のみを使って描けないのはなぜかを説明せよ．

C53 円周等分多項式 $x^{17} - 1 = 0$ の解 ξ を以下の手順で求めよ．ただし，$\xi = e^{\frac{2\pi}{17}\sqrt{-1}}$ であり，

$$\begin{aligned}
&\alpha_0 = \xi + \xi^{16}, & &\alpha_6 = \xi^6 + \xi^{11}, & &\gamma_0 = \beta_0 + \beta_1, \\
&\alpha_1 = \xi^4 + \xi^{13}, & &\alpha_7 = \xi^7 + \xi^{10}, & &\gamma_1 = \beta_2 + \beta_3 \\
&\alpha_2 = \xi^2 + \xi^{15}, & &\beta_0 = \alpha_0 + \alpha_1, & & \\
&\alpha_3 = \xi^8 + \xi^9, & &\beta_1 = \alpha_2 + \alpha_3, & & \\
&\alpha_4 = \xi^3 + \xi^{14}, & &\beta_2 = \alpha_4 + \alpha_5, & & \\
&\alpha_5 = \xi^5 + \xi^{12}, & &\beta_3 = \alpha_6 + \alpha_7, & &
\end{aligned}$$

だとする．

(1) $\gamma_0 + \gamma_1 = -1$ を確かめよ．
(2) $\gamma_0 \cdot \gamma_1 = -4$ を確かめ，2 次方程式の解と係数の関係から γ_0, γ_1 の値を決定せよ．
(3) $\beta_2 \cdot \beta_3 = -1$ を確かめ，2 次方程式の解と係数の関係から β_2, β_3 の値を決定せよ．
(4) $\alpha_0 \cdot \alpha_1 = \beta_2$ を確かめ，2 次方程式の解と係数の関係から α_0, α_1 の値を決定せよ．
(5) $\xi \cdot \xi^{16} = 1$ を確かめ，2 次方程式の解と係数の関係から

$$\xi = \frac{-1 + \sqrt{17} + b + 2\sqrt{a-b-2c} + 2\sqrt{-1}\sqrt{a + 2\sqrt{a} - 4\sqrt{a+b+2c}}}{16},$$

$a = 17 + 3\sqrt{17}, b = \sqrt{34 - 2\sqrt{17}}, c = \sqrt{34 + 2\sqrt{17}}$ と表されることを示せ．

代数学の基本定理

ここでは，一般に代数学の基本定理と呼ばれる「重複を許せば，複素係数の n 次多項式は複素数の範囲に n 個の複素数解を持つ」ことを証明しよう．

証明． $f(z) = |a_n z^n + a_{n-1} z^{n-1} x^{n-1} + \cdots + a_0|$ と置き，まず，この関数 $f(x)$ が複素数の範囲に零点を最低 1 つ持つことを示そう．

背理法で示す．零点が無いと仮定しよう．$|z| \neq 0$ に対して，$f(z) = |z|^n |a_n + \cdots + a_0/(z)^n|$ であることから，$|z|$ が無限に大きくなると $f(z)$ も無限に大きくなる．従って，$f(z)$ は $|z|$ が有限の範囲に最小値を持つ．

$z = c$ のとき，$f(z)$ が最小になるとしよう．このとき，$g(w) = f(w+c) = |a_n(w+c)^n + \cdots + a_0| = |a'_n w^n + \cdots + a'_0|$ と置くと，$g(w)$ は原点で最小値を取る関数である．

$w = \epsilon \neq 0$ と置く．このとき，$a'_1, a'_2, \ldots$ のなかで，最初に 0 ではないものを a'_k と置くと，

$$\frac{g(\epsilon)}{g(0)} = \left| 1 + \epsilon^k \left(\frac{a'_k}{a'_0} + \cdots + \frac{a'_n}{a'_0} \epsilon^{n-k} \right) \right| = \left| 1 + \epsilon^k \left(\frac{a'_k}{a'_0} + \epsilon h(\epsilon) \right) \right|$$

のように書けることから，$-a'_0/a'_k = re^{\sqrt{-1}\theta} (r > 0)$ と極表示し，$\epsilon = Re^{\sqrt{-1}\theta/k}$ ($\sqrt[k]{r} > R > 0$) を上の式に代入すると，

$$\frac{g(Re^{\sqrt{-1}\theta/k})}{g(0)} = \left| 1 - \frac{R^k}{r} + R^{k+1} e^{\sqrt{-1}\theta/k} h(Re^{\sqrt{-1}\theta/k}) \right| \leq 1 - \frac{R^k}{r} + R^{k+1} \left| h(Re^{\sqrt{-1}\theta/k}) \right|$$

である．$\left| h(Re^{\sqrt{-1}\theta/k}) \right|$ は，$\sqrt[k]{r} > R > 0$ の範囲で，適当な値 M 以下だと考えてよく，さらに，$R < 1/(rM)$ とすることで，

$$1 - \frac{R^k}{r} + R^{k+1} \left| h(Re^{\sqrt{-1}\theta/k}) \right| \leq 1 - R^k \left(\frac{1}{r} - RM \right) < 1$$

とできることから，$g(Re^{\sqrt{-1}\theta/k}) < g(0)$ となり，$g(w)$ が原点で最小値をとることに矛盾する．従って，$f(z)$ の最小値は 0 となり，n 次多項式は複素数の範囲に少なくとも 1 つは解 α を持つことがわかる．

いま，$a_n z^n + a_1 z^{n-1} + \cdots + a_0 = 0$ の解が α であることから，この多項式は，1 次式 $x - \alpha$ を因数として持つはずである．つまり，

$$a_n z^n + a_1 z^{n-1} + \cdots + a_0 = (x - \alpha)(n-1 \text{ 次以下の多項式}) = 0$$

と表すことができる．$n - 1$ 次の多項式も複素数の範囲に少なくとも 1 つ解を持つことは上と同様に示せる．従って，帰納的に n 次の複素係数の方程式は複素数の範囲に n 個の解を持つことがわかる． (証明終)

第 V 部

付　　録

付録 1　参考文献

[1] Janet Heine Barnett. Enter, stage center: The early drama of the hyperbolic functions. *Mathematics Magazine*, Vol. 77, No. 1, pp. 15–30, 2004.

[2] Eric Temple Bell, 河野繁雄（翻訳）. 数学は科学の女王にして奴隷 I 天才数学者はいかに考えたか（数学を愉しむ）. 早川書房, 2004.

[3] Eric Temple Bell, 河野繁雄（翻訳）. 数学は科学の女王にして奴隷 II 科学の下働きもまた楽しからずや（数学を愉しむ）. 早川書房, 2004.

[4] Organisation Intergouvernementale de la Convention du Métre, editor. *The International System of Units (SI) – 8th edition –*. Bureau International des Poids et Mesures, 2006.

[5] Richard Phillips Feynman, Robert Benjamin Leighton, Matthew Linzee Sands, 坪井忠二（翻訳）. 力学（ファインマン物理学〈1〉）. 岩波書店, 1986.

[6] Richard Phillips Feynman, Robert Benjamin Leighton, Matthew Linzee Sands, 宮島龍興（翻訳）. 電磁気学（ファインマン物理学〈3〉）. 岩波書店, 1986.

[7] Richard Phillips Feynman, Robert Benjamin Leighton, Matthew Linzee Sands, 富山小太郎（翻訳）. 光・熱・波動（ファインマン物理学〈2〉）. 岩波書店, 1986.

[8] Richard Phillips Feynman, Robert Benjamin Leighton, Matthew Linzee Sands, 戸田盛和（翻訳）. 電磁波と物性（ファインマン物理学〈4〉）. 岩波書店, 2002.

[9] Richard Phillips Feynman, Robert Benjamin Leighton, Matthew Linzee Sands, 砂川重信（翻訳）. 量子力学（ファインマン物理学〈5〉）. 岩波書店, 1986.

[10] Carl Friedrich Gauss, 高瀬正仁（翻訳・解説）. ガウスの《数学日記》. 日本評論社, 2013.

[11] Carl Friedrich Gauss, 高瀬正仁（翻訳）. ガウス 整数論（数学史叢書）. 朝倉書店, 1995.

[12] Dauglas R. Hofstadter, 野崎昭弘（翻訳）. ゲーデル, エッシャー, バッハ あるいは不思議の環. 白揚社, 2005.

[13] Darell Huff, 高木秀玄（翻訳）. 統計でウソをつく法 数式を使わない統計学入門. 講談社, 1968.

[14] Edward John Lemmon, 竹尾治一郎（翻訳）, 浅野楢英（翻訳）. 論理学初歩. 世界思想社, 1993.

[15] Glenn R. Morrow. *Proclus: A Commentary on the First Book of Euclid's Elements*. Princeton Univ Pr; Reprint 版, 1992.

[16] Alan Sherman, Leonard Russikoff, Sharon Sherman, 石倉洋子（翻訳）, 石倉久之（翻

訳). 化学 基本の考え方を中心に 問題と解答. 東京化学同人, 1990.

[17] 小針晛宏. 確率・統計入門. 岩波書店, 1973.

[18] 野崎昭弘. 詭弁論理学. 中央公論社, 1976.

[19] 佐武一郎. 線型代数学数学の基礎的諸分野への現代的入門（数学選書 1）. 裳華房, 1974.

[20] 青本和彦他（編）. 岩波 数学入門辞典. 岩波書店, 2005.

[21] 寺沢寛一. 自然科学者のための数学概論（増訂版改版）. 岩波書店, 1983.

[22] 宮川公男. 基本統計学（第 3 版）. 有斐閣, 1999.

[23] 遠山啓. 数学入門〈上〉. 岩波書店, 1959.

[24] 遠山啓. 数学入門〈下〉. 岩波書店, 1960.

[25] 山本幸一. 順列・組合せと確率（数学入門シリーズ（5））. 岩波書店, 1983.

[26] 小林昭七. 曲線と曲面の微分幾何（改訂版）. 裳華房, 1995.

[27] 堀口剛, 海老沢丕道, 福井芳彦. 応用数学講義. 培風館, 2000.

[28] 吉田武. オイラーの贈物人類の至宝 $e^{i\pi} = -1$ を学ぶ（新装版）. 東海大学出版会, 2010.

[29] 藤村龍雄. よくわかる記号論理. 勁草書房, 2005.

[30] 岩堀長慶（編）. 微分積分学. 裳華房, 1983.

[31] 荒川恒男, 伊吹山知義, 金子昌信. ベルヌーイ数とゼータ関数. 牧野書店, 2001.

[32] 高木貞治. 近世数学史談. 岩波書店, 1995.

[33] 高木貞治. 定本 解析概論. 岩波書店, 2010.

[34] 日本数学会（編）. 岩波 数学辞典（第 4 版）. 岩波書店, 2007.

[35] 新井紀子. 数学は言葉（math stories）. 東京図書, 2009.

[36] 太郎丸博. 人文・社会科学のためのカテゴリカル・データ解析入門. ナカニシヤ出版, 2005.

[37] 古里均, 緑川信. 音の基礎講座（3）人間の聴覚について. 建材試験情報, 第 43 巻. 一般財団法人建材試験センター, 2007.

[38] 谷口雅彦, 奥村善英. 双曲幾何学への招待―複素数で視る. 培風館, 1996.

[39] 和達三樹. 物理のための数学（物理入門コース 10）. 岩波書店, 1983.

付録2　索　引

記号／数字

$(\ )_k$	191
$(\ )$	14
,	32
-	3
.	32
/	6
:	115
<	55
<>	→ ≠
=	52
==	→ =
>	55
>=	→ ≥
[ ]	14
{ }	14
| |	58, 233
≈	54
*	4
$\bar{x}$	20
$\bar{z}$	219
·	4
...	2
≅	53
÷	6
≡	29, 53, 75
≒	54
≧	55
≧	→ ≥
≫	→ ≥
⋛	57
⋚	57
⋝	→ ≥
⋜	57
⋞	57
⪈	22
∧	39
≦	56
≦	→ ≤
⪇	→ ≤
⋜	57
⋜	→ ≤
⋞	57
⋞	57
≪	57
¬	50
∨	29
ℂ	233
ℝ	233
B	200

bp	122
dB	200
F	→ 0
Im(z)	233
mod	5
Np	200
O	142
ppb	122
ppc	→ %
ppm	122
ppt	122
Re(z)	233
T	→ 1
wt%	123
⊨	97
∓	57
≠	55
π	30
±	57
∏	180
∝	4
⇒	63
≃	54
$\sqrt[n]{\ }$	24
$\sqrt{-1}$	218
$\sqrt{\ }$	24
$\sqrt{2}$	25
$\sqrt{3}$	25
$\sqrt{5}$	25
$\sqrt{7}$	25
∑	180
×	4
$_nC_r$	65
$\binom{n}{r}$	→ $_nC_r$
0	21
1	21
1次関数	98
1次関数の逆関数	100
1次関数のグラフ	98–99
1次方程式の解	67
1次方程式の解法	78–79
2次関数	98, 172–173
2次方程式の解の公式	80
3次関数	98
3倍角の公式	240
arccos x	224
arccot x	224
arccsc x	224
arcosh x	210
arcsch x	210

arsech x	210
arsinh x	210
arcsec x	224
arcsin x	224
arctan x	224
arg(z)	233
artanh x	210
cos x	221
cos θ	→ 内積, 146
cosh x	206
cot x	221
coth x	207
csc x	221
csch x	207
e	33
exp(x)	195
$f(x)$	89
$f \circ g$	99
$f^{-1}(x)$	100
i	→ $\sqrt{-1}$
$\Im(z)$	→ Im(z)
lb(x)	199
lg(x)	199
ln(x)	107, 197
log x	107, 197
Log x	→ lg(x)
$\log_2 x$	→ lb(x)
$\log_q x$	107, 198
n 次関数	172
n 次方程式の解の公式	80
$n!$	43
$\Re(z)$	→ Re(z)
s	49
s^2	49
sec x	221
sech x	208
sin x	221
sin θ	→ 座標と面積, 146
sinh x	206
tan x	221
tan θ	146
tanh x	207
x^{-n}	23
$x^{\frac{m}{n}}$	25
x^n	22
+	2
$-\sqrt[n]{\ }$	24
%	121, 122
‰	122

!		43
!=		→ ≠
<=		→ ≤

A

absolute inequality		→ 絶対不等式
absolute value		→ 絶対値, → 複素数の大きさ
acute angle		→ 鋭角
addition		→ 加法
algebra		→ 代数
almost equal		→ ≒
alternating permutation		→ ジグザグ数列
Amagat, E. H.		73
amplitude		→ 振幅
analysis		→ 解析学
angle		→ 角度
antihyperbolic cosecant		→ 逆双曲線余割関数
antihyperbolic cosine		→ 逆双曲線余弦関数
antihyperbolic cotangent		→ 逆双曲線余接関数
antihyperbolic secant		→ 逆双曲線正割関数
antihyperbolic sine		→ 逆双曲線正弦関数
antihyperbolic tangent		→ 逆双曲線正接関数
antilogarithm		→ 真数
any double sign		→ 複号任意
approximately equal		→ ≈
arccosecant function		→ 逆余割関数
arccosine function		→ 逆余弦関数
arccotangent function		→ 逆余接関数
Ἀρχιμήδης		241
arcsecant function		→ 逆正割関数
arcsine function		→ 逆正弦関数
arctangent function		→ 逆正接関数
area		→ 面積
Argand, J. R.		233
argument		→ 引数, → 偏角
arithmetic mean		→ 算術平均
arithmetic operator		→ 算術演算子
arithmetic sequence		→ 等差数列
Arithmetica		→ 算術
arithmetics		→ 算術
assumption		→ 前提
asymptotic		→ 漸近
asymptotically equal		→ ≃
average		→ 平均
Ἀvogadro, Ἀ.		73
axis of coordinate system		→ 座標軸

B

base		→ 底
basis point		→ bp
bel		→ ベル
Bell, E. T.		51
Bernoulli number		→ ベルヌーイ数
Bernoulli, J.		216
binary logarithm		→ 2進対数
Boyle, R.		67
braces		→ 波括弧
bracket		→ 括弧
bronz ratio		→ 青銅比

C

calculus		→ 微分積分学
Cardano, G.		80
caret		→ ^
Cartesian coordinate system		→ デカルト座標
Catalan number		→ カタラン数
Catalan, E. C.		47
catenary		→ 懸垂線
Cauchy, A. L.		76
centred dot		→ ·
change of base formula		→ 底の変換公式
characteristic		→ 指標
Charles, J. A. C.		68
class		→ 級
class interval		→ 級間隔
class value		→ 階級値
closed		→ 閉じている
coefficient		→ 係数
comma		→ ,
common difference		→ 公差
common logarithm		→ 常用対数
common ratio		→ 公比
commutative law		→ 交換法則
completing the square		→ 平方完成
complex axis		→ 虚軸
complex conjugate		→ 複素共役
complex plane		→ 複素平面
concentration		→ 濃度
constant		→ 定数
constant term		→ 定数項
contradiction		→ 恒偽式
contraposition		→ 対偶
converse		→ 逆
coordinate		→ 座標
coordinate system		→ 座標系
coprime		→ 互いに素
correlation coefficient		→ 相関係数
cosecant function		→ 余割関数
cosequence		→ 結論
cosine		→ $\cos\theta$
cosine function		→ 余弦関数

cotangent function		→ 余接関数
covariance		→ 共分散
cube		→ 立方
cyclotimic polynomical		→ 円周等分多項式

D

Dalton, J.		73
de Fermat, P.		237
de Moivre's formula		→ ド・モアブルの定理
de Morgan, A.		50
decibel		→ デシベル
decimal number		→ 小数
decimal point		→ .
definition		→ 定義
degree		→ 次数
degree measure		→ 度数
denominator		→ 分母
density		→ 密度
Descartes, R.		143, 163
deviation		→ 偏差
difference		→ 差
differential geometory		→ 微分幾何学
dilemma		→ 両刀論法
dimension		→ 次元
Διόφαντος ὁ Ἀλεξανδρεύς		171
Dirichlet kernel		→ ディリクレ核
Dirichlet, P. G. L.		233
discriminant		→ 判別式
disjunctive syllogism		→ 選言三段論法
Disquistoiones Arithmeticae		→ 整数論の研究
distribution function		→ 分布関数
distributive law		→ 分配法則
division		→ 除法
DN		→ 小数
domain		→ 定義域
double sign		→ 複号
double sign corresponds		→ 複号同順
double-angle formulae		→ 倍角の公式（三角関数）

E

Einstein, A.		71
elementary symmetric polynomial		→ 基本対称式
Στοιχεῖα		→ 原論
ellipse		→ 楕円
ellipsis		→ ...
equal sign		→ =
equality		→ 等式
equivalence		→ 同値
equivalence relation		→ 同値関係

error	→ 誤差	
Εὐκλείδης	31, 131	
Euler, L.	171	
Euler number	→ オイラー数	
Euler zigzag number	→ ジグザグ数	
Euler's formula	→ オイラーの公式	
Euler's identity	→ オイラーの等式	
even function	→ 偶関数	
event	→ 事象	
evolution	→ 開法	
exclamation mark	→ !	
expansion	→ 展開	
expected value	→ 期待値	
exponential function	→ 指数関数	
exponential law	→ 指数法則	

F

factor	→ 因数
factorization	→ 因数分解
FALSE	→ 0
Fechner, G. T.	201
Fermat number	→ フェルマー数
Ferrari, L.	80
Fibonacci, L.	103
Fisher, I.	72
fixed-point representation	→ 固定小数点表示
floating-point representation	→ 浮動小数点表示
formula	→ 公式
fractional	→ 階乗
frequency	→ 度数
frequency distribution	→ 度数分布
frequency distribution table	→ 度数分布表
function	→ 関数
function composition	→ 合成関数
functional equation	→ 関数方程式
fundamental period	→ 周期
fundamental theorem of algebra	→ 代数学の基本定理

G

Galilei, G.	111
Galois, É.	80
Gauss, C. F.	1
Gaussian plane	→ ガウス平面
GDP	→ 国内総生産
geometric mean	→ 幾何平均
geometric progression	→ 等比数列
geometry	→ 幾何学
golden ratio	→ 黄金比
gradient	→ 勾配
graph	→ グラフ

H

half-angle formulae	→ 半角の公式
harmonic law	→ 調和の法則
harmonic mean	→ 調和平均
Ἥρων ὁ Ἀλεξανδρεύς	135
histgram	→ ヒストグラム
hyperbola	→ 楕円
hyperbolic cosecant	→ 双曲線余割関数
hyperbolic cosine	→ 双曲線余弦関数
hyperbolic cotangent	→ 双曲線余接関数
hyperbolic geometry	→ 双曲線幾何学
hyperbolic secant	→ 双曲線正割関数
hyperbolic sine	→ 双曲線正弦関数
hyperbolic tangent	→ 双曲線正接関数
hypothetical syllogism	→ 仮言三段論法

I

identity	→ ≡
if and only if	→ の場合に限り
imaginary part	→ 虚部
imaginary unit	→ 虚数単位
implication	→ 論理包含
independence	→ 独立
index	→ 添え字
inequality	→ 不等式
initial condition	→ 初期条件
injection	→ 単射
inner product	→ 内積, → 内積
integration	→ 積分
intercept	→ 切片
inverse	→ 裏
inverse function	→ 逆関数
inverse proportion	→ 反比例
inverse trigonometic function	→ 逆三角関数
irrational	→ 無理数
irreducible	→ 既約
irreducible fraction	→ 既約分数

K

Kepler, J	204

L

Lambert, J. H.	206
law of cosines	→ 余弦定理
law of exponents	→ 指数法則
law of sines	→ 正弦定理
left-handed coordinate system	→ 左手系

Leibniz, G. W.	171
Leibniz formula	→ ライプニッツの公式
lemniscate	→ 連珠形
length	→ 長さ
liberal arts	→ 自由七科
line	→ 線
linear algebra	→ 線形代数学
log-log plot	→ 両対数グラフ
logarithm	→ 対数
logarithmic function	→ 対数関数
logarithmic quantities	→ レベル表現
logic	→ 論理
logical	→ 論理的, → 論理的
logical conjunction	→ 論理積
logical disjunction	→ 論理和
logical operation	→ 論理演算

M

Machin, J.	238
Maclaurin expansion	→ マクローリン展開
Maclaurin, C.	177
major arc	→ 優角
mantissa	→ 仮数
mathematical logic	→ 数理論理
mean absolute value	→ 絶対平均
mean value	→ 平均値
Mersenne prime	→ メルセンヌ数
Mersenne, M.	238
minor arc	→ 劣角
mixed fraction	→ 帯分数
mode	→ 最頻値
modulus	→ 複素数の大きさ
modus ponendo ponens	→ 正格法
modus tollendo tellens	→ 負格法
monomial	→ 単項式
Moore, G. E.	204
multiple root	→ 重解
multiplication	→ 乗法

N

Napier, J.	44
Napier's constant	→ ネイピアの数
natural exponential function	→ 自然指数関数
natural logarithm	→ 自然対数
necessary and sufficient condition	→ 必要十分条件
necessary condition	→ 必要条件
neper	→ ネイピア
Newton, I.	54, 171
not	→ 否定
not equal	→ ≠
numerator	→ 分子

O

obtuse angle	→ 鈍角
odd function	→ 奇関数
Ohm, G. S.	116
operation	→ 演算
or	→ または
origin	→ O

P

parameter	→ 媒介変数, → 引数
parentheses	→ 丸括弧
partial fraction decomposition	→ 部分分数分解
parts per billion	→ ppb
parts per milion	→ ppm
parts per trillion	→ ppt
percent	→ %
percentage	→ 百分率
percentage point	→ ポイント
period	→ 循環小数
periodic function	→ 周期関数
permil	→ ‰
phase	→ 位相
platinum ratio	→ 白銀比
Pochhammer symbol	→ ( )$_k$
Pochhammer, L. A	191
point	→ ポイント
polar coordinate	→ 極座標
polar form	→ 極形式
polynomial	→ 多項式
polynomial functions	→ 多項式関数
positive-oriented system	→ 右手系
power	→ べき乗
power function	→ べき関数
probability	→ 確率
probability distribution	→ 確率分布
product	→ 積, → $\prod$
proof by contradiction	→ 背理法
proportion	→ 比例, → 割合
proposition	→ 命題
propositional formula	→ 論理式
Πτολεμαῖος Αʹ Σωτήρ	131
purely imaginary number	→ 純虚数

Q

quadrivium	→ 4科
quotient	→ 商

R

radian	→ 弧度
random variable	→ 確率変数
range	→ 値域
rate	→ 速さ
ratio	→ 比
rational function	→ 有理関数
rational number	→ 有理数
rationalization	→ 有理化
real axis	→ 実軸
real number	→ 実数
real part	→ 実部
rectangular coordinate system	→ 直交座標系
recurrence relation	→ 漸化式
reducible	→ 可約
reduction	→ 通分
relative distribution	→ 相対度数
remainder	→ 余り
representative value	→ 代表値
rerational operator	→ 関係演算子
resultant	→ 終結式
return value	→ 戻り値
Riccati, V.	206
Riemann hypothesis	→ リーマン予想
Riemann zeta function	→ リーマンゼータ関数
Riemann, G. F. B.	217
right angle	→ 直角
RMS	20
root	→ べき根
root mean square	→ RMS

S

Schwarz, K. H. A.	76
scientific	→ 科学的
secant function	→ 正割関数
segment	→ 線分
semi-log plot	→ 片対数グラフ
sequence	→ 数列
sine	→ $\sin\theta$
sine function	→ 正弦関数
sine wave	→ 正弦波
singular point	→ 特異点
slash	→ /
slope	→ 傾き
space	→ 空間
square	→ 平方
square brackets	→ 角括弧
standardization	→ 基準化
statistics	→ 統計
Στοιχεία	→ 原論
substitution	→ 代入
subtraction	→ 減法
sufficient condition	→ 十分条件
sum	→ 和
summation	→ 加法, → $\sum$
surface	→ 面
symmetric	→ 対称性
symmetric polynomial	→ 対称式
system of equations	→ 連立方程式

T

T-score	→ 偏差値
tangent	→ $\tan\theta$
tangent function	→ 正接関数
tangent number	→ 正接数
tautology	→ 恒真式
Taylor expansion	→ テイラー展開
Taylor, B.	177
theorem	→ 定理
transitivity	→ 推移性
transposition	→ 移項
trigonometric function	→ 三角関数
trivium	→ 3学
TRUE	→ 1
truth table	→ 真理値表

U

unit	→ 単位
unknown	→ 未知数

V

variable	→ 変数
variance	→ 分散
vector	→ ベクトル
Viète, F.	239
vinculum	→ 括線
volume	→ 体積

W

Wessel, C.	233

Z

Z-score	→ Z-値
Ζήνων ὁ Ἐλεάτης	42
Z-値	96

あ

アインシュタイン	→ Einstein, A.
アクセント	66
アスタリスク	→ *
アボガドロの法則	73
アポロニウスの円	166
アマガー分体積の法則	73
余り	5, 175
アルカン	→ Argand, J. R
アルカン図	→ 複素平面
アルカン平面	→ 複素平面
アルキメデス	→ Ἀρχιμήδης
以下	→ ≤
移項	79
移出律	156
以上	→ ≥
位相	222
位相差	222
位相のずれ	→ 位相差
一般化された二項係数	191

一般項	103	カタラン数	47	逆余弦関数	→ arccos x
因数	31, 175	括弧	14–15	逆余接関数	→ arccot x
因数分解	31	括弧閉じ	→ 右括弧	級	62
ヴィエト	→ Viète, F.	括弧開き	→ 左括弧	級間隔	62
ウェッセル	→ Wessel, C.	カッシーニの卵型曲線	167	吸収法則	156
裏	157	括線	6	球の表面積	135
鋭角	145	仮定	→ 前提	球の方程式	160
選び方の総数	43	加法	2	供給曲線	95
l 進数表示	34–35	加法定理（逆三角関数）	239	共分散	140, 153
演算	2	加法定理（逆双曲線関数）	215	極形式	234
演算の特色	40–44	加法定理（三角関数）	152, 230–231	極座標	143
円周角の定理	153	加法定理（双曲線）	209	虚軸	233
円周等分多項式	234	加法の特色	40–42	虚数	→ 複素数
円周の長さ	132–133	可約	175	虚数単位	→ $\sqrt{-1}$
円周率	→ π, 33, 54, 122	ガリレオ	→ Galilei, G.	虚部	218
円と接線の関係	162–163	カルダノの公式	80	ギリシア文字	64
円の方程式	160	ガロア	→ Galois, É.	均衡価格	95
円の面積	135	含意	→ 論理包含	均衡取引量	95
オイラー	→ Euler, L.	関係演算子	52–57	近似的に等しい	→ ≈
オイラー数	193, 212	関数	88, 171	空間	142
オイラーの公式	230	関数と方程式	93	偶関数	206
オイラーの等式	230	関数の記法	89, 90	空間直線の方程式	159
扇形の面積	145	感嘆符	→ !	組み合わせの数	→ $_nC_r$
黄金比	117	カンマ	→ ,	グラフ	91–92
オームの法則	116	幾何学	171	グラフの平行移動	93
か		幾何平均	20	群数列	106
階級	→ 級	奇関数	206	経緯度	142
階級値	62	帰結	→ 結論	計算順序	12–16
階差数列	106	記号論理	→ 数理論理	計算順序の指定	14–16
階乗	→ $n!$	記述統計	10	計算とその結果の表現	30–35
階乗の特色	44	基準化	96	係数	69
解析学	171	基準値	→ Z-値	結論	63
解説の表示	30–31	基数	→ 底, 33	ケプラー	→ Kepler, J.
解と係数の関係	83	期待値	128	限界消費性向	85
開平	24	機能	→ 関数	減算	→ 減法
開方	→ 開法	帰謬法	→ 背理法	源氏香	48
開法	24	基本対称式	183	源氏香の図	48
開立	24	既約	175, 184	懸垂線	207
ガウス	→ Gauss, C. F.	逆	157	原点	→ O
ガウス・ウェッセル平面	→ 複素平面	逆関数	100	減法	3
ガウス平面	→ 複素平面	逆関数と合成	101	減法の特色	40–42
科学的	11	逆関数のグラフ	101	原論	131
科学表記	→ 浮動小数点表示	逆三角関数	224–225	交換法則	12
角括弧	→ [ ]	逆正割関数	→ arcsec x	恒偽式	119
角度	144–145	逆正弦関数	→ arcsin x	後件肯定の誤謬	97
確率	124	逆正接関数	→ arctan x, 224	後件否定の誤謬	109
確率分布	95	逆双曲線関数	209–211	公差	103
確率変数	95	逆双曲線正割関数	→ arsech x	公式	76
掛け算	→ 乗法	逆双曲線正弦関数	→ arsinh x	公式の表示	30–31
仮言三段論法	130	逆双曲線正接関数	→ artanh x	恒真式	119
加算	→ 加法	逆双曲線余割関数	→ arcsch x	合成関数	99
仮数	33, 199	逆双曲線余弦関数	→ arcsch x	合接	→ 論理積
片対数グラフ	200	逆双曲線余接関数	→ arcoth x	肯定式	→ 正格法
傾き	98	既約分数	31	恒等	→ ≡
		既約分数表示	31	勾配	146
		逆余割関数	→ arccsc x	公比	103

索　引

効用	168
コーシー・シュワルツの不等式	76
国内総生産	73
誤差	45
弧長	145
固定小数点表示	33
弧度	145
弧度法	145
コロン	→:
混合気体の状態方程式	73

さ

差	3
最頻値	38
作図可能性	235
座標	142–143
座標系	142
座標軸	142
座標と角度	→ 内積
座標と面積	149
作用	→ 関数
3 学	171
三角関数	146–147, 219
三角形の相似	115
三角形の面積	135, 148
算術	171
算術演算子	52
算術平均	20
三相式	222
三平方の定理	76, 144
式で利用可能な文字	64–65
式を立てる	77
ジグザグ数	193
ジグザグ数列	193
次元	142
仕事算	84
事象	124
指数	22, 33
指数関数	194–196, 198
指数法則	23, 194
自然指数関数	→ $\exp(x)$
自然対数	→ $\log x$
四則演算	2
実験計画	10
実軸	233
実数	218, → $\mathbb{R}$
実部	218
指標	199
シャルルの法則	111
重解	83
周期	222
周期関数	221–223
終結式	182
自由七科	171
十分条件	63
重量パーセント濃度	→ wt%
重力加速度	30
需要曲線	95
循環小数	33
純虚数	218
商	5, 175
乗算	→ 乗法
乗数	85
小数	32
小数から分数への書き換え	34
乗数効果	85
小数点	→.
小数と分数の関係	32
小数表示	32–33
小なり	→<
商の意味	113
乗法	3 5
乗法の特徴	42
剰余	→ 余り
常用対数	199
初期位相	222
初期条件	102
初期値	→ 初期条件
初項	68
除算	→ 除法
所得恒等式	85
除法	5–7
除法記号の長さ	15
除法の特徴	42
真理値表	29
真数	198
振幅	222
推移性	114, 120
推計統計	10
推測統計	→ 推計統計
錐の体積	137
数理論理	11
数列	102
数列と関数	102
スタージェスの公式	74
スラッシュ	→ /
正格法	130
正割関数	→ $\sec x$
正弦	→ $\sin \theta$
正弦関数	→ $\sin x$
正弦定理	152, 231
正弦波	222
正五角形	236
生産関数	168
正十七角形	237
整数論の研究	237
正接	→ $\tan \theta$
正接関数	→ $\tan x$, 221
正接数	193, 226
青銅比	117
正七角形	237
正の相関	129
正のべき根	→ $\sqrt[n]{\ }$
正負の数の積	4–5
積	3
関孝和	216
積分	137
積和の公式（双曲線関数）	214
接弦定理	167
絶対値	→| |
絶対不等式	76
絶対平均	20
切片	98
ゼノンの詭弁	42
狭い空白	4
零で割る	7
零点	173
線	142
漸化式	102
漸化式と方程式	102–103
漸近	112
漸近的に等しい	→ ≃
線形代数学	79
選言	→ 論理和
選言三段論法	130
前提	63
線分	144
線分の長さ	144
千分率	→ ‰
相加相乗調和平均の関係	85
相加相乗平均	56
相関係数	140, 153
相関係数の性質	154
双曲幾何学	211
双曲線	166
双曲線関数	206–208
双曲線関数の幾何学	211
双曲線関数の満たす代数関係	208–209
双曲線正割関数	→ $\text{sech}\, x$
双曲線正弦関数	→ $\sinh x$
双曲線正接関数	→ $\tanh x$
双曲線余割関数	→ $\text{csch}\, x$
双曲線余弦関数	→ $\cosh x$
双曲線余接関数	→ $\coth x$
相乗記号	→ $\prod$
総剰余	95
相対度数	86
相対度数分布	86
相対度数分布表	86
総和記号	→ $\sum$
添字	65
損益算	84

た

対偶	157
対偶・逆・裏の関係	157
対偶論法	157

台形の面積	135	定数項	69	ニュートン	→ Newton, I.
対称式	183	底の計算法則	23	ニュートン法	54
対称性	114	底の変換公式	200	ニュートン冷却の法則	205
代数	171	テイラー	→ Taylor, B.	ネイピア	→ Np
対数	198	テイラー展開	176–178	ネイピアの数	→ e, 44, 195
代数学	171	定理	11	年齢算	70, 84
代数学の基本定理	234, 242	ディリクレ	→ Dirichlet, P. G. L.	濃度	123
代数学の父	171	ディリクレ核	232	濃度算	84
対数関数	107, 196–198, 201	デカルト座標	143	の場合に限り	75
対数グラフ	200	デカルトの精神	162–163		
大数の法則	124	デシベル	→ dB	**は**	
体積	135–137	ではない	50	パーセントポイント	→ ポイント
大なり	→ >	展開	31	媒介変数	68
代入	81	点の方程式	158	倍角の公式（三角関数）	152, 232
代表値	20	ド・モアブル	→ de Moivre, A.	倍角の公式（双曲線関数）	214
帯分数	4, 19	ド・モアブルの定理	231	背理法	141
楕円	166	ド・モルガン	→ de Morgan, A.	白銀比	117
楕円体の体積	137	ド・モルガンの法則	50, 156	働き	→ 関数
楕円の面積	135	同一律	156	ハット	→ ˆ
互いに素	31	等価	→ 同値	速さ	113
多項式	68	統計	10	パラメータ	68
多項式関数	172–175	等号	52–55	半角の公式	152, 232
多項式関数のテイラー展開	178	等号の誤用	53	反比例	110
多項式の次数	69	等号否定	→ ≠	反比例のグラフ	112
足し算	→ 加法	等差数列	103	判別式	83, 85, 173, 182
多重根号	27	等差数列の和	40, 105	比	115
旅人算	71	等式	52	比較演算子	61
単位	120	同値	75	引き算	→ 減法
単位記号	121–123	同値関係	117	引数	89
単位の位置	123	同値と論理	156	非常に大きい	→ ≫
単位の変換	120	等比数列	103	非常に小さい	→ ≪
単項式	68	等比数列の積	43	ヒストグラム	74, 91
単項式の次数	69	等比数列の和	41, 106	左括弧	14
単相関係数	129	特異点	184	左手系	143
弾力性	95	独立	124	筆記体	71
値域	92	閉じている	184	必要十分条件	75
抽出集団	10	度数	62, 145	必要条件	63
中線定理	167	度数折れ線	74	否定	50
中点連結定理	166	度数と弧度の変換	145	否定式	→ 負格法
柱の体積	137	度数分布表	62	微分幾何学	211
調和の法則	204	度数法	145	微分積分学	137, 171
調和平均	20	ドル・コスト平均法	28	百分率	→ %
直角	145	ドルトン分圧の法則	73	百分率表現の誤用	123
直交座標系	143	鈍角	145	百万分率	→ ppm
通過算	84			標準化	→ 基準化
通分	16, 31	**な**		標準化係数	→ Z-値
鶴亀算	71	内積	19, 148–149	標準値	→ Z-値
底	22, 198	内包	→ 論理包含	標準偏差	49
ディオファントス		長さ	132–133	標数	→ 指標
→ Διόφαντος ὁ Ἀλεξανδρεύς		中黒	→ ·	標本集団	→ 抽出集団
定額購入法	28	波括弧	→ { }	比例	110
定義	21	並べ方の総数	43	比例・反比例と関数	111–112
定義域	92	二項定理	47	比例・反比例と推移性	114
定数	66–67	二項分布	128	比例・反比例と対称性	114
定数関数	98	二重否定の法則	50, 156	比例のグラフ	112
定数関数のグラフ	99	2進対数	199	フィッシャーの交換方程式	72

索引

フィボナッチ数列	103
フェヒナー	→ Fechner, G. T.
フェラーリの公式	80
フェルマー	→ de Fermat, P.
フェルマー数	237
負格法	130
複号	57
複号同順	57
複号任意	57
複素共役	→ $\bar{z}$
複素数	→ $\mathbb{C}$, 218–219
複素数の大きさ	→ $|\ |$
複素数の絶対値	→ 複素数の大きさ
複素平面	233–234
不等号	55–56
不等号と四則演算	56
不等号の誤用	56
不等式	55
浮動小数点表示	33
プトレマイオス 1 世	
	→ Πτολεμαῖος Αʹ Σωτήρ
負の相関	129
負のべき根	→ $-\sqrt[n]{\ }$
部分分数分解	41
負べき	23
分散	49
分子	6
分数べき	→ $x^{\frac{m}{n}}$
分配法則	15–16, 39, 156
分布関数	95
分母	6
平均	19, 113–114
平均値	20
平行四辺形の面積	135
平叙文	→ 命題
平方	22
平方完成	105, 172
平方根	→ $\sqrt{\ }$
平面直線の方程式	158–159
平面の成す角	145
平面の方程式	159–160
べき	22–25
べき関数	175–176, 188
べき根	24–25
べき根の近似値	25
べき根の計算順序	22
べき根の存在	25
べき根の特色	44
べき乗	22–24
べき乗の特色	44
冪等法則	156
ベクトル	66
ベル	→ B
ベルヌーイ	→ Bernoulli, J.
ベルヌーイ数	212
ヘロンの公式	135
偏角	→ arg(z)
偏差	19
偏差値	108
変数	67–68
ボイル・シャルルの法則	68
ボイルの法則	67, 110
ポイント	123
防御率	123
方程式	67, 77
方程式の解	77–81
方べきの定理	167
母集団	10
ポッホハマー	→ Pochhammer, L. A.
ポッホハマー記号	→ $(\ )_k$
ほとんど等しい	→ ≒
ほぼ等しい	54
ま	
マクローリン	→ Maclaurin, C.
マクローリン展開	177
または	29
マチン	→ Machin, J.
松永良弼	→ 円周率, 54
丸括弧	→ ( )
右括弧	14
右手系	143
未知数	67
密度	122
ムーア	→ Moore, G. E.
無限解析序説	171
無差別曲線	168
無相関	129
無理数	33
無理数の小数表示	33
命題	21
メルセンヌ	→ Mersenne, M.
メルセンヌ数	238
面	142
面積	133–135
文字順	69
戻り値	89
や	
優角	144
ユークリッドの互除法	31, 37
有理化	31
有理関数	184
有理関数のテイラー展開	188–189
有理関数の表現	184–188
有理数	32
有理数の小数表示	32–33
要約統計量	10
余割関数	→ csc x
余弦	→ cos θ
余弦関数	→ cos x
余弦定理	147
予算制約線	168
余接関数	→ cot x
より大きいか等しいかより小さい	
	→ ≷
より大きいかほぼ等しい	→ ≳
より大きいかより小さい	→ ≶
より小さいか等しいかより大きい	
	→ ≶
より小さいかほぼ等しい	→ ≲
より小さいかより大きい	→ ≶
4 科	171
ら	
ライプニッツ	→ Leibniz, G. W.
ライプニッツの公式	228
落体の法則	30, 111
ランベルト	→ Lambert, J. H.
リーダー	→ …
リーマン	→ Riemann, G. F. B.
リーマンゼータ関数	217
リーマン予想	217
離接	→ 論理和
理想気体の状態方程式	73
リッカチ	→ Riccati, V.
立方	22
立方根	24
流水算	84
両対数グラフ	200
両刀論法	141
累乗	→ べき乗
累乗関数	→ べき関数
累乗根	→ べき根
劣角	144
レベル表現	200–201
連言	→ 論理積
連珠形	168
連立方程式	77
連立方程式と交点	161–162
連立方程式の解法	79
論理	11
論理演算	29
論理式	87
論理積	39
論理的	11, 97
論理包含	63
論理和	29
わ	
和	2
和積の公式（双曲線関数）	214
割合	121
割り算	→ 除法
割引現在価値	27

編著者紹介

堤　裕之（つつみ　ひろゆき）
所　属　大阪体育大学体育学部教授。
最終学歴　九州大学大学院数理学研究科博士後期課程中退。数理学博士。
共編書　『学士力を支える学習支援の方法論』（ナカニシヤ出版，2012 年）

著者紹介

畔津憲司（あぜつ　けんじ）
所　属　北九州市立大学経済学部准教授。
最終学歴　神戸大学大学院経済学研究科博士後期課程修了。博士（経済学）。

岡谷良二（おかたに　りょうじ）
所　属　愛知学院大学経済学部講師。
最終学歴　神戸大学大学院経済学研究科博士後期課程修了。博士（経済学）。

教養としての数学 ［増補版］

2018 年 3 月 30 日　　増補版第 1 刷発行
2024 年 3 月 30 日　　増補版第 7 刷発行

編著者　堤　裕之
発行者　中西　良
発行所　株式会社ナカニシヤ出版
〒606-8161　京都市左京区一乗寺木ノ本町 15 番地
　　　　　Telephone　075-723-0111
　　　　　Facsimile　075-723-0095
　Website　http://www.nakanishiya.co.jp/
　Email　iihon-ippai@nakanishiya.co.jp
　　　　　郵便振替　01030-0-13128

装幀＝白沢　正／印刷・製本＝創栄図書印刷
Copyright © 2018 by H. Tsutsumi
Printed in Japan.
ISBN978-4-7795-1260-5

本書のコピー，スキャン，デジタル化等の無断複製は著作権法上の例外を除き禁じられています。本書を代行業者等の第三者に依頼してスキャンやデジタル化することはたとえ個人や家庭内での利用であっても著作権法上認められていません。